Chillán 1939

Catástrofe, memorias y patrimonialización

EDICIONES UNIVERSIDAD CATÓLICA DE CHILE
Vicerrectoría de Comunicaciones y Extensión Cultural
Av. Libertador Bernardo O'Higgins 390, Santiago, Chile

editorialedicionesuc@uc.cl
www.ediciones.uc.cl

CHILLÁN 1939
Catástrofe, memorias y patrimonialización
Segunda edición
Umberto Bonomo, Karin Cárdenas y Alejandro Crispiani, editores

Segunda edición, marzo 2023
ISBN Nº 978-956-14-3091-4
ISBN digital Nº 978-956-14-3092-1

Director del Centro de Patrimonio Cultural UC: Umberto Bonomo
Editores: Umberto Bonomo, Karin Cárdenas, Alejandro Crispiani
Producción editorial: Ediciones UC
Autores: Anabella Benavides, Umberto Bonomo, Karin Cárdenas, Alejandro Crispiani, Soledad Díaz de la Fuente, Ivette Quezada, Francisca Molinos y Rodrigo Vera
Recopilación archivos de prensa: Dagoberto Flores
Digitalización del diario *La Discusión*: Miguel Toro y Dagoberto Flores
Trascripción de entrevistas Unidad de Patrimonio Municipalidad de Chillán (UPA): Javiera Vera
Diseño y retoque de imágenes: Carolina Valenzuela
Agradecimientos: CENFOTO/archivo diario *La Nación*; Centro de Documentación Patrimonial UTAL/ archivo *La Mañana de Talca*; Archivo diario *El Mercurio*; Archivo diario *La Discusión*, Archivo Fotográfico de la Biblioteca Nacional de Chile
Coordinación asuntos administrativos: María Lorenza Perramón
Organizadores proyecto FONPAT 2020-2022: Unidad de Patrimonio Municipalidad de Chillán (UPA), Centro del Patrimonio Universidad Católica de Chile, Fundación Aldea.
Impresor: Salesianos Impresores S.A.

Unidad de Patrimonio Municipal de Chillán (UPA) es: Karin Cárdenas, Anabella Benavides, María Lorenza Perramón, Dagoberto Flores, Miguel Toro

FONPAT FOLIO 36739 / Línea Investigación-2020
Servicio del Patrimonio Cultural, Ministerio de las Culturas las Artes y el Patrimonio.

CIP-Pontificia Universidad Católica de Chile

Chillán 1939. Catástrofe, memorias y patrimonialización
/ Editores Umberto Bonomo, Karin Cárdenas, Alejandro Crispiani.
Incluye bibliografía.

1. Patrimonio cultural – Chile - Chillán.
2. Protección del patrimonio cultural - Chile - Chillán.
I. Bonomo Tria, Umberto, editor.
II. Cárdenas, Karin, editor.
III. Crispiani, Alejandro, editor.

2022 363.9 + DDC 23 RDA

Chillán 1939

Catástrofe, memorias y patrimonialización

Segunda edición

Umberto Bonomo, Karin Cárdenas, Alejandro Crispiani (Editores)

Ministerio de las Culturas, las Artes y el Patrimonio
Gobierno de Chile
Municipalidad de Chillán
upa
Unidad de Patrimonio Municipalidad de Chillán
Centro UC Patrimonio Cultural
Ediciones UC

ÍNDICE

PRÓLOGO

Erwin Brevis, Pamela Conejeros

Entenderemos este prólogo como lo ocurrido antes de la publicación de este libro y no como las palabras introductorias a los textos que en un momento serán leídos. Es necesario contextualizar cómo se llega a concretar esta investigación que hoy el lector tiene en sus manos y cuyo contenido es el resultado de la reflexión sistemática y permanente de una ciudad durante los últimos ochenta y cuatro años, pero con más fuerza, los últimos diez. Y es que estas páginas no se han construido solamente desde el interés académico por explicar uno de los hechos históricos más relevantes de la vida en Chillán, sino que desde el anhelo ciudadano de entender y proyectar una identidad que, a pesar del hormigón sobre el cual principalmente se sostiene, siempre pareciera frágil frente a las dinámicas del, a veces, mal entendido progreso.

En 2012 nace la Unidad de Patrimonio de la Municipalidad de Chillán. A dos años del terremoto del 27 de febrero y en medio de proyectos de reconstrucción habitacional, el equipo técnico perteneciente al gobierno comunal debió asumir tareas inmediatas asociadas al resguardo de la memoria del Barrio Santa Elvira[1], uno de los primeros sectores surgidos fuera de la trama urbana fundacional como consecuencia de la migración campo ciudad de los siglos XIX y XX. Los programas de gobierno[2] solo contemplaban la recuperación material de viviendas de adobe que habían sufrido los daños provocados por el sismo. De inmediato las memorias asociadas al terremoto de 2010 evocaron las de uno de mayor impacto para la ciudad sucedido el 24 de enero de 1939.

Desde allí se profundizaron los desafíos y las interrogantes para un equipo pionero en la materia a nivel nacional[3]. ¿Cuál ha sido el impacto de los terremotos para el patrimonio de Chillán? ¿Cuáles han sido las decisiones que se han tomado sobre su desarrollo? ¿Cuáles son los elementos que se deben

---

1 En 2012, la Unidad de Patrimonio de la Municipalidad de Chillán se adjudicó la subvención de cultura del FNDR de la Región del Biobío para escribir el libro *Historia del Barrio Santa Elvira.*

2 El Ministerio de Vivienda y Urbanismo generó subsidios para zonas de interés patrimonial a través del Programa de Protección del Patrimonio Familiar (PPPF).

3 La Unidad de Patrimonio se crea, inicialmente, en la Secretaría de Planificación de la Municipalidad de Chillán para gestionar el patrimonio local. En 2014 recibe el Premio Nacional de Restauración entregado por el Consejo de Monumentos Nacionales.

conservar y poner en valor en el entorno urbano de la ciudad? Preguntas que, por supuesto, no tienen una sola respuesta. Más bien, invitan a reflexionar permanentemente sobre la constante construcción de identidad; ejercicio que la comunidad chillaneja ha realizado varias veces.

Con los terremotos de 1751 y 1835, la ciudad cambió de ubicación; sin embargo, con el de 1939, la decisión fue distinta. Vecinos y gobernantes optaron por mantener el trazado urbano diseñado por el ingeniero francés Carlos Lozier: con sus cuatro avenidas principales y cinco plazas que bien describió la Premio Nacional de Literatura, la escritora chillaneja Marta Brunet, para el centenario de la nueva ciudad.

> "Vieja ciudad mía, centenaria, con la nieve
> del tiempo que nunca ha de cubrirte
> de caduquez, con el soplo de los puelches contrarios
> que no han de rendirte jamás, porque la nieve
> no llega a tu corazón de cantarito de greda
> con agua de cielo y espíritu, ni el puelche agresivo
> podrá doblegar tu altivez señorial.
> Vieja ciudad mía, mediterránea y recoleta,
> mater de esquinas redondas para nuestra dulzura,
> con las cinco plazas jugando a ser pájaro y a ser flor,
> hinchada leche abundosa en el plato
> hondo de tu mercado, con las iglesias diciendo
> campanadas y ensoñación, lindas tus mujeres,
> benditas en el hijo que les nació sabio para
> engrandecimiento tuyo y de la patria.
> Vieja ciudad centenaria.
> Chillán nuevo en mi corazón"[4].

Y barrios suburbanos como Villa Alegre, desde donde la cultura popular emergía a borbotones marcando a fuego la vida de la familia Parra Sandoval, como leemos y cantamos en la composición de la gran Violeta en "Yo canto a la diferencia".

---

4 Texto publicado en la *Revista Zig-Zag* de 1935 en edición especial dedicada al centenario de la última fundación de Chillán.

Yo canto a la chillaneja
Si tengo que decir algo
Y no tomo la guitarra
Por conseguir un aplauso
Yo canto a la diferencia
Que hay de lo cierto a lo falso
De lo contrario no canto[5].

El terremoto de 1939, tenía valores diferentes: una refundación sin serlo, un movimiento que puso a Chillán en la vanguardia de la arquitectura de la época y la confirmación de una identidad que se mueve entre lo moderno y lo rural. El cara y sello de una ciudad que se reconocía a sí misma como especial y que, en el proceso de reconstrucción, pudo coordinar las acciones públicas y privadas que hoy entregan a la ciudad una imagen homogénea. Por una parte, el Estado generó un plan de inversión y políticas públicas[6] que perduran hasta el día de hoy, y por otra, comerciantes, vecinos y agrupaciones de empleados decidieron generar barrios con la misma apariencia que la de los edificios públicos[7].

Entonces, en 2014 y como primera acción para instalar la reflexión ciudadana sobre el terremoto de 1939, se generó una austera, pero significativa actividad de conmemoración. La primera "Alerta de memoria" invitó al Cuerpo de Bomberos de la ciudad a tocar su sirena y a la Catedral de Chillán, sus campanas, a las 23:32 horas. Recordar la hora exacta de la tragedia, casi a la medianoche y con el sonido de la emergencia, generó sorpresa en una comunidad que poco a poco se fue acostumbrando y hasta "encariñando" con las acciones de conmemoración que fueron aumentando cada año en cantidad y contenido. Hoy, el programa 24/01 se ha instalado como una iniciativa de puesta en valor y de participación ciudadana que, por una parte, genera oferta cultural en verano que reúne masivamente a la comunidad en torno a una acción vinculada a la memoria y, por otra, propicia la reflexión sobre los valores y bienes patrimoniales de la ciudad que queremos, o no, conservar para el futuro.

---

5 Del álbum *El folklore de Chile, vol. VIII* - Toda Violeta Parra editado en 1960 por el sello EMI Odeón.

6 El terremoto de 1939 indujo al presidente Pedro Aguirre Cerda a regularizar la edificación por medio de una ley. También llevó a que, finalmente, se concretara el proyecto de creación de la Corporación de Fomento y Producción (CORFO), con el fin de iniciar la industrialización del país. www.memoriachilena.cl

7 La Caja de Empleados Particulares construyó el Conjunto Habitacional Martín Rucker, sumándose así a los conjuntos construidos por el Estado en otros sectores de la ciudad como el barrio para funcionarios de Carabineros.

Hoy nuevamente nos cuestionamos el impacto de los terremotos, pero no solamente de aquellos que nos da la tierra; el aumento de la construcción inmobiliaria ha presionado la destrucción del patrimonio moderno de Chillán, incluyendo la idea de ciudad pensada y planificada post terremoto de 1939, lo que ha generado una carrera contra el tiempo por protegerlo. Y es que no solo desaparecen inmuebles, sino que estilos de vida que, todavía, hacen de la capital regional una ciudad amable para vivir. La iniciativa ciudadana por declarar Zona Típica[8] el casco histórico de la ciudad genera esperanza sobre el interés de resguardar los valores arquitectónicos, urbanos, sociales y culturales, legado del proceso de reconstrucción; sin embargo, es primordial que quienes toman decisiones sobre el futuro de la ciudad consideren todos los antecedentes que en las próximas páginas de presentan al momento de definir qué se queda y qué no. Por eso hemos llegado hasta aquí.

---

8 En 2019 se presentó la solicitud de declaratoria como Monumento Nacional en categoría Zona Típica o Pintoresca de la zona comprendida dentro de las cuatro plazas de Chillán, considerando un polígono de 10 x 10 manzanas. Actualmente la oficina técnica regional de Ñuble del Consejo de Monumentos Nacionales propone proteger el eje comprendido por la Avenida Libertad entre las calles Brasil e Isabel Riquelme.

PRESENTACIÓN

Los artículos que constituyen el presente libro se enmarcan dentro del proyecto de investigación "Patrimonio moderno en Chillán: el terremoto de 1939 y el proceso de reconstrucción" auspiciado por el Fondo del Patrimonio Cultural, Concurso Regional 2021-2022, del Ministerio de las Culturas, las Artes y el Patrimonio. Tres organismos convergieron en la realización de este proyecto: la Unidad de Patrimonio de la Ilustre Municipalidad de Chillán, el Centro de Patrimonio Cultural de la Pontificia Universidad Católica de Chile y la Fundación Aldea. Miembros de estos organismos, así como académicos de la Universidad de Chile y la Pontificia Universidad Católica, son los autores de estos artículos. Esta convergencia de instituciones orientadas en principio a objetivos diferentes pero sin duda concomitantes, habla ya de la pluralidad de enfoques que guió las investigaciones pero que tuvo una preocupación central y común a todas ellas: comprender la catástrofe y explorar lo que podríamos llamar su fuerza constructiva y sus muchas reverberaciones, a través de la fábrica urbana, las instituciones y en medida no menor las personas.

El suceso acaecido el 24 de enero de 1939, que como todos sabemos es uno de los episodios más dramáticos de la historia de Chile, sigue estando presente de muchas maneras en el momento actual. La memoria directa del mismo aún se conserva en algunos sobrevivientes y su recuerdo, como toda situación altamente traumática, ha sido particularmente resistente al paso del tiempo y se ha ido transmitiendo de generación en generación, constituyendo una parte indeleble de la memoria colectiva de la ciudad. También la ciudad misma, en su materialidad, guarda a su manera el registro de la tragedia y su superación. Así como las personas que sobrevivieron a la catástrofe debieron rehacerse y superar el trauma ocasionado por ésta, también la ciudad tuvo que afrontar un proceso análogo y reconstruirse en una acción muy prolongada a lo largo del tiempo, que en gran medida llega al momento actual y que ha conocido etapas muy diversas, con sus altos y sus bajos. Este proceso de reconstitución, que parte de lo que pudo conservarse de la antigua ciudad y que desemboca en la creación de un nuevo organismo urbano, vinculado de mil maneras a su traumático pasado, podríamos decir que está expuesto públicamente y se manifiesta tanto en las operaciones de trazado de calles y avenidas, en la convivencia pacífica o conflictiva de edificios de diversos tiempos y también en infinidad de detalles arquitectónicos en los que se manifiestan las varias ideas de ciudad que atravesaron a dicho proceso y aún lo atraviesan. Por otra parte, y aunque presentes de un modo distinto, están todos aquellos documentos producidos en el momento de la catástrofe y a lo largo de los años que permitieron concretar, socializar y comunicar este proceso, documentos que, como en el caso de la prensa de difusión masiva, hicieron un seguimiento casi día a día de cómo se fueron desenvolviendo estas acciones, quienes fueron sus protagonistas y cuáles fueron los conflictos e intereses de toda índole que las rodearon.

Este libro investiga en estas tres maneras de hacerse presente que asume la catástrofe y su superación, de ahí las tres grandes líneas que lo definen: memorias personales y subjetividades, patrimonio material e inmaterial e historia. Estas líneas se apoyan mutuamente pero no existe la intención de componer una totalidad sino más bien un conjunto abierto, tanto desde el punto de vista temático como temporal, haciendo convivir diversos enfoques como una manera de dar cuenta de las muchas dimensiones (social, psicológica, política, urbana, etc.) que la catástrofe puso en juego todas juntas y de una sola vez en los escasos minutos que duró el terremoto.

La primera parte del libro se centra justamente en la catástrofe y sus consecuencias inmediatas, en el entendido que se trata de un tiempo crucial y excepcional en la historia de Chillán. El texto de Alejandro Crispiani intenta comprender a partir de un trabajo histórico basado principalmente en estudios de prensa, lo sucedido en los meses inmediatamente posteriores al terremoto, en los que hubo que improvisar e imponer una manera radicalmente nueva de vivir y gobernar la ciudad, en la ausencia de las instituciones y los principios de orden tradicionales. Completa esta parte del libro un conjunto de materiales documentales que permiten vislumbrar lo que podríamos llamar la atmósfera histórica de ese momento. De ellos destaca la colección de fotografías tomadas por el dr. Manuel Tello, que muestra la labor de las brigadas sanitarias en el momento post-terremoto.

A partir de este trabajo histórico, la segunda parte del libro trata de cómo este hecho ha permanecido, de una u otra manera, en la memoria de muchas personas, siendo ésta una via de acceso importantísima a la catástrofe y sus consecuencias. En tal sentido, el trabajo de Soledad Díaz de la Fuente, Ivette Quezada y Francisca Molinos, de la Fundación Aldea, expone una investigación de largo alcance tendiente a comprender la tragedia atendiendo a la experiencia individual y subjetiva de las personas que la vivieron, recogiendo, entre otras varias acciones, testimonios invalorables sobre cómo ese hecho histórico encarnó en la vida de tantas personas y por intermedio de ellas en la ciudad misma.

Por último, en la tercera parte, se trata de dar cuenta de cómo registra la ciudad hoy en día la larga trayectoria de su reconstrucción, que parte con el terremoto y que aún no ha terminado. A esta trayectoria, se ha sumado desde hace algunos años, un nuevo proceso: la patrimonialización y puesta en valor de la ciudad reconstruida. En tal sentido, la investigación de Rodrigo Vera se enfoca, de manera original, en el estudio no de los edificios sino de ciertos elementos o recursos arquitectónicos que se repiten en la ciudad reconstruida, viéndolos como expresión de una forma de habitar que encarna una cualidad hoy en riesgo de desaparición. El trabajo de Umberto Bonomo se refiere a nuevos enfoques sobre ese tipo de patrimonio que, como en el caso de la ciudad de Chillán, tiene su origen en hechos trágicos, lo que abre interrogantes con respecto al sentido que deberían tomar las acciones de patrimonialización y cómo llevarlas a cabo. El artículo de Karin Cárdenas y Anabella Benavides se hace eco de este desafío desde el punto de vista de una institución, como la Unidad de Patrimonio de la Municipalidad de Chillán, que ha decidido mantener viva la memoria del terremoto como vínculo entre sus habitantes a través de herramientas de puesta en valor patrimonial y generando nuevas formas de construcción de memoria y recuerdo, instaurando acciones de conmemoración ciudadana cada 24 de enero.

Se exponen así investigaciones particulares (en varios casos en desarrollo) que intentan más que nada iluminar ámbitos de problemas poco explorados, antes que llegar a ningún tipo de conclusión. Está presente también la intención de que estos trabajos puedan contribuir, en su apertura, a la creación de políticas de patrimonialización novedosas y atentas a los intereses y la sensibilidad ciudadana.

Los autores

Plaza de Chillán, Archivo Fotográfico Ñuble de la Biblioteca Municipal de Chillán Volodia Teitelboim

VISTAS DE CHILLÁN

Planos urbanos

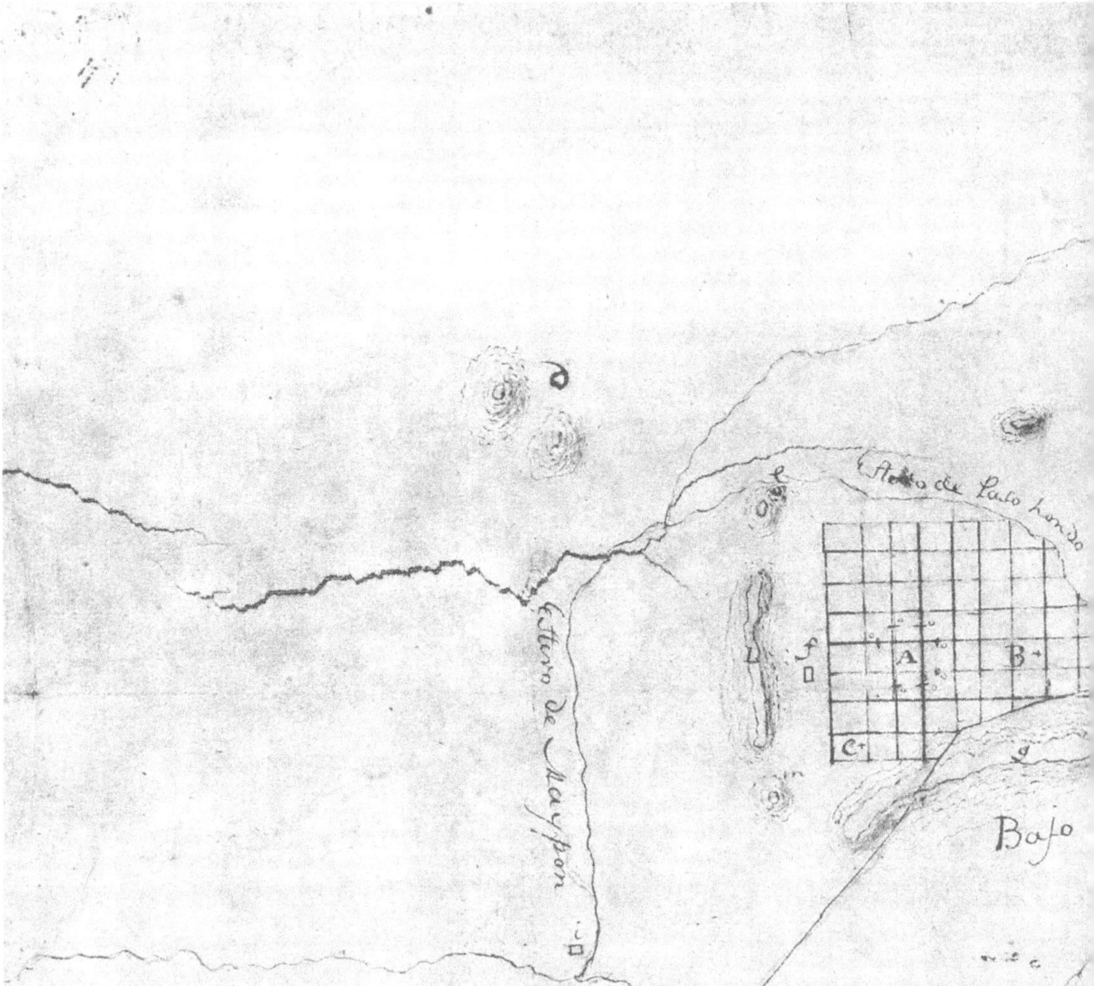

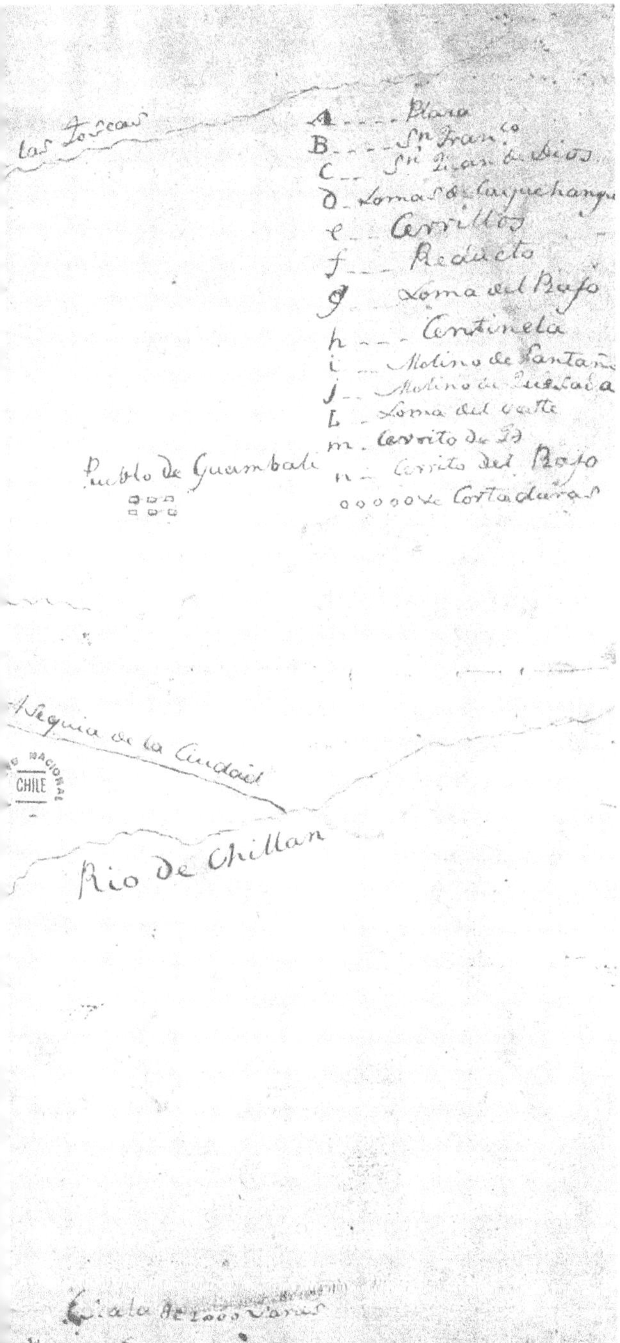

Figura 1. Plano de la ciudad de Chillán indicando las posiciones militares en 1813. Disponible en Memoria Chilena, Biblioteca Nacional de Chile. http://www.memoriachilena.gob.cl/602/w3-article-71876.html . Accedido en 2/12/2022

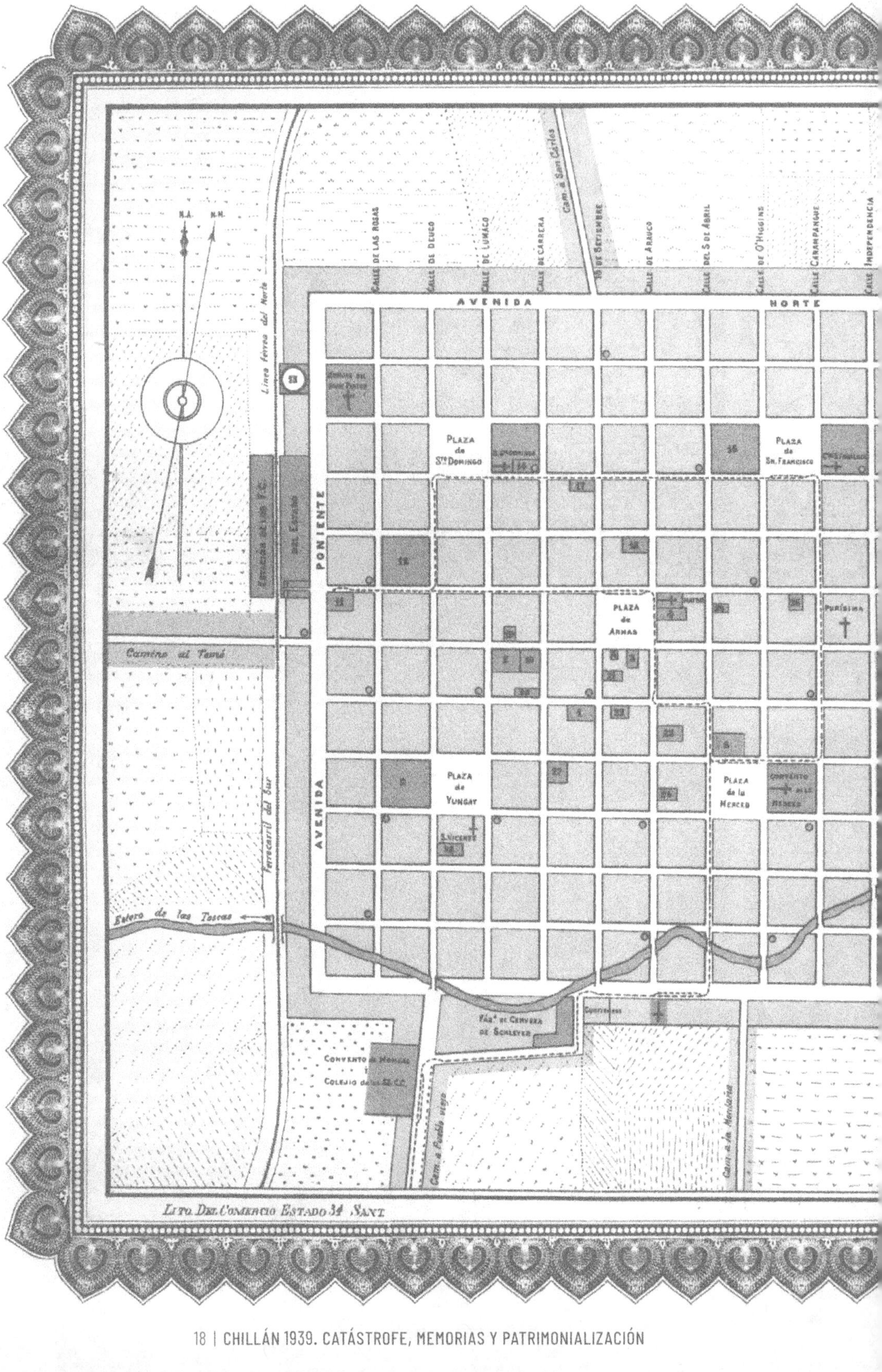
Calle de las Rosas
Calle de Deuco
Calle de Lumaco
Calle de Carrera
Cam. a San Carlos
18 de Setiembre
Calle de Arauco
Calle del 5 de Abril
Calle de O'Higgins
Calle Carampangue
Calle Independencia
Avenida Norte
Avenida Poniente
Linea ferrea del Norte
Plaza de Sto Domingo
Plaza de Sn. Francisco
Plaza de Armas
Purísima
Plaza de Yungay
S. Vicente
Plaza de la Merced
Convento de la Merced
Camino al Tamú
Ferrocarril del Sur
Estero de las Toscas
Fáb.ca de Cerveza de Schleyer
Cam. a Pueblo viejo
Cam. a la Montaña
Lito. Del Comercio Estado 34 Sant.

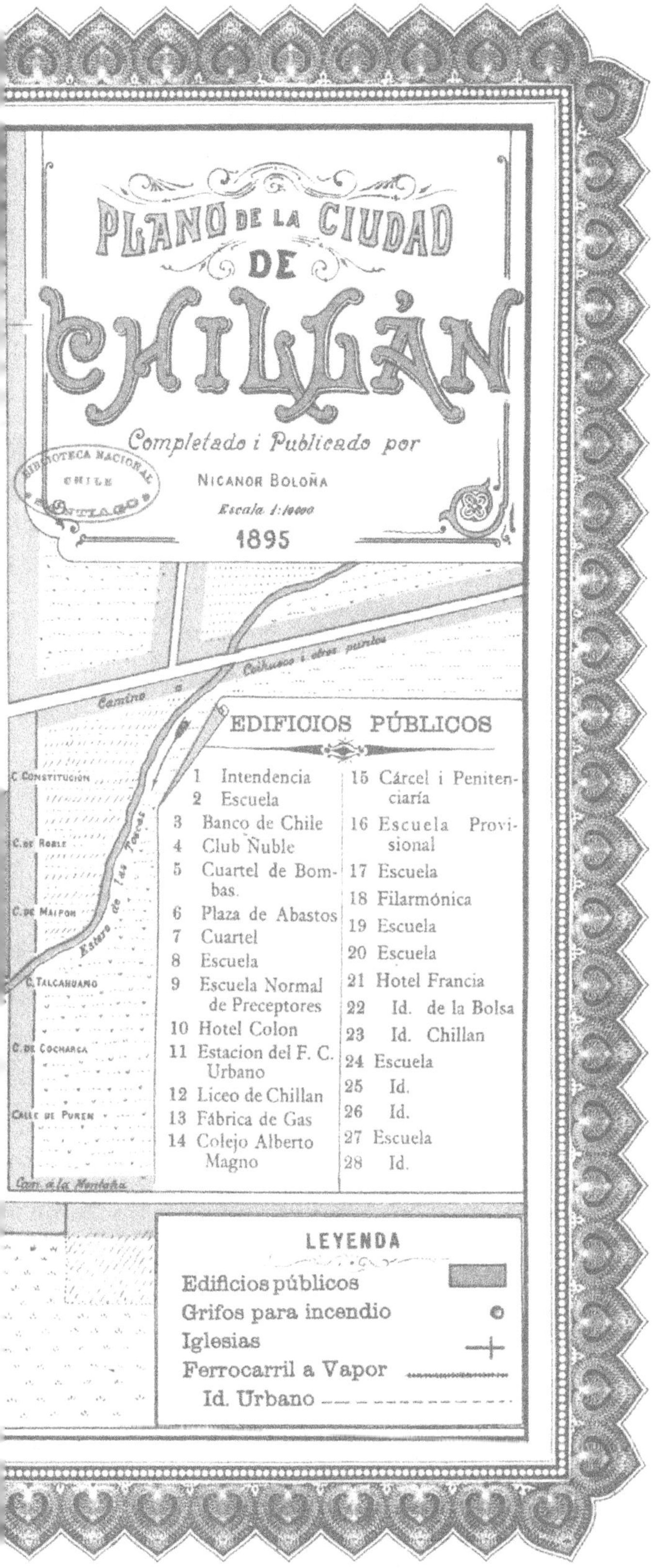

Figura 2. Plano de la ciudad de Chillán, 1895. Disponible en Memoria Chilena, Biblioteca Nacional de Chile

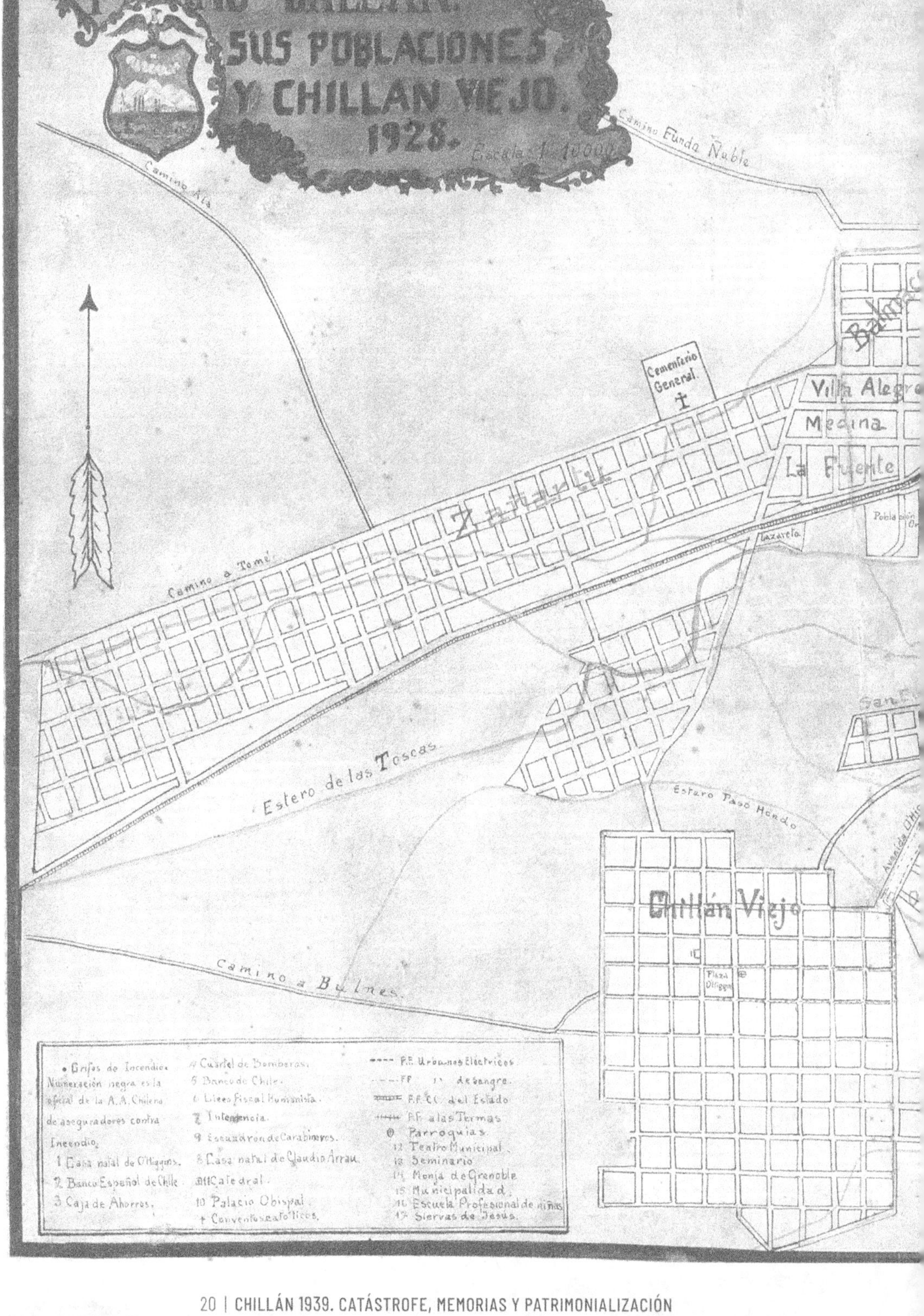

PLANO DE CHILLAN SUS POBLACIONES Y CHILLAN VIEJO.
1928.
Escala 1: 10000
Camino Fundo Ñuble
Camino Ala
Cementerio General.
Villa Alegre
Medina
La Fuente
Zañartu
Lazareto
Camino a Tomé
Estero de las Toscas
Estero Paso Hondo
Chillán Viejo
Plaza O'Higgins
Camino a Bulnes
• Grifos de Incendio. Numeración negra es la oficial de la A.A. Chilena de aseguradores contra Incendio.
1 Casa natal de O'Higgins.
2 Banco Español de Chile
3 Caja de Ahorros.
4 Cuartel de Bomberos.
5 Banco de Chile.
6 Liceo Fiscal Humanista.
7 Intendencia.
9 Escuadrón de Carabineros.
8 Casa natal de Claudio Arrau.
11 Catedral.
10 Palacio Obispal.
+ Conventos católicos.
F.F. Urbanos Eléctricos
F.F. de Sangre.
F.F. C.C. del Estado
F.F. a las Termas
Parroquias.
12 Teatro Municipal.
13 Seminario
14 Monja de Grenoble
15 Municipalidad.
16 Escuela Profesional de niñas
17 Siervas de Jesús.

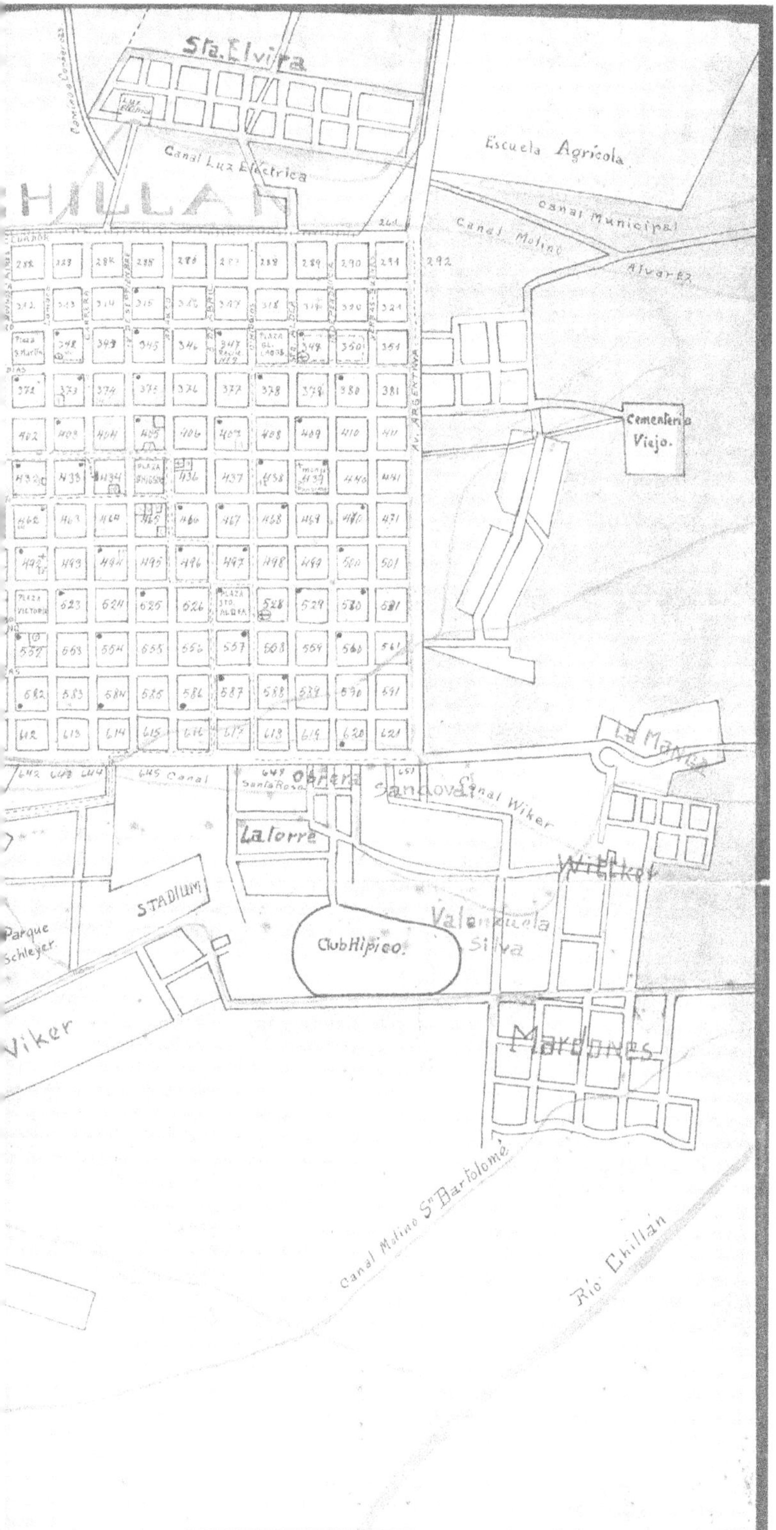

Figura 3. Plano de la ciudad de Chillán, 1928. "Álbum Provincia de Ñuble. Chile en la Exposición Iberamericana de Sevilla, 1929. Convento Franciscano de Chillán/Biblioteca Nacional de Chile

LOS MUERTOS EN CHILLAN

Lista oficial transmitida por la Oficina del Registro Civil al Ministro del Interior

Señor Ministro:

La Oficina del Registro Civil ha transmitido al Ministerio del Interior la siguiente lista oficial de muertos:

Yolanda Agostinelli, Fresia Navarrete Quezada, Erica Lazcano Navarrete, Elena Yevenes, Domingo Contreras, Eduvigis Contreras, Antonio Contreras, Clemente Gajardo, Juan de Dios Saavedra, Agustín San Juan, Rosa Salgado France, Claudio Urrutia, Aníbal Ortiz Carmona, Marta Cáceres, Guillermo Cáceres, Amanda Muñoz, Natividad Sandoval, Emelina Poblete, Sania Gonzalez Muñoz, Hernán Arriagada Mora, Elena Arriagada Mora, Gladis Arriagada Mora, Angel 2.o Suárez, Luisa R. de Alonso, Humberto Valderrama V., Graciela, Teresa, Fresia, Humberto, Julio, Leontina Valderrama L., Elena Salazar P., Adela Canales Lagos, Diego Valdés [illegible], Rosario Díaz, Humberto del R. Díaz, Teresa de R. Díaz, Víctor Manuel Díaz, Lino del C. Aparicio, Gladis Muñoz Peña, Guillermo Hernandez S., Rosa Olivares García, Juan Alarcón Navarrete, Flor María Montupin, Trinidad Yáñez, Nelly C. Vega, Laura Bahamondes M., Luis Baeza, María F. Baeza, Irma Muñoz Muñoz, Pedro Uribe Uribe, Maximiliano San Martín, Julio Muñoz San Martín, José Eleso, Marta Elena Nozzetti, Matea Benavides, Luis Mateo Figueroa, Juan Eloy Henriquez, Angela Figueroa Soto, Eloisa Ramos Reyes, Lillian Edith Reyes, Renato Walter Reyes, Cristina del C. Villouta, Arturo Ibáñez, Olga Ibáñez, Juana y Floridor Fuentes, Clara, José y Graciela Valenzuela, Cristina Bahamondes, Elsa y Olivia Sanhueza, Mercedes Soto, Rosa García, Filomena Rebolledo, Laura Rosa Belmar, Norma Briones, Pedro Briones Contreras, Dina del C. Espinoza, Rosa Elba Espinoza, Rosario Quintana, Donatila Ibarra Soto, Aliro Ruiz Lagos, Gaspar y Alfredo Ríos Lagos, Juana de Lagos, Martín Garrido, María Zapata, Pedro Garrido, Soledad Belmar, Clara de Sepúlveda, Sara Quezada, María C. Báez Márquez, Yolanda del C. Williams, Juan Contreras, Margarita Opazo Lagos, Atarmiza Opazo Reyes, Filomena Mora Infante, Mariano Cortés, Graciela Moya Moya, Milagros Merino Muñoz, Betzabé Sepúlveda, Mona Silva Ortiz, Gladis G. Ortiz, Perla M. Ortiz, Elena y Luis Díaz González, Rosario Muñoz Naranjo, Clara Muñoz Naranjo, Hugo y Luis Acuña Torres, Aliro Hernández Sepúlveda, María Bernarda Aedo, Celinda Zúñiga de Sánchez, Hugo Torres Higuera, Mario Torres Higuera, Silva Torres N., Zulema Méndez de la Hoz, Waldo Vera Naz, Orlando Morales Orellana, Marta Sepúlveda, Rosa Flores, Juan Rodríguez, Rosalba Yáñez Enríquez, Julio y Lucía Rodríguez Valdés, Pedro Navarrete Alarcón, Carmela González Riquelme, Julio Sepúlveda Jaques, María Montero San Martín, Manuel Muñoz, Audolia y Carmela Muñoz, Plácido Gallegos Toro, Adela Toro Hermosilla, Irma Bustamante Torres, Silvia Bustamante Torres, Margarita Cortés Leiva, Exequiel Sepúlveda, Laura Torres Sepúlveda, Juan Salvo Fuentes, Juana Godoy, Carmen Becerra Godoy, Francisco J. Fuentes F., Alicia Sepúlveda Salvo, Beatriz Cofré Villegas, René Cofré Ocares, María Muñoz Olave, Raquel Villalobos Ocares, Alicia Alarcón, José María Gómez, Sofía Venegas Venegas, Ramiro León Venegas, Tránsito Contreras Rodríguez, Jertrudis Espinoza Rodríguez, Luis A. Donoso Reyes, Ana Reyes de Donoso, José Fistein Contreras M., Héctor Ulloer Benítez, Elsa Reyes Molina, Rebeca Plaza Carrasco, Héctor Sepúlveda Plaza, Isidro Barrera Hermosilla, Héctor

María I. Bustamante Sepúlveda, Luz Iris Bustamante Sepúlveda, Ernesto González, Nicolás Candia Parra, Carmen Rosa Lagos Contreras, Raquel Becerra Palma, Ladislao Aguilera B., Florencia Becerra Palma, María Elena Giménez, Ana Lemus Urrutia, Eduardo Fuentes, Fuentes, Atilano Zapata Muñoz, Adriano y Marta Zapata Carrasco, Leonor Astorga, Luis Valdés Valdés, José Vejar Cáceres, Marina Vargas Rodríguez, Pedro Godoy, Filomena Orellana Lazo, Osvaldo Cid Avila, Doralisa Merino Contreras, Manuel Vargas Badilla, Doralisa Molina Candia, Osvaldo Muñoz Gallegos, Enrique y Héctor Muñoz Gallegos, Pedro Vásquez, Agustín Bravo Castillo, Demofila Briones Sepúlveda, Gerónimo Aldea Arteaga, Lorenza Sandoval Quezada, José Márquez Sandoval, Juan de la Cruz Olivarez, Lidia Uribe Ulloa, Deidamia Rivera, Juana Rodríguez Rodríguez, Amelia Romero Pardo; Dorila Alvear, Florina Torres Jeno, María Ponce Palavecino, Yolanda Ruiz Gajardo, Ana Valenzuela Orellana, María Ortega Valenzuela, Rosa Medina, Manuel Maldonado, Juan Maldonado Gomez, Olga Valdés Díaz, Waldo Valdés Valdés, Marta Cordolin Tapia, Horacio, Renato y Mario Estrada Cordoña, Gastón Estrada Vásquez, Ana Canales Soto; Margarita Tapia Cortés, Aurelia Cáceres Salgado, Mercedes Bahamondes Pino, Alicia Uribe Martínez, José del C. y Cambrille Uribe Martínez, Rosa Díaz, José del C. Campos, Pedro Campos Pinto, Timoteo Sierra González, Estela del C. Sierra Quintana, Juan Bautista Penroz, María Filomena Baeza, Tirso Penroz Baeza, Víctor Quintana Lagos, Encarnación Muñoz, Emelinda Bravo Flores, Carmela Núñez Silva, Carlos Alberto Flores Silva, Zoila Riquelme Figueroa, [illegible] Chesnel Tapia; Margarita del [illegible] Alegría Ortiz; Silva Melania Pastene, Filomena Romero Balmaceda, Teresa Fonseca Fernandez, Sergio Gajardo Gajardo, un desconocido, Elvira Sepúlveda Troncoso, José y Rosa Riquelme Oliva, Zoila del Valle Vásquez, Eduardo Sepulveda, María Matilde Coussirat, María y Abelina Solís Medina, Carmen Cofré Cortés, Rosa Ulloa Alvarado, Leonel Lagos Garretón, José Molina Salazar, Fresia Escobar Rodríguez, Bernarda desconocida, Gustavo Pérez Alarcón, Pedro Pablo Gatica Gerola, Aurora Soto, Herminia Fuentes Araneda, Víctor René Acuña Poblete, Flor María Reyes Labraña, Evangelina Fuentes Fuentes, Clara y Victoria Lagos Bravo, Magdalena, Norma, Fernando y Corina Navarrete Gomez, Rubén y Raúl Vásquez Loyola, Ernesto Navarrete Cerda; Enrique Manosalva Contreras, Ignacio y Mirta Manosalva Contreras, Ernestina Jiménez Ortega; Luisa del C. Uribe Martínez, Rosa Elena Torres, Yolanda Torres, Luis Rafael Bustos Zúñiga, María Fidelina Frías, Alberto y Carmen y Albertina Silva Riquelme, Rosa Zapata Carrasco, Berta Carrasco, María Flores Abumada, Mario Enríquez Paúndez, Helmuth y Arno Nett Lutzke, Etelvina Sepulveda, Ana Luisa Gatica Ramos, José Benito Gatica Valdebenito; Laura Bustamante Arias, Raúl Arcadio López López, Luis Robinson Arias Cea, Norma Parada Venegas, Ignacio Brunet, Eliana y Teresa Urrutia Medina, Julia Cerda Hernández, Fidelina Henriquez Penroz, Guillermo Bascur Lizana, Clara Ledu Hormazabal, Carmela Soto Vásquez, Elena Jiménez Acuña, Lucía Lafuente Jiménez, Bernardino Monroy Uribe, Inés Santander, Dayemira y Rosa Moraga Fuenzalida, Raúl Molina Sando-

quez, Lola Araneda Jimenez, Luis Lagos Aravena, Vitalicio Román, Lidia Román Aravena, Juan Jano San Martín, Mercedes Bustamante, María Mercedes Llanos Bustamante, Juan Segundo Llanos Bustamante, Gabriela Llanos Bustamante, Catalina Gatica Cortés, Blanca Llanos Gatica, Guillermo Ulloa, María Villagra, Teodoro Quintana Quintana, Víctor Concha Salazar, María Aldana Lavanderos, Blanca Rosa Castillo, Leonidas Manríquez Ponce, Lidia Gatica Bravo, Juan Navarrete, Torterolo Barrientos, Rosa Troncoso Parra, María Inés Garrido Jofré, Carlos Espinoza Valladares, Florinda Galdámez Gutiérrez, Carlos Merino H., Leonor Villagra, Diogenes Gajardo San Martín, Lila García Torres, Antenor Jara Mora, Elcira Hernández Molina, [illegible] Etelvina Carrasco, [illegible] Navarrete Montenegro, Adelaida Sepulveda Díaz, Waldo Marchant, Rosa Amelia San Martín Ramírez, Jorge Rivera Degroub, Rosario Reyes Gajardo, Margarita Garrido Soto, Carmela Bocaz Henríquez, Delia Bocaz Henríquez, Enrique Gutiérrez Polanco, Norka Gutiérrez Polanco, Luis Humberto Bravo Ramírez, Julia Puga Bustos, Marta Puga Bustos, Raúl Jofré Parra, Florentina Sepúlveda Zúñiga, Mario Candia, Gertrudis Burgos, Eliana Navarrete Retamal, Amelia Valverde, Renato Parra, Gerardo Parra, Tránsito Segundo Aravena, Iris Rosa Aravena, Guacolda del Carmen Aravena, Margarita Gutiérrez, José Misael Muñoz, Joaquín Segundo Jofré Daza, Herminio Soto, María Selmann, Elvira Merino Reyes, Isolina Lagos Reyes, José del R. Recabal Carrasco, Carmela Recabal Alarcón, Arturo Urrutia Figueroa, Ramiro H. Figueroa Serrano, María Henríquez [illegible] Arriagada Martínez, Alfonso Malermo Eylis, Elson Malermo Eylis, Pablo Orellana Inostroza, Manuel Jesús Lipan Figueroa, Hilda Garrido Venegas, Aurea y Gregorio Garrido Venegas, Jovita Pérez Pérez, Inés Aguilar Pérez, Luis Keresztury, Mercedes Cofré Vásquez, Eulogia Contreras Venegas, Marta Gonzalez, Adelaide Urrutia González, Ana Sánchez, Urbano Cartes Retamal, José E. Muñoz Cofré, Flor M. Muñoz Cofré, Juan Suazo Garay, Benelvina Bustos, Domingo Sepúlveda Castro, Ana Inostroza Arriagada, Mario Villegas Inostroza, Doris Villegas Inostroza, Alejo Guerra Sáez, Rosa Sáez, Ceferina Sáez, Zunilda Fuller Barriga, Silvia y Hernán Fuller Barriga, Hernán y Manuel Riveros Meba, Lidia Guzmán Gutiérrez, Rebeca Aldunate Testu, Delina Lantaño, Severina Núñez Pérez, Juan Pereira Núñez, Dorila Flores, Luz Yáñez Valdés, Maclovia San Martín, Marta Meneses, Carmela Montecinos, Luis Wall Palma, Ernestina Toledo, Adriana Palma Fuentes, Roberto Fernández Cabrera, Primitiva Romero Jaque, Teresa Bello López, Máximo Cáceres Bastías, Jorge Cáceres, Lucía Palmira Cáceres, Leontina Pedreros Salazar, Mercedes Puebla, Juan Elrique Fuentes, Rosalía Gutiérrez Barrientos, Sabina Pérez Segura, Rosa Lagos Lagos, Dolores Sánchez Gallardo, Rosa Guiñez, Manuel Román Guiñez, Florentina Romero Montecinos, Rosa Elgueta Valenzuela, Mercedes Cerda Arias, Elena Mora Mora, Alejandro Vergara Oyarzún, Efigenia Oyarzún Calquín, Luis Alberto Carrasco, Virginia Herrera Cortés, Domingo Saavedra Toro, Cipriano Pino Jeldres, Carmen Jeldres Fonseca, Luis y José Espinoza Ringuele, Carmelo y Lucrecia Hernández Sánchez, Daisy Harrison Aristone, Félix Caballín Carrasco, Miguel Caballín Carrasco, Antonio y Yolanda Caballín Quiñones, Rafael Rodrí-

Ramón Mardones Inostroz
Venegas Recabarren, Ju
donado Muñoz, Juan y Ro
donado Fuentes, Enrique
ne Collin, Natalia Yánez
me Pedro Melo, Mario Seg
gura, María Sepúlveda
Celia Hidalgo Araya, Deli
nilla A., Francisco Torres
da, Antonio Valenzuela,
D. Barra, Inés Quevedo,
Luis A. Quijada, Emeterio
Alveal Soto, Raquel Figu
gueroa, Ester Muñoz, Silv
ñoz, Enrique Araya Fuent
tor Hugo Funiel, Blanca F
fré, Fresia Alarcón T
Juan Alarcón, Laura
Kell, Osvaldo Muñoz Queza
sa Rivas Inostroza, Jorg
Inostroza, Ramón Rivero
doza, Osvaldo Hormazáb
drade, Domingo Salazar Ac
mela Molina Alarcón, Gab
lina Alarcón, Silvia Molin
cón, María Escalona H
bel, Eduvina Saldías Par
llo Sepúlveda Saldías, H
Vizcarra Valdés, Juan Sa
Vizcarra, Manuela Sepúlve
carra Angela Henríquez F
Segundo Meza Riquelme
Meza Riquelme, Inés Peter
Nelly Larenas, Juana A.
Navarrete, Arturo Ferrade
tana, José Vernez Vizcarr
Sánchez Saldías, Vicente
res, Mercedes Contreras,
Venegas Zapata, Manue
Cortés, Sofía Riquelme So
la Castillo, Julio Palma
da, José Romero, Guillerm
Landaeta, Gricelda Moya
Roberto Yáñez Manduja
mitila Gutiérrez Fuente
Matamala Gutiérrez, M
Gálvez Flores, Petronilo
ra Concha, Margarita de
lis Trezca, Juana R. Solís
Inés Oliva Castillo, Luis
Luis H. Norambuena S
Bernarda E. Torres Torr
del C. Torres Figueroa,
Francisco Torres Figueroa
L. Acuña Ferrada, Adela
R. Bustamante Acuña,
Bustamante, Gustavo Bue
Ottons, María Acuña Aed
tina Elsa Muñoz Valenzue
laida Villagrán Mardones,
Mora Urzúa, Filomena No
la, María del R. Bisama
Emperatriz Sandoval, Mar
púlveda Lagos, Manuel Se
Quezada, Emilia Casanova
lo, Rosario Cortés Moral
na Chavarría Pérez, Elen
meguy Chabour, Miguel
López, Moisés Silva Ceró
garita Guzmán Acuña,
Guzmán Abarzúa, Aida
Méndez Aguilera, María
Mercedes Méndez Aguile
via Sepúlveda Acuña,
Medina Fuentes, Segun
quez Herrera, Margarita
Rosa Lagos, María E. Mér
tamal, Nieves Sánchez T
cisco Moreira Cabrera,
Gallegos Gallegos, Margar
ña Vásquez, Elisa Benav
gueroa, Daniel Contrera
Herminio Briones Neira,
na Basualto F., Raquel
burg Rosenblitt, Mauric
burg Rosenblitt, Corina
Fernández, Arturo R.,
Fernández, Rosa R. Ari
Hos, Mercedes Rogel Ver
A. Cabrera Vera, Luis A
ra Vera, Celmira Contrer
tor Cofré Guajardo, Re
Guajardo, Guillermo Co
jardo, Aurora Barraza
Magdalena Gutiérrez Ve
Ruiz Dueñas, Susana Bra
menegilda Cuevas, Elena
Cuevas, Carlos Cuevas,
del Río Vargas, Tránsito
Vera, Bessie Dottoli Lill
P. Ponce Andrade, Guill
Sepúlveda A., Romilio
da Avendaño, Ida Andr
Linda Opazo, María Ros
rales Valverde, Fidelino
de la Vega, Alfredo de
Carmen Rodríguez Monj
R. Hermosilla Muñoz,
Hernández Vásquez, Edu
ga Muñoz, Amalia Orteg
Luis E. Manríquez Mart
landa Reyes Cortés, Dom
doval Lema, Berta Poble
R. Sandoval, Luis M. S
Bejar, Pilar M. San Jua
Lola San Juan Bejar, Dor
reque Contreras, Enriq
nas Pacheco, Inés Parra
Héctor Campos Ramírez,
cio Ferrada Romero, Erc

CATÁSTROFE

Soto Bascur, Máximo Villa-
lonso Malegro Egly, Belisa-
argarita, Alberto y Lila Es-
Salinas, Otilia Jara Vera,
Jara Vera, Marta Nocetti
Pedro Orellana Díaz, Cata-
Navarrete Moya, Ema San
, Inés, Raquel y Edith
s San Martín, Ramón So
Melo, Macedonia Duar
, Felisa Saldías de Daz
Sepúlveda, Rogelio Sepú
Magdalena Meglen, Franci
rrea Vásquez, Brígida P
arlos Vidaurre Fernánde
Vidaurre, Gastón Martínez
s, Ana Pendero Gajardo,
Pendero Pendero, Elsa
l Gallegos, Delfín Paredes
Ena Ramírez Salinas, Luis
, Ramírez, Pedro S. Ramí-
Cristobalín Henríquez, José
Zúñiga, Rosa Rojas Riveros,
lina Rojas Rojas, Eloísa
l, Catalina Sáenz, Yolanda
Figueroa, Mario Díaz Roca,
az Roca, Donatila Sandoval
, Inocencia Pino, Teodorin-
ndez, Estilita Aparicio, Vic-
aricio, Teodosia Sandoval,
Chandía, Abilio Saravia
Aranita Bravo Castillo,
Pedrero Riquelme, Lidia
ve, Ana Muñoz Parra, Isi-
Barrera López, Yolanda Me-
Palma, Rogelio Palma Me-
Haydée Palma Medina, Juan
Andrade, Humberto Que-
Sepúlveda, Guillermina Pon-
Mercedes Márquez Alarcón,
bacache Durán, Isidoro Iba-
Montecinos, Humberto Que-
Retamal, Eduardo Quezada
Estefanía Cádiz Carrasco,
Gutiérrez Muñoz, Aurora
artín, Ana Enríquez Gatica,
ado Enríquez Gatica, Luis
eda Parra, Inés Silva Men-
Mercedes Aguilera Aguilera,
Vergara López, Carmen Ca-
Lagos, Rosario Lagos Arias,
San Martín, Rifio, Silvia
z San Martín, María Rodrí-
Carrasco, Lucrecia Villouta,
c. Elba, María, Miguel,
cuña Barra, Carlos Edison
Héctor Soto Palacios, Raúl
Godoy, Alberto Baeza, Paz
da, Ester Jara Gajardo, Ri-
Almardi Carmine, Malba
l Carmine, María Garcés
Emilio Manríquez Fuentes,
il Fuentes Acuña, Ricardo
, Alina Rioseco, Encarna-
Contreras, Leontina Núñez
Sergio Barra Ramos, Juana
Merino, Clara Cuevas Ga-
Victoria Poblete Barrientos,
Gutiérrez Pérez, Ceferino
Soto, Edith Flores Román,
Rubio Parra, Avelina Ga-
Valverde, Fernando Torres
, Roberto García Castillo,
Vidal Vidal, Rosalía García
René Gajardo Flores, Eme-
Quijada, Flor Montejil On-
Manuel Sandoval Ortiz,
[illegible] Domingo Aroca
Rosario Baeza Sandoval,
s Acuña Rodríguez, Julia
uez Sandoval, Emilia Mal-
Sepúlveda, Silora Morales
Jorge Venancio Muñoz San-
Carlos Adolfo Muñoz San-
María Inés Ibáñez Fuentes,
a Alegría Maira, Ernestina
, Clorinda Valdivieso Otá-
Víctor Soza Grossling, Ana
armen Soza Grossling, Car-
Rosa Arias, Beatriz Parra,
Pena Parra, Juana Francis-
ntecinos, Eudolio Aparicio
cinos, Pedro Venegas, Luis
Villalobos, Héctor Avila Vi-
Jovina Medina Medina,
San Martín Olivares,
Durán Venegas, Francisco
Durán, Luz Zapata Betan-
Juana Tapia Mendoza, Ma-
tega Echavarría, Tito Jara
Renato Jara Ortega, Flo-
Rivera Ojeda, Ana Candia
[illegible] Julia Zapata Arias,
rto Zapata Candia, Adela
me Candia, Guillermo San-
Candia, Oscar Vásquez Va-
la, Arturo e Isolo Mutiza-
urtado, Margarita Badilla,
y Natalia Nonera Badilla,
do, Gastón y Reinaldo Díaz
, María Flores, Berta Muñoz
, Ruth, Mario, Orlanda,
Orlando y Luis Fuentes
z, María y Lionel Moreno
o, Etelvina Basualto Badi-
Flo- María Araya, Amador

fon Zorzano, María Inés Cortés,
Miguel Guíñez Carrasco, Rosa Ja-
ra Contreras, Senilda Dávila Ri-
quelme, Alicia Merino Lagos,
Adolfo Lagos Arriagada, Emelina
Maluenda Torres, Desiderio Hurta-
do González, Isabel Veas Iriarte,
María Correa Bórquez, María Iri-
[illegible]
Cuevas Contreras, [illegible]
Lastra [illegible]
Alicia [illegible] Rodríguez,
[illegible]
Torres.
Mercedes Bahamondes Pino, De-
bora Arriaza Ortiz Regina Se-
púlveda Salazar, Nelson Sepúlve-
da Salazar, Lidia Vera Ortiz Do-
mingo Lepe Riquelme, Víctor
Bernal Valenzuela Sara Vergara
Concha, Ricardo Rioseco, Abelino
Alvarez Alvarez, Leonidas Ramí-
rez Parra, Enrique Alvarez Ramí-
rez [illegible] Alvarez Ramírez,
[illegible] Aedo Venegas, Juan Roca
Poblete Sara Andrade Díaz, Ana
Jaque Medina, Miguel Galdames
Vera, María Celedonia N., Mercedes
Sepúlveda Parra, Nadia Venegas
Broji, Héctor Soto Avila, Merce-
des Soto Avila, José Muñoz Gon-
zález, Luisa Muñoz Salazar, Ma-
nuel Delgado Jerez, Ramón Ga-
tica Poblete, Aurelio Gatica Ro-
sales, Manuel Aedo, Mercedes Ru-
billar Cifuentes, Jorge Rubilar Ci-
fuentes, Carmen Espinoza Vera,
Berta Labra Labra, Violeta Araya
Labra, Elita Araya Labra, Elena
Lavín López, Graciela Iturra Urru-
tia, Ernesto Ponce Fuentealba,
Eliana Ramos Márquez María Ra-
mos Márquez Rosendo Sarabia
Ortega, Arturo Ibáñez Bucarey,
[illegible] Aguilera Sergio Acuña
Garrido, Angel Zanduendo An-
glano, Blanca Andrade Garín, Ce-
linda Rivas, Robinson Matus Be-
cerra Carmen Torres Lagos, Sara
Nazal Theine, Nacir Nazar Yanini
María Palaus, María Medina La-
gos Luzmira Bentacour Medina,
Rosa Betancour Medina Luzmira
Rodríguez Betancour, Ruth Ro-
dríguez Betancour, José Herrera
Carrasco Isidora Betancour Orte-
ga, Guillermo Sepúlveda Avenda-
ño, Tránsito Avendaño Luengo,
Domingo Saavedra Matamala, Luis
Campos, Eloísa Navarro, Estelvina
Navarro, Segundo Vallena Navarro
Manuel Ferrada Palma, Mario Fe-
rrada Quintana, Segundo Cáceres,
Romero Aurelia Jofré Lagos Rosa
Duarte Jofré Sabina Tamarín,
Flor Alarcón, María Luisa Urru-
tia, Luis Morales Urrutia, Mario
Morales Urrutia, Luis Rivas Me-
rino, Filomena Labrero, Parmenia
Jara Muñoz, Blanca Pinilla Gu-
tiérrez Sofía Ruiz Sandoval Te-
resa Rivera Sotomayor Gilberto
Rivas Villegas, Apolinario Rivas
Villegas, José Améstica Baeza, Ma-
nuel Utrera Torres, Cosme Casti-
llo Silva Guillermina Rodríguez,
Mateo San Juan Romero Raúl
Días Jiménez, Aldín Miranda Sadi,
Victoria Yáñez Avila, Alfredo
Contreras del Pino, Armando del
Valle, Sonia [illegible] Morales,
Clara Castillo Quintana Miguel
Navarrete Carrasco Labra Gonzá-
lez Villablanca, Carlos Gatica
Durán, Estela Guerra Durán, Ele-
na Vargas Cerda, Flor Garrido
Quintana, Olga Cárcamo Bonilla,
Flor Parra Romero Mario Parra
Castillo, Brígida Villalobos Cam-
pos, Pedro Torres Albornoz Gra-
ciela Torres Zazos, Guido Venancio
Alvarado Ana Valdivia José Soto
Lagos, Manuel Ramírez, Verónica
Ramírez, Rosalía Morán Queza-
da, Florinda Morán Quezada,
Tránsito Morán Quezada, José Pi-
no Cifuentes, María Pino Cifuen-
tes, Orlando González Lavanderos,
Lidia González Lavanderos Filo-
mena Torres, Rosalía Cáceres Mu-
ñoz, Juan Araya Hermosilla,
[illegible]
Celia San Martín Henríquez,
Margarita San Martín Henríquez
Carlos Sandoval Contreras Go-
[illegible]

nes González, Manuel Parada
Briones, Ana Julia Paredes Vás-
quez Raúl Horacio Rojas, Carlos
Rojas Paredes, Oscar Rolando
Rojas Paredes, Orlando Rojas
Paredes, Froilán Rosales, Froilán
2.o Rosales Gajardo, Zoila...,
[illegible]
Yarur Sofía, Carmela Salames,
Abraham Abache Parra, Delfina
Cortés Sepúlveda, Jorge Hillmer
Joredt, Juan Hillmer Joredt, Au-
rora Bahamondes, Carmen Baeza
Santander, Elcira Rojas Hernán-
dez, Carmela Conejeros Mendoza,
Gabriela Veloso Guerrero, Patri-
cio Veloso Guerrero, Albina de
Sánchez, Juan Arriagada, Elena
Urrutia Figueroa, Ester Urrutia
Figueroa, Gabriela Urrutia, Clo-
rinda Cifuentes, Cleofas Carrasco
Torres, María Rubilar, Mario,
Omar, Oscar Morales Merino, Mar-
ta Villarroel Retamal, Emilio y
Elvira Venegas Retamal, Emilia
Bustos Vega, Juan Jaime Aguilera,
Zoraida y Petronila Carrasco Li-
llo, Enrique Ortiz Correa, Angel
Gutiérrez Tascón, Teresa Mora
Ponce, Gonzalo Sepúlveda Alva-
rez, Anselma Muñoz, Germán y
Fermín Sepúlveda M., María El-
sa Utreras, Juana Godoy Lagos,
Orlando Muñoz Godoy, Teodoro
Aedo Osses, Carmela Morales Sin-
foriano Ceballos, Sofía Jara, Juan
Cabrera, Romelia Saldías, María
Virginia, María Inés, Ezequiel y
Elisa Castillo S., Próspera Tapia,
Raúl Ponce, Gustavo A. Sando-
val, Elisa Durán Varela, Dorila
Padilla, Domingo Padilla, Carme-
la Utreras, Magdalena Parra, Luis
Armando Muñoz, Abraham Aba-
che, Doralisa Parra, Sara Abache
Parra, Rosa Parra, Uldaricio e
Hilda Oñate Arias, Gumercindo
Correa, Elisa Pastene Saldías, Be-
lisario Inostroza Contreras, Cori-
na Escobar de Canales, Leonidas
Collante, Román Placencia, Luisa
Sánchez, Mercedes Rodríguez, Ju-
lia Romero, Francisco Gutiérrez
Puente, Luis Riccotti Gamba,
Enaldo Vivanco Barra, Minnie
Ortiz Conejeros, Isidora Portales
Gallardo, Irma Georgina Castillo
Espinoza, Carlota Villalobos, Ma-
ría Vásquez, Elsa Rivero Silva,
Rosa y Emelina Fernández, Juan
Yáñez Yáñez, Ana Luisa Gutié-
rrez, Enrique Beltrán Aguayo, Al-
fredo Alvarez, Julio Navarrete,
Hugo Sandoval Contreras, José
Lagos Henríquez, Guacolda Stuar-
do Stuardo, Ema Salazar Herre-
ra, Hernán Figueroa Canales, Car-
men Valverde Pérez, Nene Nava-
rrete Sandoval, Luisa Retamal San
Martín, Osvaldo Echeverría, Tu-
lia Castillo Cabrera, Osvaldo Sal-
vo Castillo, Francisco Omar Mo-
ya, Dorila Alvear Mora, Juan
Bahamondes San Martín, Carlos
Hernández Bastías, Adolfo Jara
Ocares, María Salazar Salazar,
Miguel y Rosa Aedo Salazar, Ju-
dith Atenas Echeverría, Petroni-
la y Marina Ramírez Ramírez,
Luis Aroneska Anaya, Guillermina
Jiménez, Ernesto Ponce Fuen-
tealba, Maclovia San Martín Hen-
ríquez [illegible] Yáñez Henríquez,
Marta Meneses, Oscar e Isabel Con-
treras Zárate, Graciela Jiménez,
Graciela Campos González, Do-
mitila Bustos Omán, Josefina y
Enrique Coussirat Contreras, Hay-
dée Oñate Fernández, Demetrio
Vargas Zanartu, Juan Villarroel
Bustos, Agustina Romero Contre-
ras Margarita Ferrada Contreras,
Ramón, Luzmila, María Farías Fe-
rrada Graciela y Dorila Rodrí-
[illegible]
[illegible] Cortés Aurora Aqueveque
Gutiérrez, Gertudis, Ubaldina y
Carlos Venegas Cárcamo, Celia
Parra Molina, María González
Ponce Uberlinda y Mario Figue-
roa Cifuentes, Olegario Farías Ga-
rrido, Olegaria Garrido Becerra,
Héctor y Bella González Rodrí-
guez Nicanor Cuervo Navarrete,
Corina y Zulema Lillo Navarrete,
Cecilia Muñoz Becerra, [illegible]
[illegible]

ría Lara Fuentes, Juan Lagos La-
ra, Juana Fuentes Inostroza Mi-
lagro Cea Castillo, María Venegas
Reyes, Rosa Reyes Toledo, Pauli-
na Cerda Cea, Delia Ferrada Ba-
rreto, Rosalía Villagra Martínez
Raquel Muñoz Villagra, Leonor
[illegible] Muñoz J.
[illegible] Segundo Cárdenas, Olimpia
[illegible] Víctor Contreras
[illegible] Vásquez, Ade-
[illegible]
[illegible] Lagos, Delia A.
[illegible] Améstica A.
[illegible] Alvarez
Olga Henríquez Améstica, Clara
Sepúlveda, Isabel Ojeda Varas,
Vitelio Jara Muñoz, Rosa Jara
Rodríguez, Sofanor Jara Rodrí-
guez, Ulda Jara Lara, Luis Pe-
draza Pérez, José Río Sanbuesa,
Elena Castillo Solar, José Salgado
Solís, Manuel Munita Belmar,
Guillermo Contreras, María Con-
treras, Marta Díaz Garrica, Os-
valdo Díaz Garrica, Hortensia To-
bar, Elena Rivas Gallegos, Fer-
nando Díaz, Francisco Muñoz
Pedro Lagos Avendaño, Ena Ave-
lasco, Raquel Acevedo, Claudio
Soto, Omar Burgos, Miriana Bu-
gos, Miguel Lorca, Ester Fuentes
Aburto, Juana Rivas, Sara Casti-
llo, María Alvarez, Luisa Henrí-
quez, Rosa Herminia Tobar, Fran-
cisco Javier Vargas Rivas, Rosa
E. Montes, Eusono González Mon-
tero, Elba Vargas, Eulalia Lagos
Ortiz Gajardo, Avelina Aurora
Sepúlveda Merino, Ismael Henrí-
quez San Martín, Rosa E. San
Martín, Fresia Pérez Aedo, Mar-
garita Romero Contreras, Ol-
Rosario Reyes, Feliciano Segundo
Oyarzo Peña, Domingo H. Li
Salazar, Lidia E. Melo Sánchez
René Armas Cruz, Laura Yáñez
Melo, Ana Navarrete Alvarado
Aurora Arriagada Retamales, Ma-
ría N. Anís Lagos, María del P.
Reyes Carrasco, Luisa Sandoval
Lagos, Mario Sandoval, Eduardo
H Rosales Garrido, Blanca Lidia
Ortiz, Magdalena Contreras Ortiz
Alberto Alarcón Gatica, Susana
Alarcón Cortés, Clodomira Orte-
Ortega, Segundo Francisco Oliva-
res, Mercedes Olivares, Fresia de
C. Olivares, Erminda Hernández
Torres, Darío Hernández Torres
Mirella Acuña Carrasco, Amb
Suazo, Segundo Guzmán, Juan
Arias Mardones, Juan 2.o Muñoz
Carmen R. Flores, Margarita Mu-
ñoz, Luis Campos Cofré, Alito Se-
púlveda Linderos, Carmela Oyarce
Alarcón, Juan Salvo Oyarce, Or-
lando Salvo Oyarce, Elcira Castro
Muñoz, María Vásquez Oliva,
Marcial Vargas Oliva, Valentín
Valenzuela Gatica, Raquel Mardo-
nes, Julio 2.o Canales Torres, Ma-
rio Muñoz, Marta Muñoz, Julia
Marín, Adela Dueñas Guzmán
Florentino Venegas, Teresa Me-
chan, Zulema González, María G.
C. Belmar V., Luis Román B.
Encarnación Bernal B. y Ber
Bernal B., Ernesto Martínez Or-
tega, Silvia Fuentes Vásquez, Ma-
ría Fuentes Vásquez, Elena Za-
pata Rodríguez, Aurora Valenzue-
la, Norma Villablanca Sáez, Ra-
quel Figueroa González, Fresia Ve-
negas Vargas, Eugenio Gatica Ga-
tica, Carlos Sepúlveda López
Efraín Jiménez Jarques, Pedro
Alvarez López, Sergio Alvarez Ra-
mos, Elsa Lagos Lagos, Juan Ba-
za Baeza, Juan Lagos Guzmán
Eleonor Zavala Varela, Ana Chá-
vez Zavala, Lucinda Chávez Za-
vala, N. Chávez Zavala, Eduvina
Nora Baeza, José Fernando Fuen-
tealba, Isidro Maraboli Vera, Ni-
colás Ortiz Daza, Hilda Garay Ja-
ra, Luis Ortega Badilla, Pedro
Reyes Maldonado, Enrique Pérez
Pérez, Petronila viuda de Ortega
Margarita Sáez Muñoz, Irene Or-
tega Fuentes, Arturo Fuentes
Petronilo Cárdenas, María Ve
Leiva, Francisco del R. Navarre-
te Becerra, Silverina Briones Zú-
ñiga, María Torres, Berta Torres
Herminia Ortega Mendoza, María
Mellado Inostroza, Avelina Sa-
llado, Marta Iturra, Carlos Soto
Oviedo, Emelina Fuentes Castillo
Lucía Rivera Desgrenau, Rosa Le-
cira Arias Durán, Rosa Lagos
Edelmira Echeverría Salazar, Pe-
dro Juan Echeverría, Tomás Es-
pinoza, Rosario Mercado

CHILLÁN, UN ESTADO APARTE. FEBRERO-MAYO 1939

Alejandro G. Crispiani
Profesor titular, Escuela de Arquitectura, Pontificia Universidad Católica de Chile

Los tiempos de la catástrofe

El terremoto de Chillán, como otros sismos de gran poder destructor, duró menos de un minuto, cuarenta y cinco segundos, según algunas fuentes. Sus consecuencias se hicieron sentir por años y décadas. En un cortísimo período de tiempo quedaron en latencia procesos sociales, demográficos, económicos y políticos que tardarían muchos años en desplegarse y que de hecho llegan hasta hoy en día, como bien puede verse en el presente libro. Este despliegue, cuya manifestación más evidente pudo verse en las súbitas transformaciones materiales de las ciudades y pueblos arrasados por el terremoto, tuvo distintas velocidades y contiene en sí mismo también diversos tiempos y urgencias, cada uno de los cuales planteó problemas que tuvieron que ser resueltos, como se pudo, en parte por el Estado pero también por la población y la sociedad civil que en muchos casos no tuvo otra alternativa que organizarse a sí misma para responder a las imperiosas demandas de la destrucción. Si tomamos lo que podríamos llamar el tiempo largo de la catástrofe, daría la impresión que, en términos generales, hubo una suerte de desaceleración o de ampliación de los tiempos necesarios para enfrentar y tratar de dar respuesta, algún tipo de respuesta, a todos los problemas (llamémosles así) contenidos esos fatídicos cuarenta y cinco segundos del día 24 de enero de 1939. Las primeras acciones, como el salvataje de los heridos entre los escombros, tenían un plazo de tiempo muy exiguo, apenas días u horas para que tuviera sentido llevarlas a cabo. Acciones posteriores, que sin duda abarcaron políticas de Estado y muchas otras iniciativas de diversa naturaleza, tuvieron plazos más largos para su realización, pudiendo llevar semanas, meses, años o décadas. Las ciudades y pueblos del territorio asolado por el sismo conocieron distintas fases, cada vez más largas, para llegar a un estado similar al de las ciudades que no fueron afectadas por él. Se trata de un tema que aún resta por ser investigado y eventualmente corroborado.

Este trabajo se centrará principalmente en lo que podríamos llamar el tiempo corto de la catástrofe, que abarcó aproximadamente los primeros cuatro meses, desde finales de enero a finales de mayo de 1939. Estos meses vieron la implantación de un tipo de gobierno particular en el que convivieron autoridades militares y civiles. La respuesta a las consecuencias directas de la destrucción de la ciudad requería de un conjunto de medidas excepcionales que solo un gobierno excepcional podía afrontar. La situación a la que se enfrentó esta nueva forma de gobierno, que duró cuatro meses, podría sintetizarse de la siguiente manera: había que dar auxilio a los sobrevivientes de la vieja Chillán (cuyo número aún resta ser determinado con cierta precisión pero

Funoado el 14 de Enero de 1917
AÑO XXIII N.o 7.730

LA NACION

(EMPRESA PERIODISTICA "LA NACION", S. A.) (M. C. R.)

Agustinas 1260 — Casilla 81-D.
Teléfonos 82222-7

EDICION DE 20 PAGINAS

PRECIO EN TODO EL PAIS: 60 CENTAVOS

LA HORRENDA CATASTROFE

CHILLAN

Figura 1. Portada *La Nación*, 26 enero 1939

que sin duda sería de varias decenas de miles[1]) que en cuestión de segundos se vieron enfrentados a vivir en un entorno inhabitable.

Coinciden también estos meses de existencia de un gobierno de excepción, con un hecho de importancia fundamental: el retiro de los escombros del suelo de la ciudad de Chillán. Estos escombros eran la vieja ciudad convertida por el terremoto en una forma material inhabitable pero todavía presente, en la que tuvieron que vivir durante estos meses muchos de los sobrevivientes de la catástrofe así como las muchas personas que fueron enviadas para prestar ayuda y poder superar la situación. En una crónica del día subsiguiente se describe con precisión el dramático cambio en la morfología de la ciudad: "La vieja Chillán tirada al suelo en escombros: la orgullosa vida humana convertida en débil gemido a ras de tierra" (*La Nación*, 1939: 1). Roto el acople entre la tierra y las construcciones aparece una forma caótica en la que conviven restos de edificios aún en pie, partes y materiales de construcción, objetos de uso diario y cuerpos, que como un manto domina la ciudad. Su sola presencia es amenazante y un factor de desolación y dolor frente al cual lo único que se desea es su desaparición. Luis Hiriart, redactor de *El Diario Ilustrado*, lo expresa claramente en su crónica de la catástrofe: "Nadie puede imaginarse lo que es la ruina absoluta de una ciudad. Se recibe, ante la magnitud de esta catástrofe, una sensación nueva que desconocíamos; es diferente a la neta sensación del dolor y distinta de la pena y el desaliento. Es más bien un impulso incontenible para restaurar instantáneamente, por levantar escombros y limpiar las calles"[2].

En cierta manera, este impulso recorrió todos los estamentos involucrados con la recuperación de la ciudad de Chillán y de todos los centros urbanos grandes y pequeños de las regiones de Ñuble y Bío Bío que vieron destruidas partes enteras de su tejido urbano. En un primer momento, la búsqueda se centró en encontrar heridos, cadáveres, medicamentos u objetos de uso en medio de los escombros. Posterior a su remoción, las iniciativas estatales se centraron en la recuperación de las ciudades y poblados. En ellos anidaba el drama que estaba viviendo gran parte de la población. Era una materia que perpetuaba el estado de caos que se había instalado en la vida de tantas personas. En principio, podría postularse que el proceso de remoción marca el primer tiempo corto de la catástrofe, que se extendió desde el día posterior al

1 No existe hasta el momento una cifra más o menos exacta de las víctimas del terremoto. En los primeros días después de la catástrofe circularon en la prensa números muy dispares con respecto a la cantidad de muertos. *La Nación*, por ejemplo, en el número del 29 de enero habla de quince mil muertos (p. 11), cifra que es puesta en duda en el mismo número por el corresponsal del diario, A. Olavarría, que calculaba no más de siete mil. La cifra oficial dada a conocer en el anuario de 1939 de la Dirección General de Estadísticas fue de 5.695 muertos, número que ha sido puesto en duda por diversos autores que suponen una cifra mucho mayor. Ver al respecto: Moya Rossi, Alejandro Mauricio: *Estudio de los daños del terremoto de Chillán de 1939*, Memoria para optar al título de Ingeniero Civil, Facultad de Ciencias Físicas y Matemáticas, Universidad de Chile, 2002.

2 "La Tragedia", *La Nación*, 26 enero 1939, p. 1.

terremoto hasta aproximadamente finales del mes de mayo de 1939. Lo ocurrido durante estos cuatro meses sin duda permite comprender con mayor profundidad las características que tuvo la reconstrucción posterior.

La ciudad indescriptible

Después de los escasos segundos que duró el sismo, decenas de miles personas de las regiones de Ñuble y Bío Bío se encontraron situados en una realidad inconcebible minutos antes: aún en el caso de que no estuvieran heridos, vieron desaparecer todo o gran parte de lo que había constituido su vida anterior, empezando, por supuesto, por los seres queridos y cercanos a ellos y siguiendo por sus casas, sus pertenencias y la ciudad misma en la que habitaban. Se ha dicho repetidas veces, con justicia, que la noche del 24 de enero hasta la madrugada del 25 es uno de los momentos más trágicos de la historia de Chile. Las descripciones de la prensa de circulación masiva de esos días relatan, en el caso particular de Chillán, el momento hasta la salida del sol: el estruendo inicial de la ciudad que se derrumba, la profunda oscuridad solo aminorada por la luz de los incendios, los gritos de los heridos en medio del silencio general, el aire casi irrespirable por el polvo de los adobes caídos, etc.[3]

Las crónicas en la prensa de circulación masiva que describen este momento de total anonadamiento de la población son varias y casi todas coinciden (como el caso de Luis Hiriart) en la imposibilidad de describir con fidelidad la situación de la inmediata post-catástrofe de Chillán. Por su calidad tanto de político como de médico, resulta reveladora la impresión de Salvador Allende en su visita a Chillán el día 25 de enero, en momentos que era diputado del Partido Socialista y una figura ligada al presidente Pedro Aguirre Cerda: "Todo cuanto se diga acerca de las proporciones que alcanzó el terremoto en Chillán queda pálido ante la realidad. [...] Reina allí una atmósfera de sopor, de aplastamiento que demuestra con impresionante elocuencia el estado de angustia en que han quedado los habitantes que circulan por las calles atestadas de escombros"[4].

Como suele suceder inmediatamente después de que un terremoto ha asolado una ciudad, los sobrevivientes de Chillán comenzaron a moverse, tratando de explorar el nuevo entorno urbano que los rodeaba, en el que en muchos casos las calles habían sido borradas por el manto de escombros y en el que no resultaba fácil reconocer los edificios que anteriormente se hallaban en pie. Las crónicas hablan del peregrinaje de los sobrevivientes por la ciudad

3 Puede verse, entre muchos otros ejemplos: "El Dante no habría podido describir un espectáculo más horripilante que el que presentan Chillán y Concepción", *El Diario Ilustrado*, 26 enero 1939, p. 5.

4 Salvador Allende: "Todas las reservas del país deben movilizarse en torno a esta tragedia sin precedentes", *La Nación*, 27 enero 1939, p. 3.

destruida y poblada de heridos atrapados entre los escombros y cadáveres[5]. Por el suelo cubierto de restos de edificios comienzan a dibujarse ya senderos por donde van y vienen los pobladores sobrevivientes. Los que estaban fuera de sus viviendas intentan angustiosamente volver a estas, otros intentan salir de la ciudad o identificar puntos de reunión donde recibir ayuda e información. Ya desde la madrugada la Plaza de Armas se había constituido en el lugar de encuentro principal, esto por su condición de espacio abierto a salvo de nuevo derrumbes y también por su histórica condición de principal espacio público de la ciudad en el que tenían presencia aquellas instancias que de una u otra forma garantizaban su orden y funcionamiento.

Pero también en muchos casos, los sobrevivientes siguieron vinculados a su vivienda, aunque esta se encontrara en ruinas. Según Luis Hiriart: "Cada dueño de casa está preocupado por sus propios escombros: en su dolor los considera su patrimonio y quiere darle un aspecto más presentable a lo que le pertenece"[6]. Por otra parte, si algún familiar o persona cercana estaba aún entre las ruinas, era necesario montar guardia a la espera de la ayuda para extraerlo. Las ruinas también contenían muebles, enseres, alimentos y quizás medicamentos con los que afrontar la emergencia. En los casos que las viviendas tuvieran un patio posterior o un espacio abierto más o menos grande, algo relativamente usual en la vieja Chillán, se improvisaron refugios que en muchos casos duraron varias semanas. Según un cronista: "Allá en esos fondos están sus habitantes. Han arreglado sus viviendas con lo que han podido y han formado grupos de quince o veinte personas para esperar, reunidos, la ayuda que está por venir"[7]. Pese a su estado de ruina, la ciudad alojaba a una parte importante de su población, cuyo número resulta difícil de precisar, pero es probable que se acercara a las veinte mil personas en los primeros momentos[8]. Era una población necesitada de agua, alimentos, auxilios médicos, ciertas condiciones de cobijo, etc., que en el primer momento solo podía procurárselos por cuenta propia, con todo lo que esto implicaba.

Por otra parte, ya desde la noche, se habían formado grupos más o menos espontáneos para sacar de los escombros a los que habían quedado atrapados en ellos y aún vivían, a los que era urgente asistir, ya que para ellos cada hora contaba tanto o aun más que para los heridos.

---

5 "Peregrinación a través de las ruinas. Parral, San Carlos, Chillán, Bulnes, Concepción, vistos por el enviado especial de *El Diario ilustrado*", El Diario Ilustrado, 29 enero 1939, p. 9

6 Luis Hiriart B.: "Por la zona de la catástrofe", *El Diario Ilustrado,* 29 enero 1939, p. 5.

7 Luis Hiriart B.: "Por la zona de la catástrofe", *El Diario Ilustrado,* 1 febrero 1939, p. 3.

8 Al momento del terremoto la ciudad contaba con alrededor de 39.500 habitantes (ver *La Nación,* 2 de febrero 1939, p. 5, entre otras fuentes). En su número del 27 de enero de 1939, *La Nación* habla de 15.600 damnificados en Chillán (p. 12), cifra que parece un tanto exigua si se tiene en cuenta que el 2 de febrero el mismo diario reportó 14.357 viviendas destruidas (p. 5).

Figura 2. La ciudad post-terremoto. Archivo Museo Histórico Nacional

El día 25 de enero comenzó con la ciudad completamente aislada del resto del país, que en principio no conocía el alcance completo de la catástrofe. Los diarios de ese día apenas contenían noticias de lo ocurrido el día anterior en Chillán y los pueblos del Ñuble, dando cuenta principalmente de las consecuencias del sismo en Concepción y la región del Bío Bío. Las nuevas "tecnologías del aire", la aviación y la difusión de la radio tanto a nivel privado como de aficionados, hicieron que las características del siniestro y sus detalles fueran ya conocidos en Santiago por las autoridades y los medios de prensa en las primeras horas de la mañana, un tiempo relativamente corto si se lo compara con terremotos anteriores que dependían del tránsito terrestre para la transmisión de la información. Según *El Diario Ilustrado*: "Puede afirmarse que a las seis de la tarde todo el país estaba ya alerta"[9].

Los primeros vuelos a la zona del desastre partieron ya en la mañana del día 25. Estuvieron a cargo de la Fuerza Aérea de Chile, que puso uno de sus aviones Junkers a disposición del Ministerio del Interior para que autoridades y periodistas pudieran ponerse al tanto de lo ocurrido en la zona comprendida entre Linares y Los Ángeles. A esta nave se sumaron posteriormente en el mismo día aviones de las compañías comerciales Panagra y LAN.

9 "Una catástrofe sin precedentes en la historia de América ha asolado las provincias de Ñuble, Concepción y Bío Bío", *El Diario Ilustrado*, 26 enero 1939, p. 1.

Estos primeros vuelos inauguraron un tráfico aéreo entre Santiago y Chillán que fue aumentando con el correr de los días, llegando a constituirse durante las primeras semanas de febrero una suerte de puente aéreo entre ambas ciudades, al que sumaron posteriormente aviones de la Fuerza Aérea de Estados Unidos y de Argentina, así como algunas naves privadas. Los vuelos permitían tanto hacer llegar de manera rápida aquellos suministros que se necesitaban de manera urgente en la ciudad así como llevar a Santiago a los heridos que requerían asistencia inmediata.

En el día posterior a la catástrofe permitieron que la ciudadanía tuviera una imagen nueva de la histórica destrucción de las ciudades chilenas a causa de un terremoto: el día 26 los principales diarios del país, *El Mercurio, La Nación* y *El Diario Ilustrado* entre ellos, publicaron en sus portadas fotografías aéreas de las ciudades destruidas, principalmente de Chillán, tomadas el día anterior en los vuelos de reconocimiento. Fotografiada desde el aire, la ciudad apenas mostraba el completo estado de destrucción al que se hacía referencia en los titulares y en el cuerpo de los artículos. El sistema de manzanas se mantenía reconocible y en parte también las parcelas en las que se dividía; en las manzanas más destruidas podía verse que su interior estaba ocupado por una materia informe pero no mucho más. Viendo el conjunto desde el aire, todavía podían individualizarse muchas construcciones. Estas imágenes se mostrarán en las portadas junto a otras fotografías tomadas sobre el suelo, en las calles y plazas, donde podía apreciarse la destrucción en todo su dramatismo. En estas fotos la ciudad resultaba irreconocible, en las fotos aéreas, por el contrario, podía verse que era mucho lo que permanecía igual: la retícula urbana con su sistema de calles, manzanas y plazas, la forma general de la ciudad, etc. Vista desde el aire (como se ven las plantas que se usan en los proyectos de urbanismo) la ciudad había resistido. No resulta este un dato menor en el momento mismo en que se da a conocer el grado de destrucción del terremoto.

A partir de la información suministrada por los vuelos y los diversos sistemas de radio, pudo tempranamente el gobierno tener una idea de la extensión y de la gravedad de los daños producidos por el sismo. Desde ese momento, y en base a la información que se ampliaba hora tras hora, se comienza a pensar y a ejecutar una amplia batería de acciones para enfrentar la catástrofe que involucraron no solo al gobierno de Pedro Aguirre Cerda y al FP, sino también al resto de los partidos políticos, al Estado en su casi totalidad y a la sociedad civil en su conjunto, en sus muchas manifestaciones. Fueron varios los frentes de acción, en un primer momento se trató principalmente de organizar la ayuda, tanto interna como externa, que de manera urgente necesitaban los damnificados, así como garantizar el orden en la zona afectada. De todas las medidas tomadas por el gobierno en estos primeros días, hay una en la que me interesaría detenerme: la puesta bajo mando militar de todo el territorio siniestrado y la declaración de estado de sitio en varias ciudades. Esta medida facilitó la creación de un nuevo orden y un régimen inusual en el funcionamiento de las ciudades que permitió lo que podríamos llamar la "bajada a terreno" de las muchas y a veces descoordinadas políticas e iniciativas que se estaban produciendo desde los estamentos ya citados para hacer frente a la nueva realidad que había surgido después del sismo.

Chillán, plaza militar

En coordinación con el Ministerio del Interior, el día 25 de enero el Ejército tomó el control de las provincias afectadas por el terremoto, desde Linares hasta Los Ángeles[10], constituyéndose en plazas militares las siguientes localidades: Concepción, Los Ángeles, Bulnes, Chillán, San Carlos, Cauquenes y Parral[11]. El mismo día se declaró el estado de sitio en Chillán, que quedó bajo el comando del teniente coronel Ricardo Saavedra, quien fue nombrado en principio jefe de la Plaza. En los días siguientes, la Plaza Militar de Chillán quedó a cargo del coronel Galvarino Zúñiga, quien fue una figura determinante en el gobierno de la ciudad en los primeros meses. Junto al intendente de Ñuble, Pedro Poblete Vera y el alcalde de la ciudad, Ernesto Arrau, tuvo que llevar adelante la difícil tarea de gestionar la ciudad en ruinas, una ciudad en la que la diferencia básica entre la propiedad pública y la privada prácticamente había sido borrada; en la que la circulación normal de las mercancías y objetos para la supervivencia de los que aún estaban en ella, ya no existía; una ciudad también que necesitaba expulsar a una parte de su población y permitir la entrada de nuevos habitantes, entre otras medidas urgentes. El control estrictamente militar de las distintas plazas en que se dividía el territorio afectado se prolongó hasta el día 29 de enero, cuando las Comandancias de Plaza pasaron a depender no ya de las Comandancias de zona del Ejército, sino del Ministerio del Interior, a cargo en esos momentos de Pedro Alfonso Barrios. De todas maneras, en la práctica, el ejército siguió a cargo de las principales acciones para superar la catástrofe y del gobierno de hecho de la ciudad hasta el 1 de marzo, cuando se da por terminada, en teoría, la actuación de las fuerzas armadas (*La Nación*, 1939: 10)[12]. En la práctica, esta actuación se extendió hasta el 16 de junio de 1939 cuando por decreto presidencial se puso término a las funciones de los jefes de Plaza de las zonas devastadas por el terremoto, debido a que se considera normalizada la situación en todos los centros urbanos y en el área rural de las mismas[13]. Asimismo, al haber entrado en funciones la Corporación de Auxilio y Reconstrucción, sec consideraba importante que esta centralizara todas las decisiones y la autoridad para la reconstrucción. En el caso de Chillán, Galvarino Zúñiga ejerció como

10 Ver, entre otras noticias: "Ejército controla toda la zona que afectó el terremoto", *La Nación*, 26 enero de 1939, p. 14.

11 "Desde Chillán", *La Nación*, 31 de enero de 1939, p. 9.

12 "El intendente de Chillán (sic) festejó al coronel Zúñiga y a oficiales a su mando. Manifestaciones de gratitud de la ciudad al Ejército que cesa en sus funciones de control", *La Nación*, 2 de marzo 1939, p. 10.

13 "Terminó la labor de los jefes de Plaza de la zona devastada", *La Nación*, 17 de junio 1939, p. 13.

Comandante de Plaza hasta el 5 de junio de 1939, pocos días antes de que las funciones de su cargo cesaran[14].

Durante ese lapso de tiempo se registra una forma de gobierno de la ciudad que podríamos llamar dual, ejercida en combinación por autoridades militares y civiles, que en principio permitía garantizar la superación del estado de excepción y una vuelta a los estándares mínimos sobre los cuales puede funcionar una ciudad.

Resulta importante detenerse en estos meses previos a la acción de la Corporación Nacional de Auxilio y Reconstrucción. En primer lugar, la militarización de la zona de catástrofe fue casi inmediata y fue vista por todo el espectro político como la única solución a los desafíos planteados por la destrucción masiva de ciudades. Tanto los partidos del gobierno como de la oposición acuerdan que solo bajo control militar se podía evitar el caos que ya se manifestaba en los primeros momentos y llevar a cabo de manera articulada las acciones que eran necesarias. A partir de ese momento, Chillán y el resto de las plazas, comienzan a gobernarse a partir principalmente de órdenes de la plaza y bandos, dirigidos a la población afectada. Las órdenes de plaza fueron el instrumento que permitió superar el estado de caos que se instaló con el sismo así como hacer frente a las demandas que no podían esperar (como rescatar a las personas atrapadas en los escombros o proveer de agua y alimentos a los sobrevivientes). Órdenes y bandos de la plaza se leían en voz alta y se imprimían y repartían entre la población fue a través de ellos que se desplegó la acción del ejército. En términos generales, esta acción se desarrolló en dos sentidos. En primer lugar, era necesario actuar en el interior de la ciudad, marcar pautas de comportamiento muy claras y rígidas para todos los habitantes, construir de alguna manera un nuevo modo de habitar que diera cuenta de su materialidad desquiciada y que permitiera la supervivencia de los que estaban en ella y pusiera además en marcha su recuperación. Por otra parte, era imprescindible controlar los flujos de entrada y de salida de la ciudad, se tratase ya de personas, cadáveres, medicinas, alimentos, materiales o inclusive información.

La primera orden de plaza, dictada por el teniente coronel Saavedra la noche del 25, apuntaba al primero de estos cometidos a partir de veinte puntos que se mantuvieron vigentes por varias semanas, aunque su cumplimiento estricto resulta difícil de verificar. La batería de medidas más importantes tenía que ver con el reclutamiento de personas. Se estipulaba la obligación de todos los hombres entre dieciocho y cuarenta años de ponerse al servicio de la Comandancia de la Plaza, para formar parte de las brigadas de emergencia destinadas principalmente al rescate de personas y la remoción de escombros. Los ingenieros y las empresas constructoras debían también entregar todas las herramientas que tuvieran para este fin. Por otra parte, era importante tomar control de

14 "Renunció el jefe de Plaza de Chillán, coronel señor Zúñiga", *La Nación*, 6 de junio 1939, p. 10.

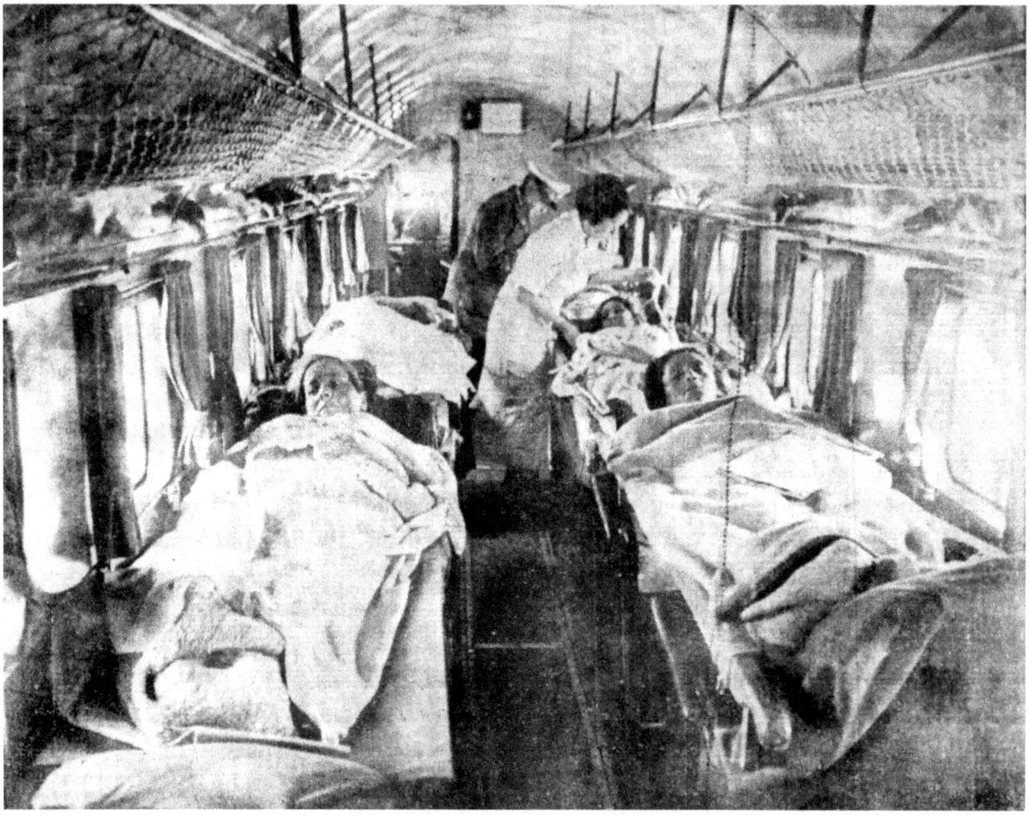

Figura 3. Heridos en un avión de Panagra rumbo a Santiago. Diario *La Nación*

Figura 4. Traslado de los heridos en tren. Archivo Museo Histórico Nacional

los insumos más importantes. Quedaba prohibido el expendio de alimentos (que debían ser entregados a las autoridades) y también de bencina (esto podía hacerse solo con autorización). Las farmacias debían entregar gratuitamente los remedios a quienes los solicitaran y los establecimientos que tuvieran artefactos de iluminación, como faroles y linternas, debían también entregarlos. La seguridad de la ciudad se entregaba al ejército y al cuerpo de carabineros. Para asegurar la misma, cada uno de los vecinos de la ciudad debía colocar durante la noche una lámpara delante de las construcciones destruidas. Quedaba prohibido todo movimiento después de las 8 de la tarde. Los cadáveres debían pasar por el registro y ser enterrados con urgencia. Allí donde no pudieran ser removidos se los indicaba con una pequeña bandera blanca.

Asimismo, todas las comunicaciones con el exterior debían ser fiscalizadas y aprobadas por el jefe de plaza[15]. Fue este un punto particularmente sensible para las nuevas autoridades y también, obviamente, para el gobierno nacional. Desde el número de muertos (que fue fluctuando de gran manera durante todo el proceso de recuperación) hasta la posibilidad de la ciudad fuera incendiada por las autoridades para evitar la propagación de enfermedades o los fusilamientos (rumores que circularon insistentemente y que tuvieron que ser desmentidos por sus respectivos bandos), la propagación de noticias alarmantes fue vista como un factor que podía desestabilizar aun más la delicada situación y corroer la autoridad de los jefes de la plaza. Luego del sismo y su capacidad de destrucción evidentemente se instaló un clima en el que cualquier noticia parecía posible.

Como puede verse, la ciudad destruida pero aún habitada, reclamaba un nuevo régimen de autoridad que se ejercía de una manera mucho más directa sobre el comportamiento de los habitantes. Una autoridad, por otra parte, estructurada en base a las condiciones que la ciudad en ruinas imponía a las personas que no podían escapar de ella (que eran muchas) y a lo que reclamaba para su superación.

Las órdenes de Plaza 2 y 3, emitidas el 27 y el 28 de enero respectivamente, siendo Galvarino Zúñiga el jefe de Plaza, muestran una suerte de estructura de gobierno dictada por la nueva condición de la ciudad. En la orden 2, Zúñiga junto con su secretario, el mayor Guillermo Milnes, organizó un sistema de jefaturas para atender la emergencia, que refleja en gran medida las líneas de acción principales que se desarrollaron en los meses siguientes[16]. Estas eran:

1. Jefe de la Guardia Interior: coronel en retiro Roberto Rodríguez.

2. Jefe de Alimentación: mayor Julio Bócaz.

---

15 "El estado de sitio fue declarado en Chillán", *El Diario Ilustrado*, 26 de enero 1939, p. 7.

16 "Una relativa tranquilidad comienza a reinar en la ciudad más castigada por el terremoto del martes", *El Diario Ilustrado*, 30 de enero 1939, p. 10.

3. Jefe del Servicio Sanitario: doctores Waldemar Coutt y Raúl Brañez.

4. Jefe de Comunicaciones: capitán Bustos.

5. Jefes de Abastecimiento de agua: ingenieros Campusano y Carreño.

6. Guardador de Valores: señor Daniel Munizaga.

Un día después, en la orden de la Plaza 3, Zúñiga presenta a la población de la ciudad su Estado Mayor, que reemplaza a las jefaturas anteriores y cuya función era "facilitar la atención del personal civil y regular la actividad militar de la Plaza"[17]. En la práctica, fue el órgano de gobierno de la ciudad, al menos en las primeras semanas. El jefe de este Estado Mayor era el mayor Romeo Barrientos y estaba dividido en las siguientes secciones:

1. Organización y órdenes: mayor Ramón Salinas.

2. Salvoconductos: capitán Carlos Hernández

3. Ayudantía: capitán Francisco Armas.

4. Sanidad: Waldemar Coutts.

5. Alimentación: mayor Julio Bocaz.

6. Agua: alférez Sebastián Obasch.

7. Medios de transmisión, radios y teléfonos: capitán Humberto Zamorano.

8. Herramientas: capitán René Paéz.

9. Correos: teniente Claudio Plá.

10. Bencina: capitán Héctor Godoy.

11. Obreros civiles.

12. Acarreo: capitán Raúl Pacheco.

En relación con el Estado Mayor de la Plaza se encontraba el Grupo de Ingenieros del Ejército, que contaba con una comandancia propia y estaba dividido en secciones. Estas eran:

---

17 "De sus ruinas renacerá la histórica Chillan hoy convertida en inmensa tumba abierta", *La Nación*, 30 de enero 1939, p. 9.

Figura 5. Entierros en el cementerio. Archivo Museo Histórico Nacional

Figura 6. Cuerpos y ataúdes a la espera de ser enterrados. Archivo Museo Histórico Nacional

1. Remoción de escombros.

2. Sepultación de cadáveres.

3. Despeje de calles.

Como ya se ha señalado, había en principio que vaciar a la ciudad de personas, cadáveres y escombros. Eran tres líneas de acción entrelazadas entre sí, que tuvieron distintos tiempos y resultados; su realización era además de una gran complejidad y en ella pesaron factores de toda índole, ya fuera sociales, políticos, prácticos e inclusive simbólicos. Aquí solo las trataremos brevemente.

Con respecto a las personas, ya desde el día 26 se dispuso la evacuación de la ciudad[18], lo que fue refrendado por las órdenes de Plaza de los días posteriores. Esta orden, en principio, estaba dirigida principalmente a aquellas personas que no pudieran colaborar principalmente en la remoción de escombros y tareas similares. En principio, las autoridades de la plaza ordenaron a los habitantes, que estuvieran en condiciones de hacerlo, desplazarse a la zona norte[19]. Hasta los primeros días de febrero las órdenes de evacuación de la ciudad se siguieron repitiendo y, según se informa en la prensa, hicieron que una parte de la población civil desalojara la ciudad[20]. En un informe del 29 de enero publicado por *El Diario Ilustrado* se informa que "en pocas horas no quedarán en Chillán sino los militares y los obreros que trabajan"[21]. Es muy probable que esto no fuera exacto y que una parte de los habitantes (difícil de cuantificar, como casi todas las cifras referidas a este primer momento) permaneciera en la ciudad durante varias semanas e inclusive meses. De hecho, aún en el momento en que las órdenes de evacuación se hicieron más perentorias, durante los últimos días de enero, es probable que encontraran la resistencia de una parte de la población, que se negaba a dejar sus casas o que simplemente no tenía dónde ir[22].

Como parte particularmente perentoria de la evacuación, las autoridades de la plaza debían garantizar el traslado de los heridos hacia centros de atención que estuvieron en condiciones de brindarles el auxilio necesario, particularmente

18 "Éxodo de la población", *La Nación*, 27 enero 1939, p. 11. También "Chillán, Cauquenes, Parral, San Carlos y Linares serán evacuados", "Será necesario evacuar Chillán para evitar que se cree grave situación", *El Mercurio*, 27 de enero 1939, p. 1.

19 "Chillán: A las 12 de la noche del 25-1 llegó a Chillán el Ministro del Interior señor Pedro Alfonso", *La Nación*, 27 de enero 1939, p. 13.

20 Ver "Funcionan bien los servicios médicos y de racionamiento en Chillán", *La Nación*, 27 enero 939, p. 8.; "Continúa el éxodo de los damnificados", *La Nación*, 30 enero 1939, p. 12; "Desde Chillán", *La Nación*, 31 de enero 1939, p. 9.

21 "La evacuación de las ciudades destruidas", *El Diario ilustrado*, 30 de enero 1939, p. 1.

22 "La población se mantiene indecisa ante la orden de evacuar la ciudad", *El Mercurio*, 27 enero 1939, p. 13.

hacia los hospitales de Santiago. Ya antes de que se restablecieran (aunque fuera parcialmente) las vías de comunicación terrestres, se dio comienzo al traslado de heridos por medio de aviones. En los días posteriores se sumaron los trenes y algunos automotores. Hasta los primeros días de febrero la llegada de heridos a Santiago fue constante, en un número muy difícil de precisar, aunque la prensa no dudaba en afirmar que eran centenares por día[23].

Junto con el traslado de los heridos se hacía imperioso extraer los cuerpos de las víctimas fatales del terremoto y enterrar sus cuerpos. Como ya señaló, durante el primer día y ya declarado el estado de sitio, una de las primeras órdenes del comandante de la Guarnición fue el entierro de los cadáveres previo registro. Pero posteriormente, el Ministerio del Interior eximió del trámite de identificación de los cuerpos para su sepultura lo que dio lugar a entierros masivos en fosas comunes en el cementerio local[24]. Nuevamente, resulta muy difícil estimar un número. Un cronista del diario *La Nación* estimaba que el día 26 de enero habían sido sepultados alrededor de tres mil cadáveres y que quizás habría alrededor de diez mil entre los escombros[25]. Para el día siguiente, el mismo diario estimaba en quinientos cincuenta los cuerpos enterrados de manera rápida, ya que tres días después del terremoto la descomposición de los cadáveres era una amenaza real para las personas que aún permanecían en Chillán y también para las brigadas que en número creciente estaban llegando a la ciudad[26]. Para el 29 de enero se informa que se estaban cavando cuatro mil fosas en el cementerio local[27]. Pero los números no coinciden con la información del día subsiguiente, donde se habla 2.867 muertos sepultados[28]. Un par de días después se publican en el mismo diario las estadísticas del Registro Civil, que indicaban 3.046 cadáveres sepultados, dos mil aún por registrar y setecientos probablemente aún bajo los escombros[29]. Sea como fuere, para los primeros días de febrero es probable que hubieran acabado las sepultaciones masivas y que la ciudad se viera relativamente libre de los cuerpos de las personas que habían muerto en el terremoto.

---

23 "Heridos de Chillán y San Carlos fueron traídos por vía aérea", *La Nación*, 28 enero 1939, p. 1. "Llegan a Santiago centenares de heridos", *El Diario Ilustrado*, 29 de enero 1939, p. 5.

24 "Funcionan bien los servicios médicos y de racionamiento de víveres en Chillán. Sepultación", *La Nación*, 28 de enero 1939, p. 8.

25 "Tres mil muertos habían sido sepultados hasta ayer en Chillán", *La Nación*, 27 de enero 1939, p. 11.

26 Quinientos cincuenta cadáveres fueron sepultados ayer en Chillán", *La Nación*, 28 enero 1939, p. 10.

27 "De sus ruinas renacerá la histórica Chillán hoy convertida en inmensa tumba abierta", *La Nación*, 30 enero 1939, p. 9.

28 "Desde Chillán", *La Nación*, 31 de enero 1939, p. 9.

29 "El Ministro de Fomento D. Arturo Bianchi se impuso de la labor realizada en Chillán", *La Nación*, 2 de febrero 1939, p. 11.

Figura 7. Primeros trabajos para despejar las calles. Archivo Museo Histórico Nacional

Figura 8. Inspección de las ruinas antes de su demolición. Archivo Museo Histórico Nacional

En estrecha relación con el movimiento de los cuerpos, estaba la tarea de extracción de los escombros, que desde un comienzo fue vista como absolutamente prioritaria, como ya se ha mencionado. Además de los trabajos para rescatar a los heridos, en principio los trabajos se concentraron en despejar las calles para permitir el tránsito de carretas y automóviles y recuperar la circulación. Era importante, por ejemplo, hacer que la Plaza de Armas y las otras plazas de la ciudad volvieran a ser accesibles a los vehículos ya que allí se encontraba alojada de manera provisoria parte importante de la población y era también donde funcionaban algunos servicios públicos. Recuperar las calles implicaba hacer más efectiva la atención y el traslado de los heridos así como garantizar el ingreso a la ciudad de los víveres que llegaban del exterior y que debían ser distribuidos con celeridad ya que muchos de ellos eran alimentos perecederos. La apertura de calles permitía también, aunque de manera muy incipiente, la aparición de algunos comercios. Según la mirada optimista de *La Nación*, para el 31 de enero ya varias calles habían quedado libres de escombros y "los víveres se distribuyen rápidamente en las cuatro plazas de la ciudad". Por otra parte, era imprescindible despejar las calles para extraer los escombros de las aceras y el interior de las manzanas.

De todas maneras, se trató de un proceso lento, cuyas alternativas no podrían desarrollarse en este trabajo. En su primera etapa implicaba la demolición de los muchos edificios que no habían sido totalmente destruidos por el terremoto pero que aún se mantenían parcialmente en pie. Este trabajo de demolición fue una de las operaciones más complicadas desde el punto de vista técnico, ya que necesitaba de un conocimiento relativamente especializado y en algunos casos del uso de explosivos. Quizás el caso más simbólico de la desaparición de la antigua ciudad, fue la demolición de la antigua catedral de Chillán, llevada a cabo el 3 de febrero. Era, de todas maneras, uno más de los edificios con respecto a los cuales había que acabar el proceso de destrucción iniciado con el sismo. Como en la mayoría de las ciudades destruidas por terremotos, a la primera destrucción ocasionada por las fuerzas naturales, le sucede una segunda destrucción esta vez a manos de los hombres.

Chillán no fue la excepción a esto. Durante la primera quincena de enero sus habitantes vieron desaparecer gran parte de lo que había sido el patrimonio material de la ciudad[30]. A la extracción de escombros en las calles le siguió la recuperación de las aceras. Esta tarea estaba ya en pleno desarrollo a mediados de marzo[31], aunque aparentemente no alcanzó a completarse sino a finales de abril, momento en que la ciudad comienza lentamente a dejar

30 "Temporal de lluvia azotó a Chillán y agregó nuevos sufrimientos a población damnificada. Derrumbe de edificios ruinosos", *La Nación*, 5 de febrero 1939, p. 3.

31 "Chillán en la actualidad", *La Nación*, 19 de marzo 1939, p. 9.

atrás su estado de ruina[32]. Paralelamente se comenzaron las operaciones para demoler las viviendas que aún estaban en pie y remover los escombros de los sitios particulares, operaciones que estuvieron a cargo de la Dirección de Obras Públicas de la Municipalidad de Chillán. A mediados de marzo se inicia entonces la limpieza del interior de las manzanas, donde de hecho se encontraba la mayor cantidad de restos de las antiguas construcciones. En ese momento[33], se calculaba que la ciudad quedaría libre de escombros a finales de mayo. Efectivamente, durante ese mes se informó oficialmente que se habían extraído de Chillán 210.541 metros cúbicos de escombros, quedando por retirar 35.000 metros más. Hasta donde se sabe, todo este material fue usado para la reparación de caminos cercanos a la ciudad, particularmente el camino El Calvario y también para la rectificación del cauce del estero Las Toscas que cruzaba la ciudad.

Tanto las operaciones de remoción de escombros como de asistencia sanitaria y enterramiento de cadáveres, así como la distribución de víveres y la atención social a los damnificados que aún habitaban la ciudad, a lo que habría que agregar las tareas de control y vigilancia, demandaron una suerte de nueva población, que llegó a Chillán desde distintas partes de Chile para poder afrontar la catástrofe en sus primeros momentos. En gran medida, la ayuda humana se organizó bajo la forma de "brigadas" ya fuera de rescate, sanitarias o de remoción de escombros, por citar los tipos más usuales. Ellas provenían en parte importante de distintos ámbitos de la sociedad civil, como organizaciones sindicales y obreras, empresas privadas, asociaciones profesionales, partidos políticos, etc. Qué cantidad de personas llegaron a Chillán en los meses de febrero, marzo, abril y mayo de 1939, es un dato que se desconoce y que merece aún un estudio pormenorizado. Baste pensar, por tomar solamente uno de los frentes de acción, que en esos meses se removieron la casi totalidad de los escombros que cubrían las 144 manzanas del casco principal de la ciudad con sus respectivas calles. Una enorme tarea para un tiempo sin duda corto, que tuvo que haber demandado una ingente cantidad de mano de obra, así como gran cantidad de elementos y maquinaria de apoyo.

Un grupo central de esta nueva población que ingresó a Chillán en los meses mencionados, fueron los efectivos militares que desde el momento de la implantación del estado de sitio tuvieron en sus manos el control de la ciudad y por lo tanto la organización y coordinación de la ayuda tanto humana como material. Según los registros de la prensa del 28 de enero, el Comando en Jefe del Ejército movilizó hacia Chillán las siguientes unidades:

---

32 "Una nueva ciudad se levanta entre las ruinas de Chillán", *La Nación*, 27 de abril 1939, p. 13.

33 "Ñuble. Chillán estará totalmente libre de escombros en próximo mes de mayo", *La Nación*, 26 de marzo 1939, p. 13. También "Notas de Chillán", *La Nación*, 3 de abril 1939, p. 13.

Figura 9. Efectivos militares en la repartición de víveres. Archivo Museo Histórico Nacional

Figura 10. Habitando en las calles. Archivo Museo Histórico Nacional

Figura 11. Habitando en las calles. Archivo Museo Histórico Nacional

Figura 12. Primeras viviendas de emergencia. Archivo Museo Histórico Nacional

- Regimiento de Artillería de Chorrillos, Talca
- Batallón de Buin
- Batallón de Ferrocarrileros No. 2, San Fernando
- Batallón de Zapadores, Quillota
- Batallón Tren No. 2, Santiago
- Regimiento de Infantería No. 9, Chillán

A estas unidades se les sumó un contingente de más de trescientos carabineros provenientes de Santiago y posteriormente el Batallón de Zapadores de Curicó y el Regimiento de Infantería Maipo de Valparaíso. Se calculaba que estas unidades aportaban un total aproximado de mil doscientos hombres para las tareas que demandaba la emergencia.

A estas tropas se fueron sumando a lo largo de febrero otros actores. Cabe mencionar el papel que le cupo a la empresa constructora Guillermo Franke, que en los primeros momentos aportó un conjunto de cuadrillas especializadas que llegó a contar con setecientos obreros[34], además de diez camiones para la extracción de escombros[35].

A la par de las brigadas para la extracción de escombros, trabajaron, como ya hemos mencionado, las Brigadas Sanitarias, muchas de ellas organizadas en el seno de instituciones vinculadas a los servicios de salud ya fuera públicos o privados. Además de atender a los heridos, estuvo a cargo de estas brigadas el operativo de vacunación antitifoidea y la contención de la propagación de enfermedades de cualquier tipo. Fue este también un campo de enfrentamiento entre las brigadas del Partido Socialista (*los corbatas rojas*) y las de la Falange o el Partido Liberal (*los corbatas azules*). En los últimos días de enero, como respuesta quizás a esta situación, se incorporó la Cruz Roja que quedó bajo la dirección del encargado de Sanidad de la plaza, doctor Waldemar Coutts[36].

34 "Eliminado el grave peligro de epidemias se comienza a normalizar los servicios", *El Diario Ilustrado*, 30 enero de 1939, p. 1.

35 Entre otras referencias a esta empresa puede verse: "Funcionan bien los servicios médicos y de racionamiento de víveres de Chillán", *La Nación*, 28 de enero 1939, p. 8.

36 Con respecto a la forma en que se desempeñaron estas brigadas, puede verse el relato del propio jefe de Sanidad de la plaza de Chillan: Coutts, Waldemar: *Organización de los auxilios médicos y de sanidad en un terremoto, según la experiencia recogida en Chillán*, Santiago, Imprenta Leblanc, 1939.

Mientras se llevaban adelante estas tareas, había otro problema urgente que resolver que era el de proveer de algún de tipo de refugio a la población de la ciudad que no había sido evacuada. Fotografías del momento muestran las diversas maneras de habitar la ciudad en ruinas que los afectados por el terremoto tuvieron que desarrollar para poder sobrevivir.

En algunos casos, podemos ver familias que han rescatado parte del mobiliario de la vivienda y han armado en la calle una suerte de habitación sin paredes ni techo, expuesta completamente a lo público, pero que permite la reunión de los antiguos habitantes de la casa destruida, a la que de alguna manera invoca. En otros casos, se recurrió a la utilización de los materiales que podían encontrarse entre los escombros para construir pequeños cobijos. Las autoridades, ya fueran nacionales o de la plaza de Chillán, no fueron indiferentes a este problema.

Mucho antes que llegaran las "viviendas provisorias" había que dar refugio a un gran número de personas. En principio, el Ministerio del Interior autorizó a los jefes de plaza para que permitieran a los habitantes utilizar todos los elementos materiales que estuvieran en los escombros para construirse algún tipo de vivienda de emergencia[37]. Posteriormente, en el caso de Chillán, se creó una suerte de jefatura de construcciones de emergencia y parque de materiales, a cargo del capitán Carlos Adaros, cuya misión era proveer de algún tipo de cobijo a los muchos damnificados. Una de las primeras acciones fue repartir veinte mil planchas de calamina, con el fin de "activar las construcciones de casuchas provisorias en todos los puntos de la ciudad y en los alrededores para dar albergue a más de veinte mil personas"[38]. Sean ciertas o no estas cifras, resulta evidente que la entrega de materiales para la autoconstrucción de pequeños refugios era la única alternativa realista que se podía dar en lo inmediato al problema del alojamiento en Chillán. A finales de febrero, por ejemplo, fue el propio intendente de Ñuble, señor Poblete Vera, el encargado de repartir maderas y techo pizarreño entre los particulares para que "el invierno encuentre a toda la población con techo para cobijarse"[39]. Esta forma totalmente precaria de habitar la ciudad, convalidada por otra parte por las autoridades, fue reconocida por el propio Poblete Vera como una fase importante en la recuperación de la ciudad, como la respuesta más inmediata a la catástrofe que implicaba una experiencia traumática de habitar la ciudad completamente distinta a la conocida anteriormente por los damnificados.

Pero no solo se trataba de dar cobijo a los pobladores sobrevivientes y a los contingentes llegados para comenzar su recuperación, sino también de alojar

37 "Labor realizada ayer por el Ministerio del Interior en las ciudades devastadas", *La Nación*, 2 de febrero 1939, p. 9.

38 "Los niños son ahora la preocupación de Chillán", *La Nación*, 9 de febrero 1939, p. 8.

39 "Ñuble. Continúa en Chillan con actividad construcción de habitaciones de emergencia", *La Nación*, 24 de febrero 1939, p.

a los servicios públicos. En principio, se levantaron varias barracas en la Plaza de Armas y en las calles vecinas donde funcionaron, por ejemplo, el correo y los lugares donde se repartieron los víveres para la población. Se trataba de "construcciones improvisadas con tablas y planchas de zinc"[40] que podían verse en distintos puntos de la ciudad dando cobijo tanto a escuelas (en principio se habla del funcionamiento de catorce de ellas) como a lugares de atención médica.

Nacidas directamente de las ruinas, estas "construcciones de urgencia" debían dar paso a las "construcciones de emergencia", principalmente a los pabellones de madera a levantarse en las afueras de la ciudad que garantizarían una vuelta a las formas de vida habituales y conocidas[41].

Hacia finales de mayo ya estaba en marcha el plan que luego se llevaría a cabo en gran medida, para construir setenta pabellones de emergencia (muchos de los cuales permanecerían de manera definitiva) ubicados en Parque Schleyer, avenida Ecuador con Yerbas Buenas, Chillán Viejo, Escuela Normal, Plaza Santo Domingo, Plaza Sánchez, avenida O´Higgins y avenida Palermo[42].

En un artículo aparecido el 3 de febrero, Antonino Toro, el enviado del Diario *La Nación* a la zona de desastre titulaba su reporte del día "Chillán semeja un Estado aparte en el que se cambiaron las costumbres"[43]. Efectivamente, bajo las órdenes del comandante de la plaza, los habitantes de la ciudad tuvieron que ajustar sus conductas radicalmente para hacer frente a la catástrofe, como ya hemos visto. La descripción de Chillán como una suerte de ciudad/Estado quizás fuera exagerada y sin duda se fue atenuando con el transcurrir de los meses, pero apunta a una situación de excepcionalidad que no puede negarse. El caos sembrado por la destrucción de la ciudad exigía una disciplina inédita para sus habitantes, que sin duda calaba profundamente en sus comportamientos y cuya duración marca el primer tiempo histórico de la catástrofe. Durante él, por otra parte, se incubaron muchos de los instrumentos de la reconstrucción y también se iniciaron los debates e iniciativas que llevarían finalmente a ella. En tal sentido, lo ocurrido en estos primeros cuatro meses después del terremoto constituyen el suelo histórico en el que todo el proceso posterior echa raíces.

---

40 "Barracas transitorias", *La Nación*, 30 de enero 1939, p. 9. También "Grandes barracas se construyen para instalar servicios públicos", *La Nación*, 2 de febrero 1939, p. 11.

41 "Chillán es un inmenso taller donde se trabaja febrilmente", *La Nación*, 20 de mayo 1939, p. 9.

42 *Idem.*

43 *La Nación*, 3 de febrero 1939, p. 10.

ARCHIVO FOTOGRÁFICO MANUEL TELLO

Biblioteca Nacional de Chile

La colección de fotografías que se muestran en las páginas siguientes fueron tomadas en los días posteriores al terremoto por el doctor Manuel Tello, como parte de una de las tantas Brigadas Sanitarias que llegaron a Chillán para socorrer a una población urgentemente necesitada de los auxilios médicos. Graduado de la Universidad de Valparaíso, el Dr. Tello se desempeñaba al momento del terremoto como médico de urgencias en la Asistencia Pública (hoy Posta Central) de Santiago y en el Hospital del Salvador, por lo que fue convocado a trasladarse a Chillán. Allí se sumó a la Sección Sanidad del Estado Mayor a cargo de la ciudad, sección dirigida por el Dr. Waldemar Coutts. Además de su labor como médico, el Dr. Tello llevó a cabo con su cámara fotográfica una labor de registro de ese momento que hoy resulta invalorable. En sus fotos se alcanza a percibir el clima de colaboración y abnegación que reinó, en muchos aspectos, en la ciudad en ruinas. Aunque no sepamos sus nombres, las fotos individualizan y sacan del anonimato a una parte, por pequeña que sea, de esa población que tuvo que permanecer en la ciudad destruida y también a quienes fueron en su auxilio. Muestran un momento trágico pero también la entereza con que fue afrontado.

Esta colección fue donada al Archivo Fotográfico y Audiovisual de la Biblioteca Nacional de Chile por Enrique Fernández Tello.

Figura 1. La Asistencia Pública en los días posteriores al terremoto de 1939, Chillán

Figura 2. La Asistencia Pública los días posteriores al terremoto de 1939. Hospital y Capilla San Juan de Dios, Chillán

Figura 3. Médicos de la Asistencia Pública en Chillán

Figura 4. Catedral de Chillán en ruinas

Figura 5. Equipo médico de la Asistencia Pública en las ruinas del Hospital San Juan de Dios, Chillán

Figura 6. Enfermeras Hospital San Juan de Dios, Chillán

Figura 7. Manuel Tello Constanzo, de izquierda a derecha, junto a niños huérfanos del terremoto de 1939

Figura 8. Médico de la Asistencia Pública rescatando a un niño sobreviviente desde las ruinas

Figura 9. Ambulancia de la Asistencia Pública, en el frontis del Hospital San Juan de Dios

Figura 10. Cuadrilla del ejercito en labores de retiro de escombros y cadáveres

Figura 11. Médicos y enfermeras de la Asistencia Pública

Figura 12. Choferes de ambulancia de la Asistencia Pública, frontis Hospital San Juan de Dios

Figura 13. Hospital de campaña

Figura 14. Retiro de escombros en las calles

Figura 15. Manuel Tello, médico de la Asistencia Pública sobre las ruinas del Hospital San Juan de Dios

Figura 16. Chofer de ambulancia sobre las ruinas del Hospital San Juan de Dios

Figura 17. Retiro de escombros en las calles de Chillán

Figura 18. Retiro de escombros en las calles de Chillán

Figura 19. Cementerio Municipal de Chillán

Figura 20. Funcionarios de la Asistencia Pública, ruinas Hospital San Juan de Dios

Figura 21. Funcionarios de la Asistencia Pública

Figura 22. Funcionarios de la Asistencia Pública y Jesuitas

Figura 23. Funcionarios de la Asistencia Pública y Jesuitas

Figura 24. Niña caminando sobre escombros en la vía pública

Figura 25. Hermanas de la Caridad prestando atención a enfermos

EMERGENCIA Y RECONSTRUCCIÓN

LA MIRADA DE LA PRENSA

En las páginas siguientes, se trata de dar cuenta tanto de la catástrofe en sí como de los primeros años del proceso de reconstrucción a través de la prensa escrita de difusión masiva. Como en casos anteriores, los periódicos fueron un instrumento de primer orden en sensibilizar a la población nacional de lo ocurrido en Chillán, induciendo a la colaboración y a la ayuda que no tardó en llegar. Por otra parte, la cobertura con respecto a las medidas adoptadas por el gobierno nacional y las políticas que desplegó para afrontar, primero la emergencia y posteriormente la reconstrucción, estuvo siempre teñida del color político de cada uno de los periódicos. Medios cercanos al gobierno, como el diario *La Nación*, pusieron constantemente de relieve los logros de la administración de Pedro Aguirre Cerda, mientras que otros, como *El diario ilustrado*, próximo a la Falange, tuvieron un tono mucho mas crítico. El diario local *La Discusión*, cuyo edificio fue destruido por el terremoto y que sólo volvió a circular a finales de marzo de 1939, fue el medio que, por obvias razones, mas de cerca siguió el proceso de reconstrucción de la ciudad de Chillán y la paulatina construcción de un conjunto de edificios públicos que permitieron a la ciudad ir recuperando su lugar en la administración y en la vida cultural y económica de la región de Ñuble.

FUNDADO EL 8 DE MARZO DE 1916

AÑO XXII-N.o 8.765

EL DIARIO AUSTRAL

SOCIEDAD PERIODISTICA DEL SUR S. A.

EDICION [illegible] INAS — Temuco (Chile) - Jueves 26 de Enero de 1939 — PRECIO CUARENTA CENTAVOS

OFICINAS: Calle Bulnes frente a la Plaza Aníbal Pinto. TELEFONOS: Dirección 991 - Administración 765. Venta en Santiago: MERCED No. 840. Ejemplar atrasado $ 0.60

CHILLAN EN RUINA

DUELO NACIONAL SIGNIFICA LA HORRENDA CATASTROFE QUE DESTRUYO A ESA CIUDAD

A TRAVES DE LAS INFORMACIONES PROPALADAS POR LAS RADIOS, DE LOS BOLETINES OFICIALES DEL GOBIERNO Y DE LAS INFORMACIONES PROPIAS DE "EL DIARIO AUSTRAL", RECOGIDAS EN LAS MEJORES FUENTES, SE PUEDE APRECIAR CON BASTANTE APROXIMACION LA TRAGICA REALIDAD DE LA HORRENDA CATASTROFE QUE HA ENLUTADO AL PAIS.

EL RESUMEN DE ESTAS INFORMACIONES DESTACAN DOS PUNTOS QUE SOPORTARON EL MAYOR AZOTE DEL TERREMOTO: CHILLAN Y CONCEPCION. POR LA PATETICA RELACION DEL SEÑOR HULO QUE INSERTAMOS EN ESTAS COLUMNAS Y POR LAS IMPRESIONES QUE NOS DIO TELEFONICAMENTE EL TENIENTE DE AVIACION, SEÑOR MIDDLETON, APARTE DE LA INFORMACION DE AYER DE NUESTRO SUPLEMENTO, SE PUEDE ESTIMAR EN DIEZ MIL EL NUMERO DE MUERTOS EN CHILLAN, CIUDAD QUE QUEDO TOTALMENTE DESTRUIDA POR EL TERREMOTO DEL 24 DE ENERO. EN CONCEPCION, SE HA CONFIRMADO QUE EL NUMERO DE MUERTOS HA PASADO LOS DOS MIL. AHORA, LAS CADENAS DE PEQUEÑOS PUEBLECITOS DE LA REGION CENTRAL QUE HAN SIDO DESTRUIDOS, HACEN QUE LA DOLOROSA REALIDAD QUE CONOCE, ESPANTADO EL PAIS, SEA UNA TRAGEDIA TAN GRANDE QUE MUEVE A MOVILIZAR TODOS LOS ELEMENTOS DE QUE DISPONE EL PAIS PARA IR EN AUXILIO DE QUIENES HAN PODIDO LIBRAR CON VIDA DE LA ESPANTOSA CATASTROFE.

NUNCA CHILE HABIA SUFRIDO LAS CONSECUENCIAS DE UNA CATASTROFE COMO ESTA. LA NOTICIA DE LA INCREIBLE DESTRUCCION Y SUS TREMENDAS CONSECUENCIAS HA TRASPASADO LA FRONTERA. EN TODO EL MUNDO SE CONDUELEN Y SE APRESTAN A ENVIAR AUXILIOS.

NUESTRA CIUDAD Y TODA LA REGION SUR DEL PAIS YA SE HA MOVILIZADO Y HA ORGANIZADO FUERTES MOVIMIENTOS PARA COADYUVAR LA SERENA DECISION DEL GOBIERNO [illegible] CUANTO SEA POSIBLE Y CON LA PRONTITUD QUE PERMITEN LOS ELEMENTOS DE QUE SE DISPONE LA SITUACION DE MILES DE NUESTROS COMPATRIOTAS. TODO CUANTO SE HAGA SERA POCO PARA MITIGAR EL DOLOR DE LOS CENTENARES DE FAMILIAS QUE LLORAN SU DESGRACIA.

EL DUELO NACIONAL QUE AFLIGE AL PAIS OBLIGA A LA UNION DE TODOS LOS CORAZONES [illegible]

PATETICA RELACION DE LA TRAGEDIA HACE PRIMER VIAJERO QUE REGRESA DE ZONA AFECTADA.

FURIA DE LA TIERRA NO DEJO EDIFICIO EN PIE EN CHILLAN

De un veinte a un treinta por ciento de los habitantes de aquella ciudad han perecido y los cadáveres están aplastados por los escombros

[illegible]

El Estado de Sitio se declara en Concepción

El Jefe de la Plaza declaró en el día de ayer el Estado de Sitio en Concepción prohibiéndose después de las 8 de la noche el tráfico de peatones en la ciudad. Asimismo se nos ha informado que la línea de teléfono a larga distancia es la única que funciona de San Rosendo a Concepción podría en las primeras horas de la madrugada de hoy comunicarse con el sur.

Las líneas telefónicas y telegráficas entre San Rosendo y Chillán se encuentran totalmente interrumpidas y la planta central de Concepción quedó completamente destrozada.

El Jefe Militar de Concepción mantiene el control de las comunicaciones telefónicas.

MILITARES Y NAVALES HAN ASUMIDO EL MANDO AYER

EL SUPREMO GOBIERNO DICTO EN LA MAÑANA DE AYER UN DECRETO DISPONIENDO QUE LAS AUTORIDADES MILITARES Y NAVALES DE LAS ZONAS AFECTADAS POR EL TERREMOTO ASUMAN EL MANDO DE ELLAS.

EN SAN JUAN SE SINTIO EL SISMO DEL 24

Informa Trans-Ocean

[illegible]

INFORMA UN ENVIADO ESPECIAL DE "EL DIARIO AUSTRAL"

Desolador aspecto ofrece Los Angeles con ciudad en ruinas

EL GOBIERNO RECIBE CONDOLENCIAS DE TODO EL PAIS Y DE LOS GOBIERNOS EXTRANJEROS

[illegible]

Las noticias oficiales dicen que el 65 % de las casas está en escombros; hay treinta muertos y varios heridos

POR EL TREN sanitario, que partió ayer a las dos de la tarde, con destino al Norte, se dirigió también un Enviado Especial de este diario que logró ponerse en comunicación telefónica directa con nosotros desde Los Angeles, a donde el tren llegó sin novedad, no pudiendo continuar debido a la interrupción de las líneas ferroviarias al Norte.

Nos comunicó que el equipo sanitario continuó viaje por tierra en camiones, autos y ambulancias, a Concepción, a donde deben haber llegado en las primeras horas de la madrugada.

LOS ANGELES ESTA TAMBIEN DESTRUIDO

[illegible]

Perjuicios de consideración en Los Sauces

Un hotel destruido

[illegible]

EL CAOS REINA EN LOS ANGELES

Nichos abiertos ofrecen la visión macabra en el Cementerio de L. Angeles

5.000 MUERTOS HAY EN CHILLAN

[illegible]

LA HORROROSA TRAGEDIA DE CHILLAN

[illegible]

LA CONFUSION REINA EN LOS ANGELES

[illegible]

NUEVOS REMEZONES HUBO ANOCHE A LAS 22 HORAS EN LA LOCALIDAD DE SAN ROSENDO

EN CONCEPCION NO HAY SERVICIO URBANO DE TELEFONOS Y EMPLEADOS TRABAJARON EN REPARACIONES HASTA LAS 21 HORAS

[illegible]

El fenómeno tuvo repercusión también en la República Argentina se informa

Turistas dan datos de muertos y perjuicios ocurridos en la ciudad argentina San Rafael

[illegible]

FUNDADO EL 31 DE MARZO DE 1902

EL DIARIO ILUSTRADO

PRECIO UNICO EN EL PAIS: 40 CTVS.

AÑO XXXVII — SANTIAGO DE CHILE — VIERNES 27 DE ENERO DE 1939 — N.o 27

Más de 30,000 muertos y 50,000 heridos serían las víctimas del horroroso cataclismo del Martes

Chillán, Bulnes, S. Carlos y otros pueblos en ruinas

Ejército, Marina, Carabineros, Aviación, etc., han sido totalmente movilizados

Un boletín oficial del Gobierno que resume esfuerzos en favor de las víctimas

HUBO CONSEJO DE MINISTROS TODO EL DIA

(Continúa en la página 8)

Bajo los escombros de Chillán no habría menos de 25,000 cadáveres, pues el 60 o/o de su población ha perecido

En la madrugada de hoy comenzaron a llegar a Santiago los primeros trenes con heridos, traídos rápidamente de la zona sur

Todo el país se moviliza para ir en ayuda de la vasta región devastada por el cataclismo sin precedentes en nuestra historia

HAY CIUDADES ENTERAS SEPULTADAS BAJO LOS ESCOMBROS

HABRIA MAS DE TREINTA MIL VICTIMAS

CUARENTA MIL KILOMETROS CUADRADOS HAN SIDO DEVASTADOS

(CONTINUA EN LA PAGINA 8)

Solemnes exequias se celebrarán en la iglesia Catedral

Ausencia de noticias exactas, aumenta la inquietud

LA MONEDA INVADIDA

FUERON PEDIDAS NOMINAS

EMPADRONAMIENTO DE LOS VIVOS

MUCHOS MUERTOS EN LOS CAMPOS

SOLICITAN CAL CON URGENCIA

SIN NOTICIAS DE CAUQUENES

Correspondencia a la zona afectada, por vía aérea

(Continúa en la página 8)

FUNDADO en VALPARAÍSO EL 12 de SEPTIEMBRE de 1827

EL MERCURIO

FUNDADO EN SANTIAGO EL 1.o DE JUNIO DE 1900

EDICION DE 28 PAGINAS — SANTIAGO DE CHILE, viernes 27 de enero de 1939 — PRECIO: 60 CENTAVOS

Dos pequeñuelos de Cauquenes que parecen ignorar la tragedia

Asilados en la Intendencia de Cauquenes

La torre de la Parroquia de Parral

Casas en ruinas en Cauquenes

CHILLAN, CAUQUENES, PARRAL, SAN CARLOS Y LINARES SERAN EVACUADOS

Acuerdo de anoche del Consejo de Gabinete. —Los heridos irán a hospitales de emergencia y la población sobreviviente a campos de concentración.

CONCEPCION SERA EVACUADA PARCIAL Y PAULATINAMENTE

Informaciones de nuestros corresponsales acerca de la dolorosa catástrofe que ha tenido repercusión en todo el país y en el mundo entero.

EL GOBIERNO DE LOS ESTADOS UNIDOS ENVIÓ UNA DE LAS FORTALEZAS AÉREAS CON ABUNDANTE MATERIAL SANITARIO.

Argentina acordó valiosísima ayuda y cooperación y hoy enviará tres aviones militares equipados con elementos.

UNA IDEA EXACTA DE LO QUE FUE EL TERREMOTO EN EL SUR

Le dan a usted en esta edición cuatro enviados especiales de "El Mercurio".

Después de la información gráfica que ofrecimos ayer, el público ha podido medir las proporciones de la catástrofe que ha arrasado a varias ciudades del sur. Pero faltaba el relato periodístico que es el que siempre le dá al lector una idea exacta de los acontecimientos que preocupan al país. Hoy tenemos el agrado de publicar cuatro correspondencias de nuestros Enviados Especiales don Hugo Ercilla, don Raúl Cuevas, don Manuel Sánchez y don Oscar Ríos que han visitado todos aquellos sitios en que el fenómeno sísmico tomó contornos de gran tragedia, casi de exterminación. A través de estas crónicas movidas y de un objetivismo innegable puede convencerse el lector de que, cuando se habló de una "hecatombe", no se amagaron los deslindes de la exageración.

CHILLAN Y CONCEPCIÓN VISITÓ AYER EL SEÑOR AGUIRRE CERDA

Lo acompañan su esposa y una reducida comitiva. —Se impuso de las necesidades de las zonas afectadas por el cataclismo.

OFICINA RECIBIRÁ VÍVERES

La dirige en el Ministerio de Defensa la esposa del Ministro Sr. Cabero.

URGENCIA DE MEDICINAS

CHILLAN, LA PERLA DE ÑUBLE, ES HOY UNA CIUDAD MUERTA

Visión apocalíptica recibe el viajero al recorrer las ciudades devastadas por el terremoto. -Desde Talca hasta Chillán, en auto, acompañando al Ministro del Interior.

(CORRESPONDENCIA DE NUESTRO ENVIADO ESPECIAL DON HUGO ERCILLA OLEA)

(CONTINUA EN PAG. 15)

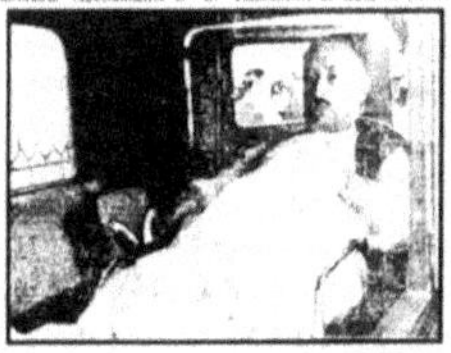

Transporte de un herido en avión

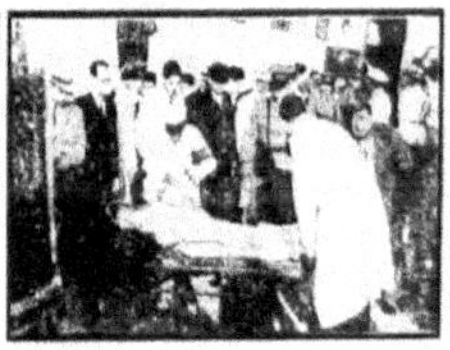

El traslado de los heridos

SERÁ NECESARIO EVACUAR CHILLAN PARA EVITAR QUE SE CREE GRAVE SITUACIÓN

Faltan ataúdes, escasean los cavadores de tumbas, no hay elementos rápidos de transportes

LO QUE VIMOS DESDE UN AVION

LA AVIACIÓN DE ESTADOS UNIDOS ENVIÓ A CHILE UNA DE SUS FORTALEZAS AÉREAS

La enorme y moderna máquina llegará hoy a la ciudad de Lima.

TRAE MEDICAMENTOS

Distribución de la correspondencia

Avión de la Panagra que se utiliza en el transporte de las víctimas

Se quemarán los escombros en CHILLAN para evitar la propagación de epidemias

La población ha comenzado ya a sentir los efectos del aire impuro que se respira en la ciudad

ENTREVISTA CON DON ARTURO ACEVEDO, MIEMBRO DE UNA DE LAS BRIGADAS SANITARIAS

LA GENTE PIDE ALIMENTOS

HERIDOS Y HERIDAS SEPULTANTES

DESENTERRARON UN NIÑO Y UN PERRO

TRES INCENDIOS EN LA NOCHE

Nómina de los cadáveres sepultados el Jueves y Viernes en Concepción

NOMINA DE MUERTOS EN SAN CARLOS

48 muertos en Pinto y 56 en Coihueco

Todos los cadáveres han sido identificados. — Telegrama enviado al Ministro del Interior por el Intendente de Ñuble

El Ministro del Interior recibió ayer el siguiente telegrama del Intendente de Ñuble, señor Pedro Poblete:

"Chillán, 27. — Urgente. — Número oficial fallecidos Comuna Pinto, identificados totalmente, 48: Ernestina del C. Jarpa Figueroa, 8 años; Eduvigis del Tránsito Jarpa, 4 años; Rosa Elcira Torres Rubio Figueroa, 12 años; Teresa Bustamante Jarpa, 12; Ana Luisa Bustamante Jarpa, 4; Domingo Quintana, 13; Maclovia del C. Améstica Jarpa, 13; Arturo Arriagada Jofré, 10; Julio Fiel Ferrada, 9 meses; Frusia del C. Arias Rubio, 12 años; Teresa Díaz Lagos, 5; Eulalio Castillo Mora, 12; Francisco Rubio Lagos, 10; Amanda del T. Parra Parra, 16; Eliana González Troncoso, 12; Margarita Troncoso, 12; María Inés Mendoza Fuentealba, 25; Jaime Fuentes Mendoza, 6; Leonidas Contreras, 38; Ceferino Contreras, 58; Irma Silva Pino, 10; María Rubio Utrera, 76; Yolanda del T. Pino Basualto, 5; Magdalena Parra Contreras, 71; Manuel Torres Oliares, 7; Angelina del C. Torres Oyarce, 5; Olto Ocares, 8; Nito Ocares, 6; Adriana Ocares, 3; Petronila Altamirano de Ortiz, 20; Carmen Ortiz Altamirano, 2; Armando Ortiz Altamirano, 4; Eliel Ortiz Altamirano, 3 meses; Graciela Cerda Arias, 17 años; Héctor Cerda Arias, un mes; Ana Carrasco v. de Henríquez, 78 años; Mireya Arias Henríquez, 12; Cruz Sepúlveda Sepúlveda, 73; Margarita Mella v. de Urrutia, 64; Hernán Ovidio Escarte Arteaga, 3; Iris Angelina Mora Fuenzalida, 2 meses; Teófilo Maldonado Delgado, 43 años; José Rolino Montero, 4; Eliel Figueroa Chávez, 5; José Puga Arias, 10; Manuel Puga Arias, 6; José María Elgueta Contreras, 70; Irma Torres Navarrete, 10.

EN COIHUECO

Números oficiales fallecidos en comuna Coihueco, identificados totalmente 56, que son:

Gregorio Ferrada González, años 7; José Moriz Valenzuela, 2; Luisa Sepúlveda Landeros, 6; Héctor Sepúlveda Landeros, 2; Rodolfo Vidal Salinas, 7; Blanca Ester Campos Reces, 30; Brunilda Reyes Canto, 13; Aguedo Reyes Canto, 9; Hilda Reyes Canto, 1; Olga, Gerardo, Betzabé y Nelda Isla Quezada, 8, 5, 3 y 2 años, respectivamente; Fabia Cofré Sepúlveda, 80; Antonio, Ruy, Elba y Raúl Orellana Saldías, 8, 3, 5 y 1 años, respectivamente; Rosa Hermalinda Bravo, 15; Soledad Aguayo v. de Jiménez, 70; Juan B. Baro Quezada, 32; María Arteaga de Navarrete, 23; Otilia Sepúlveda, 38; Bernardo Erias, 46; Manuel Orellana, 6; Carmen Fellymer, 4; Liliana Yáñez Correa, 7; Petronila Alvarado Arteaga, Luis Bustamante y Matilde Gálvez, 56; Edmundo Urzúa Gable, 8; Víctor Jara Sepúlveda, tres meses; José Félix Hernández, 50; María Antonia Maureira, 80; Juan Guillermo Hernández, 7; Elena Hernández, 5; Carlos Oliva Melo, 9; María Vásquez Sepúlveda, 3 años; Juan Gutiérrez Poblete, 7; Olga Casanave, 70; Magdalena Muñoz, 48; María Venegas, 50; Marina Venegas, 7; Rosa Contreras, 38; María Fonseca de Ogalde, 47; Juan Vásquez, 65; María Muñoz Tapia y Aurora Contreras Briones, 26; Olga Contreras, Plácido Canales Briones, 5; Luis Canales Briones, 3; Fernando Guiñez Sanhueza, 10; Ana Guiñez Sanhueza, 10; Ana Rosa Parra Alvarado, 32; Lila Parra Gallegos, uno; Irma Rosa Canto, un mes.

Sin identificar en Coihueco, 29.

Noticias llegadas ciudad Yungay indican hay 22 muertos. En Recinto, Atacalco y Las Termas no hay muertos.

—(Firmado): Pedro Poblete, Intendente Ñuble.— Gastón Echevers, secretario".

TODO EL PAIS SE ORGANIZA PARA CONCURRIR EN AYUDA DE LOS DAMNIFICADOS DEL TERREMOTO

Informaciones de diversas ciudades de la República, que dan cuenta del verdadero movimiento que se ha promovido en las provincias para cooperar a la acción del Supremo Gobierno

DE LINARES

LINARES, 27.— A las 13.45 horas llegó un tren equipado con personal médico de la Dirección General de Sanidad a cargo del doctor Ferreira. Han llegado también ocho camiones militares a los que se agregaron otros conduciendo elementos sanitarios y tropa hacia Chillán. A las 14.30 horas llegó otro tren con tropa del Regimiento Buin, la que espera el regreso de los camiones para dirigirse a esa provincia.

El Ministro de Salubridad nos manifestó que pronto sería enviada una apreciable cantidad de víveres y elementos médicos a Chillán, Parral, San Carlos, San Gregorio y Cauquenes.

DE CHILLAN

Telegramas recibidos de Chillán anuncian que las Termas no han sufrido daños con la catástrofe sísmica.

El terremoto se sintió allí con gran intensidad produciendo el consiguiente pánico entre los habitantes de ese punto.

DE CALDERA

CALDERA, 27.— Se lleva recolectado ya una suma apreciable en la colecta iniciada en esta ciudad para socorrer a las víctimas de las provincias del sur.

DE TALCA

TALCA, 27.— En esta ciudad han sido recolectados una apreciable cantidad de medicamentos y de elementos sanitarios para las víctimas, habiéndose enviado varios camiones cargados a Chillán, Cauquenes, y Parral, conjuntamente con brigadas de trabajadores que se dirigen a los mismos lugares. Cientos de obreros se han presentado para trabajar desinteresadamente en el salvamento de los damnificados.— (Corresponsal).

DE MOLINA

MOLINA, 27.— Hoy se dirigió a Chillán una brigada de la Cruz Roja, con medicamentos donados por las farmacias del pueblo; un camión cargado con comestibles, también obsequiados por el comercio local y otros con patrullas de hombres dispuestos a ayudar en todo lo que sea posible.

La Brigada de la Cruz Roja va a cargo del doctor don Gustavo Hurtado.

Los médicos de movilización fueron proporcionados por los vecinos, sin gasto alguno para las autoridades.— (Villegas, corresponsal).

DE CURICO

CURICO, 27.— Varios camiones han partido a Chillán llevando medicamentos y artículos alimenticios. Un destacamento de tropa del Grupo Ingenieros se dirigió al mismo lugar con el objeto de reparar los caminos y cooperar al salvamento de los heridos. Una colecta iniciada ha pasado ya de los $ 30,000.— (Corresponsal).

Santiago está listo para hospedar a tres mil personas, niños o adultos

Se han organizado comités centrales que tendrán a su cargo la coordinación de la ayuda que las instituciones y los particulares prestan a los damnificados

BARCO CON TE, AZUCAR, CAFE, ETC., MANDA INGLATERRA

TELEGRAMAS EN EL TELEG. COMERCIAL

INFORMACIONES DEL MINISTERIO DEL INTERIOR

C. ADVENTISTA DE CHILLAN SE SALVO

CAMIONES CON VIVERES AL SUR

EL CORONEL FEDERICO JAPKE ASUMIO AYER LA DIRECCION DE CORREOS

PAGINA 2 "LA DISCUSION" CHILLAN, (CHILE) VIERNES 24 DE MARZO DE 1939.

Con dineros fiscales se ha puesto el hombro al retiro y acarreo de mas de 300.000 metros cúbicos de escombros

...dia de ayer trabajaron 171 vehiculos, de los cuales 35 son motorizados, y ...zaron a retirar mas 3 500 mts.-Los escombros están siendo utilizados en el arreglo de caminos y avenidas y barrios bajos.

...ngeniero de la Provincia, señor Alberto Asenjo, calcula que a mediados de Mayo la ciudad estará totalmente limpia en sus calles y aceras.

...mo que abrumaba a ...lativo al acarreo de es- ...stá siendo cumplida- ...ionado por la Direc- ...ras Públicas. Aquí, en Ingeniero de la Provin- ...berto Asenjo, ha reci- ...ciones suficientemen- para proceder a lim- ...mbros las calles y ace-

...fueron unos cuantos ...buen número de ca- ...ntos elementos con ...para el trabajo refe- ...cias se limpió totalmen- Dieciocho en sus dos ...ante cargadas de es- ...ahora, a unos cuantos ...inación, cerca de cua ...res de vehículos tra- ...ente en distintas ca- ...dad.

...ULOS ACARREAN ...TROS CUBICOS

...ras, que bajaron de la montaña algunas, y otras que vinieron de los campos vecinos, se sumaron luego unos carretones de ruedas altas que, tirados por tres caballos, hacen un trabajo rapidísimo. Y después toda una línea de 35 camiones, de que es empresario el señor Andrés Benavides.

Con este nuevo aporte a las faenas de acarreo de escombros, la Dirección de Obras Públicas ha conseguido hacer una dilatada labor. Actualmente con 171 vehículos, de los cuales 70 son carretas y 67 carretones de dos y tres caballos, se ha alcanzado a retirar de las calles hasta 3.400 metros cúbicos.

DE LA MODESTA CARRETA AL VEHICULO MOTORIZADO

El señor Asenjo se muestra optimista ante el resultado obtenido y nos dice que pronto podrá contar con nuevos empresarios venidos de Santiago, que serán capaces de arrastrar, cada día, muchos miles de metros cúbicos de escombros. Hay que hacer notar— puntualiza el señor Asenjo— que el día 6 de este mes comenzamos esta labor con 27 carretas que transportaron 123 metros y que hoy, a dieciocho días escasos, contamos con 171 vehículos que arrastran ya 3.500 unidades cúbicas.

TODO ESTARA TERMINADO A MEDIADOS DE MAYO

—¿Y cuándo piensa tener limpia la ciudad?

—Cuando comencé esta labor habría en las calles y aceras, principalmente, 90.000 metros de escombros. Ahora que cada propietario ha procurado de aprovechar esta ayuda fiscal, echando a la calle los escombros del interior, no habrá menos de 300.000 metros. He calculado sobre esta cantidad, para decirles que la ciudad estará completamente limpia de escombros a mediados del mes de mayo.

SE ESTAN ARREGLANDO LOS CAMINOS

—¿Y con los escombros se ha hecho obra útil?

—Se ha tenido en ello especialísimo cuidado. Y es así cómo el dinero no ha tenido una inversión muerta, sino, por el contrario, en algunos casos muy productiva. Así ha ocurrido con el camino del Calvario que ahora está bien ripiado y en buenas condiciones. Aspiramos a empalmar ese camino con el longitudinal, en Chillán Viejo, medida que se hace necesaria para sustraer del tránsito pesado las vías con pavimento definitivo.

Por otra parte, los escombros están siendo botados de preferencia en las partes bajas de algunos barrios y de avenidas, para evitar que, en adelante, se produzca la acumulación de grandes cantidades de agua, que tanto dañan a la salubridad.

Ubicaciones provisorias de reparticiones fiscales, semi fiscales y particulares

Indicamos el lugar de su funcionamiento

Las reparticiones públicas fiscales, semi fiscales e instituciones particulares están ubicadas ahora en las siguientes direcciones:

En el edificio del Banco Español Chile funcionan: La Intendencia de la Provincia, Impuestos Internos y Banco Español Chile.

Comandancia de la Plaza: Constitución Nº 625.

Municialidad: en calle Dieciocho Nº 1020.

Carabineros: Plaza de la Victoria.

Investigaciones: Cinco de Abril Nº 657.

En la Plaza de Armas: Tesorería, lado Poniente.

Departamento de Caminos esquina nororiente.

Inspección Provincial del Trabajo, lado norte.

Registro Civil, lado poniente.

Correos y Telégrafos, lado norte a los pies del kiosko.

Telégrafo Comercial, costado poniente, frente a su antiguo edificio.

Oficina Salvo-conductos y Carnets Provisorios, lado sur oriente.

Caja Agraria, Constitución esquina Dieciocho.

Servicios de Alcantarillado y Agua Potable, Dieciocho Nº 530.

Compañía Industrial de Electricidad, Dieciocho Nº 526.

Compañía de Teléfonos, Arauco Nº 579.

Caja de Seguro Obligatorio, Maipón esquina Dieciocho.

Jefatura Provincial de Sanidad, Talcahuano esquina Lumaco.

Agrónomo Provincial, en Escuela Agrícola.

Inspección Provincial de Educación Primaria, Buenos Aires ... Barraca Bodeig.

Caja de Ahorros, Arauco ...

Banco de Chile, 5 de Abril ...

Dirección de Obras Públicas, en el Liceo de Hombres.

Liceo de Niñas, Constitución frente a la Catedral.

Cárcel, O'Higgins 243.

Corte de Apelaciones, O'Higgins esquina Constitución.

Juzgados 1º y 2º, Itata ... Plaza Sanchez.

Juzgado del Trabajo, Maipón 561.

Hospital, Avenida O'Higgins en su antiguo edificio.

Almacenes de Aprovisionamiento, Plaza de la Victoria.

Regimiento O'Higgins, Vega de Saldías esquina O'Higgins y ... de San Francisco.

El Depósito de Paños
está en Arauco 812

Lect. - 702

...de dos meses en Reñaca, ayer regresaron los colonos que veraneaban en Tomé

...mblor les sorprendió en el vecino puerto y de ahí fueron ...ducidos a Valparaíso y Reñaca.-Roxane, la gran animadora de las Colonias Escolares, les atendió con especial solicitud.

...IO HERRERA LAGOS SE HA QUEDADO SOLO CON SUS DIEZ AÑOS.

...de de ayer por el ordi- ...parte de Alameda, llegó ...dad la Colonia Escolar ...eaba en Tomé a la ... que ocurrió el terremoto ...de Enero y por cuyas con- ...hubo de trasladarse a ... y de ahí a Reñaca ...fué gentilmente atendida ... la incansable anima- ... la Junta de Beneficencia ...

... Colonia, aunque no sufrió en ... la pérdida de ninguno de ... regresó considerable- ... debido a que los ... de los residentes fueron ... uno a uno. Fué ... llegaron a Chillán sólo 18 niñas y 18 niños, a cargo de los profesores señores Manuel J. Sandoval y Elías Fernández, quienes recibieron aquí en Chillán de parte de la Inspección Provincial y de la Intendencia, la orden de ir en busca de los niños hospedados en Reñaca.

EN ORFANDAD MIENTRAS LOS DEMAS ABRAZABAN A SUS PADRES

A su llegada, los niños fueron entregados, en la misma Estación, y en presencia del Inspector Provincial, a sus padres o familiares. Sin embargo, en medio de la alegría de todos, hubo una nota de honda tristeza: Sergio Herrera Lagos de, 10 años de edad más o menos, no encontró a nadie de los suyos. El chico Herrera quedó hospedado en Buenos Aires 954, en casa del director de la Escuela ...

Se nos encarga advertir que una buena parte de los niños fué entregada en Santiago y que, además, quedaron 14 en Reñaca con el consentimiento de sus padres.

La comisión de profesores que llegó con la Colonia nos ha encargado expresar sus agradecimientos al profesorado y Cruz Roja de Rancagua, Rengo y Talca, que asistieron al encuentro de los pequeños colonos con toda clase de alimentos y frutas.

CONCURSOS EN EDUCACION

La Dirección General de Educación Primaria ha abierto concursos para proveer una plaza de profesor en la Escuela Anexa a la Normal Núñez y otro para el cargo de directora de la Anexa a la Normal de La Serena.

Los interesados deberán enviar sus antecedentes a la Oficina de Partes de la Dirección de Instrucción General de Primaria. El plazo vence el 1º de Abril.

CENTRO DE DEFENSA NACIONAL

El presidente de esta institución nos ruega citar a junta general para el Domingo 26 del presente a las 11 de la mañana.

La reunión tiene por objeto identificar a los socios damnificados para efectos muy convenientes para ellos.

Local: O'Higgins 691.

ANIMAL APARECIDO

En casa de don Carlos Gutiérrez, Independencia 443, al fondo, se halla a disposición de su dueño un cordero que llegó allí en la tarde del Martes. El señor Gutiérrez nos pide hacerlo saber al interesado.

Cementerio de Chillán

De acuerdo con el Reglamento y la disposición N. ... órdenes de la Plaza, se avisa al público lo siguiente:

Debiendo efectuarse la extracción de escombros del recinto del Cementerio, se fijan los siguientes plazos para ... cer y extraer restos:

SECCION NICHOS:

Nichos sección sur oriente, poniente y norte, mes y ... en el siguiente orden:

Los del sur, desde el número 1 al 500 (10 primeros días).

Número 501 al 1.500 (10 días siguientes).

Sección norte y cajones centro y poniente.

Números 1 al 340 — 1 al 700 (a los 10 días siguientes).

Sección Nichos de Niños, los 10 últimos días del plazo.

Se avisa a los propietarios de bóvedas y mausoleos que se fija un mes de plazo para extraer restos, demoler y retirar escombros.

Los restos pueden sepultarse gratuitamente en la ... rejas, o bien, adquirir nichos de restos o nichos grandes, pa... dos según el Reglamento.

LOS PLAZOS EMPEZARAN A REGIR DESDE EL 20 D... PRESENTE MES.

Los propietarios tienen derecho a reconstruir sus sepulturas en el mismo suelo, según el Reglamento.

Para toda consulta hay que dirigirse al Director, Ca... 155, Chillán.

HERIBERTO TORRES ARRATI...
Director

Lec. 699 b. a.

Departamento de Caminos

Propuestas Pùblicas

para la construcción de casas provisorias

Solicítanse propuestas públicas para la construcción (mano de obra) de las siguientes casas provisorias para los servicios del Departamento de Caminos de la provincia de Ñuble:

5 casas en Chillán; y

1 casa en cada uno de las siguientes ciudades: San Carlos, Yungay, Bulnes y Quirihue.

Las propuestas se abrirán el día Lunes 27 del actual, a las 11 horas, en la ciudad de Chillán, en la Oficina del Ingeniero de la Provincia (Plaza O'Higgins), donde los interesados pueden consultar bases y antecedentes.

El Ingeniero de la Provincia.

Lect. —701

PAGINA 2 "LA DISCUSION" CHILLAN, (CHILE) SABADO 1º DE ABRIL DE 1939

Es necesario que se conozca cuanto antes el plano regulador de la ciudad

Los habitantes esperan una resolución sobre las lineas de la futura ciudad a fin de proceder a trabajos provisorios de construcción.— El caso del grupo escolar en construcción. — Cegamiento del estero Las Toscas.— Distribución de casitas desmontables.— Nota del Alcalde al Ministro de Fomento.

El SINDICATO DE SASTRES EN SUS ASPIRACIONES DE MEJOR SALARIO

En busca de fundos que parcelar el Ministro de Tierras y Colonización estará mañana en Chillán

Organizaciones obreras le preparan un cariñoso recibimiento.-Los fundos mas indicados para la parcelación.

Para mañana está anunciada la visita del Ministro de Tierras y Colonización, don Carlos Alberto Martínez.

El viaje del señor Ministro obedece al deseo de imponerse de dos o tres fundos que le han sido indicados como los que mejores ventajas ofrecen para ser parcelados de acuerdo con la colonización vigente al respecto. Podemos adelantar que el señor Carlos Alberto Martínez visitará, desde luego, la hacienda Nuble y Rupanco, que está ofrecida en venta, y también algunos fundos ubicados a tres leguas de la ciudad por el camino al Huape y que son de propiedad de la señora Mireya de Martín. Hay interés también por un fundo ubicado a la espalda del antiguo Club Hípico, de propiedad de la Sucesión Bustamante.

Acompañarán al señor Ministro el Jefe de Colonización, señor Leon... Chaparro, y otros jefes de sección. En esta ciudad hay organismos obreros que le preparan un cariñoso recibimiento, bajo la dirección de la C. T. CH.

El Dr. Gonzalez Laura fué anoche cordialmente festejado por sus colaboradores del Servicio Médico

Entusiastas palabras de encomio mereció la labor del festejado en la Provincial Médica del Seguro Obrero.

GREMIALES

Asociación de Transportes de Chillan

Asociación de Practicantes

Sociedad ... Gráficas

ASPIRANTES A PARCELEROS EN LA PROVINCIA DE ÑUBLE

PROFESORES SE REUNIRAN HOY EN LA INSPECCION PROVINCIAL

Para tratar asuntos del servicio

PROFESIONALES

ANGEL PINTO.— Abogado y Defensor de Menores.— O'Higgins 361.

HILARIO MELLA F.— Constructor. Independencia 471.— Chillán.

Archivo Judicial

DEL PUBLICO

Se queja de la falta de aseo en una propiedad

Municipalidad de Chillán

RETIRO DE ESCOMBROS Y REGLAMENTACION DEL TRANSITO

Chillán, 30 de Marzo de 1939

DECRETO:

TRANSITO DE LA CIUDAD.—

NORTE A SUR.

Calle Dieciocho de Septiembre y Calle Cinco de Abril

SUR A NORTE.

Calle Arauco y Calle Carrera.

ORIENTE A OCCIDENTE.

Calle Constitución y Calle Bulnes

OCCIDENTE A ORIENTE.

Calle Libertad y Calle Roble

HERIBERTO CONCHA S., Secretario.

Cia. GENERAL DE ELECTRICIDAD INDUSTRIAL

Departamento de Arquitectura ha desarrollado una eficiente lab

El Arquitecto Provincial don Francisco Solís de Ovando tiene sobre su responsabilidad ob que suman $ 20.144.187 en toda la provincia.

Corrección y austeridad

Cuantiosos invers

El Lunes se dará comienzo a la construcción de edificios públicos en Chillán

El Ministro de Fomento espera que los cimientos estén listos antes del 24 del presente, pues en esa fecha vendrá él a nuestra ciudad

El Intendente don Pedro Poblete Vera nos proporcionó ayer interesantes datos sobre las tareas de la reconstrucción.

Las obras de la Cárcel Pública definitiva. —Fondos para construcciones hospitalarias —El problema del cemento

SE ESTUDIA LA POSIBILIDAD DE PAVIMENTAR LAS CUATRO AVENIDAS QUE CIRCUNDAN CHILLAN.

El Intendente de la Provincia don Pedro Poblete Vera nos proporcionó en la tarde de ayer interesantes datos relacionados con la última sesión que celebró el Consejo de la Corporación de Reconstrucción y Auxilio.

PRESTAMOS DE RECONSTRUCCION

Nos informó que se acordaron préstamos de reconstrucción por un monto total de $ 1.790.000, correspondiendo a Ñuble los siguientes:

A don Domingo Martínez N., ... $ 200.000
A don Ivar Ulriksen... .... $ 190.000

PRESTAMOS DE AUXILIO A ASEGURADOS

Quedó pendiente el aumento de la cuota destinada a conceder préstamos de auxilio a los imponentes de la Caja de Seguro Obligatorio en espera de un informe que debe presentar la Comisión Financiera.

En la próxima sesión del Consejo este aumento será aprobado con o sin informe de la referida Comisión.

ASUNTOS DE CONCEPCION

Se autorizó al Vice - Presidente para que resuelva todo lo relacionado con la transacción con doña María Galán de Castillo, en Concepción, a quien se le va a comprar una propiedad para los servicios públicos.

En los edificios de estos servicios públicos se acordó invertir la suma de $ 11.678.933.

También se acordó invertir $ 3.033.684 en la construcción del edificio de la Escuela Industrial de Concepción.

TRANSACCION CON DON NICOMEDES CHICO

Se acordó dar preferencia a don Nicomedes Chico en el caso de que se resuelva la venta de los terrenos fiscales que ocupa actualmente la construcción de emergencia en que funcionan las oficinas de Correos y Telégrafos de nuestra ciudad.

FONDOS PARA CONSTRUCCIONES DE BENEFICENCIA

Se resolvió destinar la suma de $ 49.000.000 para las construcciones de la Beneficencia en la zona devastada. Tambien con estos fondos se construirá el Hospital Clínico de Concepción.

NUEVO GERENTE DE LA CORPORACION

Se aceptó, por haber sido formulada en el carácter de indeclinable, la renuncia del Gerente de la Corporación don Hermógenes del Canto y se designó en su reemplazo por unanimidad a don Julio Santa María.

PROBLEMA DEL CEMENTO

Durante su permanencia en la capital el Intendente señor Poblete se entrevistó con el Ministro de Fomento don Oscar Schnacke, a quien hizo presente la situación difícil que se ha creado por la falta de cemento, tanto a la Dirección de Obras Públicas como a los contratistas y obreros. El señor Ministro quedó de prestar especial interés a las observaciones del Intendente y dió instrucciones inmediatas para proporcionar en calidad de préstamo del cemento disponible para Obras Públicas al Grupo Escolar y al Hospital definitivo y de este modo evitar la paralización de los trabajos ,lo que perjudicaría enormemente a los obreros.

SERVICIOS HOSPITALARIOS

Tanto en la Corporación de Reconstrucción y Auxilio como con el Jefe de los Servicios Médicos Fusionados doctor don José Binimelis Roa el señor Intendente se preocupó de la construcción de los hospitales de la zona devastada. Pidió para Ñuble una cuota a fin de terminar el Hospital definitivo. También pidió fondos para el Hospital definitivo de San Carlos y ampliación de los de Bulnes, Quirihue, y Yungay.

Además el doctor Binimelis informó al señor Poblete sobre su plan de construcciones de casas de socorros principalmente en Coihueco, Cobquecura, Portezuelo y otros lugares y también respecto a la habilitación de Postas de Primeros Auxilios en varios puntos de la provincia.

CARCEL DEFINITIVA DE CHILLAN

En cuanto a las construcciones de edificios públicos de Chillán el señor Poblete nos informó que estaban terminados los planos de la Cárcel definitiva y que al mismo tiempo se han solicitado propuestas públicas para la ejecución de la obra gruesa de dicha construcción.

En breve se pondrá término a la ejecución de los planos para los edificios definitivos de los Liceos, Escuela Técnica, Femenina, Escuela Agrícola y Cuartel de Carabineros.

Todos estos estudios, como se sabe, los está haciendo la Dirección General de Obras Públicas por intermedio de su Departamento de Arquitectura.

EDIFICIOS PUBLICOS

Nos informó también el señor Poblete que posiblemente el lunes se iniciarán los trabajos de los edificios públicos en que quedarán instaladas la Intendencia, Corte de Apelaciones, oficinas fiscales, etc.

—El señor Ministro de Fomento,— nos dijo el señor Poblete,— espera que el 24 del presente estarán listos los cimientos de dichos edificios, pues en esa fecha él visitará a Chillán.

Nos agrgó que pronto llegará una hermosa maquette de esos edificios, la que será exhibida en la vitrina de "Los Dos Cuyanos" o en la que posee la Compañía de Teléfonos frente a la Plaza de Armas.

PAVIMENTACION DE LAS CUATRO AVENIDAS

Finalmente el señor Intendente nos informó que el Ministro de Fomento señor Schnacke está estudiando la manera de ir a la pavimentacion definitiva de las cuatro avenidas que circundan Chillán.

Presidentes de instituciones sociales y gremiales, de colectividades políticas y vecinos, se reunen hoy

Para acordar la tabla del cabildo abierto que se verificará próximamente sobre reconstrucción. — La reunión se efectuará en la Sala de la Alcaldía

En conformidad al acuerdo de las personas que participaron en la reunión de anteayare en la Municipalidad con el objeto de preocuparse sobre los problemas de la reconstrucción, se nos ha pedido recordarles que hoy, a las 11 de la mañana, corresponde reunirse nuevamente en el salón [illegible] la Alcaldía, con el objeto de el[illegible] la tabla de los puntos que se [illegible] rán en el cabildo abierto qu[illegible] verificará en el local del Centro Hispano Chileno, el miércoles 24 del mes en curso.

El objeto principal de este cabildo abierto que se proyecta sea el definitivo, es aunar las voluntades de todos los propietarios para no retardar, por más tiempo, la reconstrucción de la ciudad y para que cada uno coopere a esta alta finalidad de progreso y bien colectivo.

SE RELLENARAN CON ESCOMBROS CALLES DE LA POBLACION BALMACEDA

El Intendente visitó ayer dicho barrio y atendió peticiones del vecindario

En la mañana de ayer el Intendente don Pedro Poblete Vera visitó la población Balmaceda, ubicada al poniente de la Estación, en compañía del Ingeniero de la Provincia don Pedro Alvarez y de una comisión de vecinos de dicha población.

Se resolvió en esta visita, a petición de los vecinos, arreglar con escombros las calles Santa Rosa, República de Chile, Andrés Bello y otras. Todas estas calles quedarán con sus cunetas en tal forma que impedirán las inundaciones y de que dicha población se convierta durante el invierno y aun en esta época en un verdadero pantano.

El Intendente prometió también interesarse por el arreglo del Canal de la Compañía de Electricidad que pasa al poniente de la población y que es el causante en gran parte de las inundaciones. Además prometió conversar con el Alcalde de la comuna sobre la instalación de alumbrado eléctrico en varias calles del mencionado barrio.

Los trabajos de arreglos de calles y cunetas fueron iniciados de inmediato.

Los pobladores se manifestaron agradecidos del interés demostrado por el señor Intendente por atenderlos en este justo mejoramiento de su barrio que ellos personalmente han solicitado.

GREMIALES

La velada de la CTCH será un alto exponente de cultura artística de los trabajadores de Chillán

Como hemos anunciado la C. T. CH. de la localidad, en colaboración con todos los sindicatos adheridos a su seno, realizará el próximo domingo, a las 10 horas, un gran acto literario y artístico a beneficio de los obreros ferroviarios damnificados por el incendio de su población. Con profundo interés han preparado los distintos sindicatos sus números con el propósito de que esta velada sea una verdadera demostración elocuente de la capacidad que en este sentido han alcanzado los organismos obreros.

El significado de este acto, por otra parte, ha interesado a todo el pueblo y es así como existe un gran entusiasmo por presenciarlo. El número de entradas colocadas es una afirmación de ello lo que hace pensar que este espectáculo ha de desarrollarse a teatro lleno.

La participación de la Banda de Músicos de nuestro Regimiento, será otro de los motivos de atracción. Estamos en conocimiento que las películas que se pasarán son de sumo interés, novedosos noticiarios llegados en la semana y algunas cintas cómicas que harán las delicias de los asistentes. Será, pues, todo una gran fiesta de los trabajadores en que junto a la capacidad artística de los obreros ha de expresarse la magnífica solidaridad de clase que los une.

La CTCH ha enviado invitaciones a las autoridades de la localidad lo que dará especial relieve al acto.

Las entradas han sido entregadas a los encargados de los sindicatos para su venta.

Los sindicatos deben hacerse representar en este acto con sus estandartes que servirán para adornar el proscenio.

En una edición próxima daremos el programa completo a desarrollarse.

SINDICATO PROFESIONAL DE CHOFERES

Tenemos encargo de citar a junta general extraordinaria a todos los miembros del Sindicato Profesional de Choferes de Ñuble, a las 7 P. M. de hoy, en el local de costumbre.

La asistencia es obligatoria por ser segunda citación.

UNION DE OBREROS FERROVIARIOS

Consejo Chillán

Cítase a reunión general para hoy a las 19 horas por haber puntos de suma importancia que tratar y tambien darán cuenta los delegados que fueron a Santiago para entrevistarse con el Director de los FF. CC del E. a fin de solicitar una ayuda para los damnificados por el incendio ocurrido en la población ferroviaria.

"CENTRO DE DEFENSA NACIONAL

Tenemos encargo de citar a todos los socios de esta institución a sesión de Junta General ordinaria para el Domingo 14 del presente, a las 2.30 y 3.30 P. M. en primera y segunda citación respectivamente, con el número de socios que asista.

En esta importante sesión se tratará de la entrega del Directorio y sobre la celebración del aniversario del Centro.

CITACION A FERROVIARIOS JUBILADOS

Se cita a asamblea general para el domingo a los jubilados ferroviarios con pensiones iguales o menores de seiscientos pesos.

En esta sesión se tratará de los fondos que hay que reunir para la recepción de los convencionales de las distintas ciudades del país. Se ruega la asistencia de los jubilados de San Carlos y Bulnes. Punto de reunión Sepúlveda Bustos 81, al sur de la estación ferrocarriles.

CUADRO CULTURAL DEL SINDICATO DE OFICIOS VARIOS

Por tener que participar en la velada que se realizará el Dgo. próximo en el T. O'Higgins en beneficio de los ferroviarios damnificados se cita a los componentes de este cuadro a ensayo durante todos los días que restan en el local de la Secretaría.

Se ruega a estas personas no dejar de asistir a estos ensayos.

SINDICATO DE OFICIOS VARIOS

"Barrio Sur - Orientet"

El Sindicato de Oficios Varios, acogiendo la iniciativa de la C. T. CH. en ayuda de los Ferroviarios, ha hecho una erogación entre sus socios la cual ha arrojado la suma de $ 65.60.

Este dinero fué entregado al Consejo de la CTCH. en su última sesión.

Concesión de arrendamiento de las Termas sería prorrogada por un año más

La Municipalidad en sesión de hoy, aceptaría una solicitud de su concesionario señor Sívori.

Esta tarde corresponde a la Corporación celebrar sesión ordinaria.

Esta tarde de 16 a 18 horas, corresponde celebrar sesión ordinaria a la Municipalidad.

Figuran en tabla importantes materias, según la tabla siguiente confeccionada por el Alcalde subrogante don José Manuel Flores [illegible]:

— Acta;
— Cuenta;
— Resolución sobre una solicitud del arrendamiento de Las Termas;
— Fijación de precio a las placas de vehículos para 1940;
— Resolución sobre las ternas presentadas por la Alcaldía para designación de Secretario de la Alcaldía y Medico Municipal;
— Solicitudes pendientes; y
— Incidentes.

Debe hacer resaltar que el punto de principal importancia de esta sesión es el que trata sobre la solicitud de arrendamiento de las Termas.

Como se recordará, tiempo atrás el concesionario de ella, don An[illegible] Sívori, presentó a la consideración de la Municipalidad una solicitud en el sentido de que el pago por el año 1939, por las pérdidas sufridas a consecuencias del terremoto en lo que respecta a clientela, se le condonara el pago correspondiente de 140 mil pesos por arriendo, para lo cual hacía presente una serie de consideraciones.

En aquella ocasión la Municipalidad no aceptó dicha solicitud y quedó en espera de una nueva proposición del señor Sívori, llegando a una petición más atendible.

De esta manera dicho concesionario elevó una nueva solicitud que — según hemos tenido conocimiento — fué tratada en sesión de Comité celebrada recientemente por los regidores.

Sabemos que en esa solicitud el señor Sívori pide se le condone por lo menos la mitad del cánon de arrendamiento o que en caso contrario, se allanaría a cancelar siempre que se le concediera la prórroga del contrato por un año más. Esta situación — sabemos — fué debatida ampliamente, llegándose a un acuerdo sobre lo último, por los señores regidores en la mencionada sesión en comité.

Sólo restaría, entonces, que en la sesión ordinaria de hoy de la Municipalidad, los señores regidores acepten en definitiva esta resolución.

Municipalidad de Tucapel

PROPUESTAS PUBLICAS

Tucapel —2—Enero de 1940.

VISTOS:

El acuerdo Municipal tomado en sesión extraordinaria de 30 de Diciembre de 1939 y las atribuciones conferidas por la Ley Orgánica de Municipalidades 1642 de 18—IV—934;

DECRETO:

Pídense Propuestas Públicas, por el término de quince días, para la instalación de una Planta Hidroeléctrica que surta de alumbrado a Tucapel y Huépil.

Bases y antecedentes en esta Alcaldía.

Anótese y publíquese.

GUILLERMO LAGOS O., ALCALDE.

CARLOS GORMAZ A., SECRETARIO.

Lec. h.12

ASOCIACION DE MOLINEROS DE MAULE, ÑUBLE Y YUMBEL

De acuerdo con los Estatutos cito a junta general ordinaria para el miércoles 17 de enero a las 14.30 horas en el local de la Asociación, Dieciocho 801.

El objeto de la reunión es:

1.o— Cuenta del presidente;
2.o— Elección de nuevo directorio; y,
3.o— Demás asuntos que deseen tratar los señores asociados.

EULOGIO FUENTES JIMENEZ
Presidente.

h|17

"La Discusión" Chillán, (Chile) Miércoles 29 de enero d 1941. Página 3

Obras de construcción del moderno edificio del Cuartel de Bomberos se iniciarán el lunes próximo

El costo de la obra asciende a un millón y medio de pesos

El domingo se efectuará la colocación de la primera piedra

DECLARACIONES DEL SUPERINTENDENTE DEL CUERPO DE BOMBEROS

Finiquitada ya la permuta del terreno del Cuerpo de Bomberos con el de la Municipalidad, el domingo se efectuará en el predio que queda ubicado en calle [illegible] esquina de Roble, la tradicional ceremonia de la colocación de la primera piedra con que se inaugurará la iniciación de los trabajos de construcción del moderno Cuartel para el Cuerpo de Bomberos de Chillán. [illegible] terreno ofrecido también por la misma firma.

EL LUNES SE INICIARA CONSTRUCCION DEFINITIVA

Ya realizado el acto de que damos cuenta, de inmediato, el lunes próximo se iniciará la ejecución de los trabajos de construcción a cargo de la firma Besoain y Gaete, de acuerdo con los planos confeccionados por el arquitecto don Ricardo Müller.

La construcción de este moderno edificio costará sobre un millón y medio de pesos y se hará con los fondos otorgados por la Corporación de Reconstrucción y Auxilio que ascienden a la suma de $ 640.000, de los cuales [illegible]

LAS CARACTERISTICAS DEL CUARTEL DE BOMBEROS

[illegible] próximo lunes 3 de febrero.

En la parte baja quedarán [illegible] las salas de máquinas y de [illegible] y en la parte alta [illegible] las oficinas del directorio y de las distintas Compañías del Cuerpo, un salón de actos y [illegible]

ENTREGA DE UN PERGAMINO Y UN VINO DE HONOR

[illegible]

La Casa del Arte en Chillán

JUAN M. PEREZ

Hemos leído en la prensa de la metrópoli y de esta ciudad las publicaciones que ha ordenado el Vice Presidente de la Corporación de Reconstrucción y Auxilio, don Augusto Rivera Parga, solicitando Propuestas Públicas para la ejecución de la obra gruesa de la Casa Consistorial, Teatro y Casa del Arte de la ciudad de Chillán.

Esta publicación de carácter oficial pone término a la expectante ansiedad que los habitantes de Chillán, y especialmente aquellos que se interesan por el acrecentamiento de la cultura en nuestro ambiente, mantenían acerca de la reconstrucción de la Casa del Arte. Y es necesario decir que el logro de estas aspiraciones [illegible] que tiendan a procurar la belleza del espíritu y el mejoramiento de nuestro acervo de intelectualidad.

Para Chillán significa este triunfo un legítimo derecho. No se puede calificar a nuestra ciudad como un centro esencialmente agrícola donde las actividades giran solamente alrededor de la producción de trigo o la cotización de las lentejas. Felizmente, hemos llegado a colocarnos en un plano de interés cultural que ya ha hecho levantar el concepto que de los chillanejos se tenía hasta hace poco en los centros un poco más civilizados que el nuestro.

Y desde aquella época en que una carta abierta dirigida a un Presidente de la República [illegible]

Puntos de vista de los FF. CC. sobre itinerario de un tren excursionista a Dichato y Tomé

El señor Jefe de Estación contesta nuestra carta-abierta:

"Chillán, 28 de enero de 1941.

Señor Director de "La Discusión".— Ciudad.

Me he impuesto con atención de su atenta carta-abierta publicada en la edición de hoy, relacionada con la aspiración unánime de la provincia en pro de obtener un tren excursionista en días domingos para visitar holgadamente las vecinas playas de Dichato y Tomé, insinuando a la vez el adelanto de la hora partida del actual tren N.o 45 que sale de Chillán a las 8,05.

Al primer otrosí (llamémoslo por ahora) la Empresa no podría entrar a considerarlo sin que previamente estuviera cierta de contar por lo menos con 450 a 500 pasajeros, cuyos pasajes fueran vendidos con 48 horas de anticipación para así responder en parte al costo que significa la movilización [illegible] te de movilización, se reservan 5 a 10 minutos para llegar; pero, han olvidado lastimosamente que no son los únicos que así también piensan y a la postre resulta que toda esta gente en cantidad superior no hace otra cosa que entorpecer la venta y perjudicar la hora de partida, con las justas protestas de otros que deseaban obtener libretos colectivos que por la premura del tiempo no se les puede otorgar. Todos estos inconvenientes se salvarían si el público se proveyera de pasajes el día anterior y desterraran la costumbre de reservar sólo 5 y 10 minutos para tomar el tren.

De ahí que tema un fracaso el adelanto señalado. Por otra parte, el adelanto de partida significa la modificación de otra combinación en Rucapequén con el tren N.o 4 que viene también con bastantes pasajeros al ramal, y naturalmente la Empresa tendría [illegible] Clara y otros. Lo que es lo mismo, desvestir un Santo para vestir a otro. Naturalmente, es "La Discusión" la llamada a considerar ahora la posibilidad de llevar a la práctica la salvedad que al principio le señalé, esto es, obtener el número de pasajes suficientes para responder a los gastos que significan la organización de un tren especial y desde luego elevar a la consideración superior de la Empresa la petición fundamental de los habitantes tendiente a obtener un tren con las facilidades y rebajas correspondientes a esta clase de movilizaciones.

Con esto dejo pues, contestada su atenta carta-abierta de hoy y aprovecho la ocasión para dar a Ud. mis agradecimientos por los conceptos emitidos en lo que al suscrito se refiere, conceptos que lejos de reflejar tal un merecimiento, quiero mejor atribuirlos a su caballerosidad y benevolencia [illegible] de su siempre atento servidor y amigo.— Carlos Mendoza A."

NOTAS DE PARRAL

EL PERRO

No me voy a referir a mi buen amigo nuestro a quien le llamamos — no sé por qué — el perro. No, muy lejos de eso.

Es el caso que a medio día del jueves último, en pleno centro de Parral, en calle Pinto, a pocos metros de la Plaza de Armas, un [illegible] grandote maltrataba del pelo a un muchachito de seis años más o menos, negro, rotoso, sucio como nuestros niños proletarios, que pide por las calles "una chauchita pa' pan" y que anda con una chica mayorcita que si no debe ser hermana carnal o, a lo menos es hermana en la mendicidad y que llevan por grata compañía a un perro harapiento como ellos.

Mientras el grandote tiraba del pelo al chiquillito y éste gritaba y se defendía y la chica de lejos lo defendía con piedras, el perro se interpuso rabioso contra el [illegible]. Nosotros que pasábamos por allí también hicimos lo del perro; pero, no con toda la entereza y la sinceridad con que tal vez lo hacía el animal.

He aquí el tema que nos trae a colación aquello de la guerra a muerte en contra de los perros del sur que se declaró hace pocos meses, porque posiblemente algunos estaban con rabia y tal vez con rabia a causa de alguna injusticia como la que señalamos: esa de pegarle el grandote al chiquillo.

Y lo curioso fué que algunas autoridades se prestaron para ir en contra de los indefensos perros y los envenenaron y los arrojaron a un río cuyas aguas se pusieron pestilentes. Entonces esas autoridades también fueron en contra de sus semejantes.

¡Vean ustedes lo que puede una cosa llevada a la exageración!

Se enviaron telegramas a S. E. y a varios Ministerios en los cuales los pobladores — sin duda, dueños de sus perros — protestaban de aquella inhumanidad.

A todo esto nada se ha hecho por vacunar a estos animales y defenderles su salud y su vida así como defendemos las nuestras o las de nuestros niños que son siempre los que más andan con los perros, seguramente porque se entienden mejor o porque el niño es siempre más afectuoso que los grandes.

Estos animales que viven en compañía con el hombre y para el hombre, merecen más respeto y mayores consideraciones. En la casa, en la calle, en donde quiera que nos encontremos, el perro es nuestro mejor compañero. Miles de casos nos prueban su fidelidad y su arrojo y, sin embargo, nosotros no hemos hecho gran cosa por ellos: ni siquiera comprarles la placa que les libera de un envenenamiento seguro.

En cambio al amigo hombre le brindamos grandes atenciones y le expresamos grandes afectos. ¿Para qué? Para filosofar como aquel que dijo: mientras más conozco a los hombres, más quiero a mi perro.

DON DIEGO

En Parral, especialmente en el comercio, no habrá quien no conozca a don Diego.

Don Diego Ascencio es un viejito que se envejeció con su carretela y su caballo. Desde joven tuvo cariño por este oficio de fletar y fletó en su vida con tanta honradez y seriedad que a muy luego de empezar tuvo, necesariamente, que ser preferido. Entregarle a D. Diego un boleto de ferrocarril con dinero o sin él era cosa idéntica. Pagarle cada viaje o pagárselos semanalmente, era lo mismo. El con toda la responsabilidad de su trabajo cumplía con exactitud su tarea.

Nadie, pues, tuvo desconfianza de él y, también, don Diego no desconfiaba jamás de sus clientes, que fueron muchos.

Pero un día, un terremoto extraordinario lo dejó sin su casita y casi sin su carretela y su caballo. El y su esposa tuvieron susto y perdieron, tal vez, la tranquilidad y el control que se requiere para el trabajo. Y es natural que esto ocurra cuando ya se entra en años y los cuerpos se manifiestan fatigados.

Felizmente, don Diego recibió en esos días la visita de una nieta suya que se interesó por la suerte de sus abuelitos y esta buena nieta los llevó a su pueblo. Vender la carretela y el caballo ha tenido que ser el más grande de sus dolores y hubo de hacerlo porque aquí no había donde vivir y porque los primeros días siguientes al terremoto fueron nebulosos para el porvenir de todos.

Ahora, recientemente, las calles de Parral han sentido de nuevo las pisadas suaves de don Diego y cuantos lo conocían le han tendido afectuosamente la mano y un abrazo.

Don Diego ha vuelto a su pueblo natal porque donde estaba o donde lo lleven no podrá acostumbrarse jamás. Es un hombre de corte antiguo, habituado al rodaje de su carro, a sus clientes y sus amigos y a todo lo que sea parralino.

Don Diego, pues, ha vuelto y el mundo rueda...

FRANCISCO BELMAR

DON LEON CAZENAVE SE MUESTRA MUY HALAGADO DE QUE EL LUNES SE INICIE OBRA DE RECONSTRUCCION

Una aspiración largamente sentida que hoy se hace una realidad

Ayer conversamos con el Superintendente del Cuerpo de Bomberos de Chillán, don León Cazenave, gracias a cuyos desvelos, iniciativas y gestiones se presenta hoy una realidad la construcción del Cuartel de esta institución local.

—Veo realizado uno de los sueños más sentidos y anhelado por largo tiempo por todos los componentes del Cuerpo de Bomberos, nos dijo.

—Ahora ya se tiene la esperanza de que luego contemos con un moderno edificio, con comodidades suficientes que hará más grato nuestro espíritu bomberil en el cumplimiento de la misión que nos hemos impuesto: los defensores de la propiedad ajena. Este moderno Cuartel habrá de ser el punto de atracción y ya tendremos el gusto — nos añadió — de poder invitar y ofrecer al distinguido público chillanejo salones donde tendrán que realizarse hermosas fiestas sociales.

—Estoy seguro que, a pesar de que recién el lunes próximo — después de dos años de la fecha del terremoto que arruinó por completo nuestro antiguo edificio — después de abrirse los fondos para la construcción, en breve tiempo más ya veremos levantados los pilares, la obra gruesa y al fin el ansiado Cuartel que tanto necesitamos. De todo esto, pueden comprender ustedes, nos dijo finalmente don León Cazenave, cuál será la satisfacción mía y la de los voluntarios que componen el Cuerpo: por fin una realidad nuestro Cuartel, nuestro moderno Cuartel.

ESPECTACULOS

RAYEN QUITRAL Y ALEJANDRO FLORES SE PRESENTAN ESTA NOCHE EN EL O'HIGGINS

Ofrecerán un magnífico recital de canto y recitaciones

En la función nocturna de hoy en el O'Higgins se presentará la magnífica soprano araucana de fama internacional Rayen Quitral y el eminente actor y poeta nacional Alejandro Flores.

El anuncio de la actuación de estos destacados artistas ha despertado vivo interés en todos nuestros círculos, lo que asegura una concurrencia numerosa para la función de esta noche.

El programa a desarrollarse es el siguiente:

Alejandro Flores:
Invitación al Hogar.— Fernández Moreno.
Caso.— Rubén Darío.
El Embargo.— Gabriela Mistral y Galán.
El Ruego.— Gabriela Mistral
Rayen Quitral:
Impaciencia.— Shubet.
Serenata.— Schubert.
El Ruiseñor.— Alabieff-Liszt.
Alejandro Flores:
Carretero.— Joaquín Dicenta.
En Vano.— Arturo Capdevila.
Rapsodia Popular.— Verdugo Cerda.
Florcita de Almendro.— A. Flores.
Rayen Quitral:
Vidalita.— Williams.
Gaviota.
Júbilo.— A. de Silva.
Flor de Chaquen.— E. Ortiz.
Alejandro Flores:
La Oración de Nuestro Siglo.— Alejandro Flores.
Rayen Quitral:
Traviata — Verdy.— Acompañó al piano María de la Quintana.

EDICION de 12 PAG SEGUNDO CUERPO

LA DISCUSION

DIRECTOR: ALFONSO LAGOS VILLAR
FONO 54 - CASILLA 14-D.

AÑO LXXI — Nº del día: 60 cts. — Chillán, (Chile) domingo 25 de mayo de 1941 N.o atrasado: 80 centavos — N.o 21377

La Escuela México se está construyendo de acuerdo con las más recientes indicaciones de la arquitectura educacional

El Embajador de México, don Octavio Reyes Spíndola y el Ministro de Educación don Juan Antonio Iribarren visitaron ayer las obras. — También acompañaron a los distinguidos huéspedes el Intendente y el Alcalde de Santiago

El Ministro Iribarren visitó varios establecimientos de enseñanza.— Almuerzo en el Centro Hispano-Chileno. – A media tarde la comitiva santiaguina regresó a la capital

Como anticipamos en nuestra edición anterior en la madrugada de ayer arribaron a nuestra ciudad el Ministro de Educación don Juan Antonio Iribarren, el Embajador de México don Octavio Reyes Spíndola, el Intendente de Santiago don Ramón Vergara Montero, el Alcalde de la capital don Rafael Pacheco Sty, el secretario de la Embajada don Rafael Herrera y el Consejero don Rafael Fuentes, que vinieron especialmente a visitar las obras de construcción de la Escuela México cuyo imponente edificio se levanta al costado poniente de la Plaza de Santo Domingo.

En la Estación los distinguidos visitantes fueron recibidos por el Intendente don Armando Ordenes Latupiat y algunos jefes de servicios educacionales.

VISITA A LA ESCUELA MEXICO

Más o menos a las 10 de la mañana el Ministro señor Iribarren, el Embajador señor Reyes Spíndola y acompañantes se dirigieron a la Escuela México, en donde fueron atendidos por el Jefe de la Obra don Luis Saavedra.

Recorrieron con todo detenimiento las diferentes secciones del establecimiento, imponiéndose en detalle de sus características.

Tanto el Ministro como los señores Vergara Montero y Pacheco Sty quedaron gratamente impresionados de la magnitud y belleza de la obra, y felicitaron efusivamente al señor Embajador que tanto entusiasmo ha puesto en la realización del proyecto.

OTRAS VISITAS A ESTABLECIMIENTOS EDUCACIONALES

A continuación la comitiva llevó a cabo rápidas visitas al local del Liceo de Niñas, Instituto Comercial, Escuela Técnica Femenina, Escuela Normal y Hogar Infantil.

El señor Iribarren tomó nota de las deficiencias materiales que se advierten en todos los establecimientos visitados y prometió arbitrar algunas medidas para subsanarlas.

También fué visitado el Grupo Escolar construido en la conjunción de las Avenidas Argentina y Collín por la Sociedad Constructora de Establecimientos Educacionales y cuyas obras están próximas a terminarse.

EN LA EXPOSICION DE CUADROS

Más o menos a las 12 horas el Ministro, el Embajador, y el Intendente de Santiago llegaron al Centro Hispano-Chileno en cuyo salón principal se encuentra la exposición de cuadros de los artistas de la Sociedad de Bellas Artes, la que observaron detenidamente

ALMUERZO OFRECIDO POR LAS AUTORIDADES

En el mismo Centro se realizó en seguida un almuerzo que las autoridades locales y jefes de establecimientos de enseñanza secundaria ofrecieron al Ministro señor Iribarren, el Embajador señor Reyes Spíndola, al Intendente señor Vergara Montero, al Alcalde señor Pacheco Sty, y a los señores Herrera y Fuentes.

Asistieron a este festejo, aparte de los invitados, el Intendente don Armando Ordenes, el Rector del Liceo don Tomás Figueroa, el Director del Instituto Comercial don Fernando Pérez, el Director de la Escuela Normal don Arturo Mutizábal, el Director de la Escuela Industrial señor González, el Director de la Escuela Agrícola don Luis Valenzuela, el Inspector Provincial de Educación don Luis Recabarren, el Delegado del Consejo Provincial ante de la Corporación de Reconstrucción don Pedro Poblete Vera, el Arquitecto señor Bravo y el profesor de la Escuela México don Francisco Anabalón.

Después del almuerzo, más o menos a las 2.30 de la tarde, los distinguidos huéspedes regresaron a la capital en un coche especial agregado al tren ordinario.

500 PUPITRES DE ACERO CROMADO DARAN COMODIDAD AL ALUMNADO

La Biblioteca será donada por el Departamento de Petróleos de México. — Breves declaraciones del Embajador

El Embajador señor Reyes Spíndola, a quien entrevistamos mientras observaba la exposición de cuadros en el Hispano, nos expresó que sentía que los trabajos de construcción de la Escuela México hubieran sufrido tanto retraso por la escasez de cemento y otros materiales que no llegaron oportunamente.

—No obstante, — nos agregó, — la obra se ha ejecutado en condiciones que no dejan lugar a críticas, según tuve ocasión de apreciarlo esta mañana. Trataremos de darle el mayor impulso posible a fin de verla terminada en poco tiempo más, pues ya se está preparando en México el mobiliario con que se dotará a la Escuela. La Secretaría de Educación de mi país proporcionará 500 pupitres de acero cromado con sus correspondientes bancos del mismo material. El Departamento de Petróleos de México obsequiará la Biblioteca, que será instalada en un amplísimo salón del segundo piso y la Intendencia de Ciudad de México dará al Gimnasio todos los elementos necesarios. — terminó diciéndonos el señor Reyes Spíndola

"Esta construcción es la obra personal y directa del señor Reyes Spíndola"

Nos dijo en una entrevista el Ministro de Educación don Juan Antonio Iribarren.

Espíritu de trabajo, de orden y de disciplina se advierte en los establecimientos educacionales de Chillán.

Con mucho agrado, —nos expresó el Ministro de Educación señor Iribarren— he acompañado al Embajador en esta visita de la Escuela que el pueblo de México dona al pueblo chileno en un gesto de comprensión internacional. Esta construcción es la obra personal y directa del señor Reyes Spíndola y yo la interpreto como una manifestación inequívoca de su amor por nuestra tierra, que no es sino una posición de correspondencia a la estimación de que goza entre nosotros por su gran espíritu americanista y su efectiva labor de acercamiento entre los pueblos de Hispano-América para la defensa de sus grandes intereses y su solidaridad continental.

—En mi concepto, —prosiguió diciéndonos— la Escuela México ha sido ideada y está construyéndose de acuerdo con las más recientes indicaciones de la arquitectura educacional: luz intensa, aire puro, ambiente acogedor y educativo. He ahí las condiciones salientes del edificio que acaba de visitar.

El resto del escaso tiempo que he permanecido en esta ciudad fué dedicado a visitar el Liceo, la Escuela Técnica, el Instituto Comercial, la Escuela Hogar, la Escuela Normal y el Grupo Escolar que está para terminarse y que edifica la Sociedad Constructora de Establecimientos Educacionales. Los establecimientos mencionados funcionan en precarias condiciones de capacidad, de mobiliario y de material escolar, propias de las aciagas consecuencias del terremoto y de la falta de tiempo y medios económicos para efectuar construcciones, reparaciones y dotaciones. Sin embargo he podido apreciar el espléndido espíritu de trabajo, de orden y de disciplina que se advierte en todos los establecimientos, lo cual habla muy en alto del personal que desarrolla sus actividades educacionales en esta ciudad.

En seguida el señor Ministro nos agregó:

—Mi visita a la exposición artística que han abierto los profesores afiliados a la Sociedad de Bellas Artes de Chillán me produce la más grata impresión. El arte es limpia expresión de la personalidad, que tiene en el educador un relieve especialísimo, porque el sentido de lo bello se refleja naturalmente en la función educativa que imprime carácter a las orientaciones humanas que fluyen de la función educacional como elementos de sociabilidad y de progreso.

Debo dejar constancia, por último, de mi gratitud por las expresiones que he recibido de parte de mis compañeros del profesorado, del Intendente de la Provincia, de los Jefes docentes y de las autoridades locales. En una ocasión próxima me daré el agrado de repetir mi visita a Chillán a objeto de estudiar con más detenimiento la solución de los problemas relacionados con la enseñanza pública que sea posible atender de inmediato. —nos dijo finalmente el señor Ministro.

El mundo de la mujer en la Feria de Leipzig

Tenemos a la vista un artículo dedicado enteramente a las novedades para la mujer, que encierra este año el gran certamen internacional. [illegible]

EN LA SECCION DE MAQUINAS DE COSER

[illegible]

PARA EL TRABAJO FEMENINO

[illegible]

LA TERCERA GRAN EXPOSICION DE MODAS

[illegible]

La RCA Víctor va a construir en EE. UU. los laboratorios de radio más grandes del mundo

NUEVA YORK.— Los Laboratorios más grandes del mundo para investigaciones sobre Radiotelefonía serán construidos por la Radio Corporation of América en Princeton, New Jersey, según anunció recientemente el señor David Sarnoff, Presidente de la RCA (Radio Corporation of América). Se conocerán por "Laboratorios R. C. A." y constituirán el centro general para todas las investigaciones y labor experimental realizada por la RCA, así como para todas las actividades relacionadas con las patentes de invención y concesión de las mismas. Una de las finalidades principales de esta nueva entidad será fomentar el desarrollo de la Radio como un arte y una industria, cooperando en todo sentido a las necesidades de la Defensa Nacional.

Estos laboratorios también tendrán por objeto facilitar la creación, desarrollo y perfeccionamiento de los nuevos productos de Radio, así como la implantación de diferentes actividades y servicios que darán impulso a nuevos negocios y proporcionarán nuevas oportunidades de empleo para cuando termine la guerra. La necesidad es la madre de muchos inventos, los cuales, al ser adaptados para la satisfacción de las necesidades del público, dan lugar a la formación de nuevas industrias y nuevos centros de actividades.

En una entrevista que concedió a los representantes de la prensa, el señor Sarnoff dijo textualmente: "A fin de proporcionar a nuestro personal técnico los mejores y más modernos elementos para la realización de la misión que les está encomendada, hemos adquirido una gran extensión de terreno en la ciudad de Princeton, observó el señor Sarnoff, en el cual mandaremos construir un gran edificio destinado a laboratorios. Este edificio incluirá también la Sala de Conferencias y una enorme Biblioteca que albergará los numerosos archivos de patentes de invención y datos técnicos que constituyen el patrimonio de muchas investigaciones realizadas por la RCA. Esperamos terminar la construcción de este edificio antes de finalizar el presente año.

"En nuestra opinión, estos laboratorios marcarán una nueva etapa en el progreso de la Radio. La televisión, teleimpresión, óptica electrotécnica, propagación de ondas y frecuencias ultraaltas, son ciencias de gran trascendencia y alcance y abren para la Radio nuevos horizontes de infinitas posibilidades. El desarrollo de diferentes ramas de la ciencia radioeléctrica contribuirá a la creación de nuevas industrias y al perfeccionamiento de actividades ya existentes actualmente.

A medida que transcurre el tiempo, nuestra labor de investigaciones se orienta más profundamente hacia los problemas de la Defensa Nacional. Los nuevos laboratorios RCA permitirán ampliar estos esfuerzos y al mismo tiempo asegurar el uso máximo de todos nuestros elementos de investigación y experimentación para la Defensa Nacional.

"Los triunfos alcanzados por la Radiofonía moderna — continuó diciendo el señor Sarnoff — son también capaces de aumentar y perfeccionar nuestra producción industrial de muchas actividades técnicas. Con la aplicación de los inventos electrotécnicos a diferentes procedimientos industriales, la técnica de la Radio promete "electrificar" la industria moderna, de igual manera que la aplicación de los inventos eléctricos a la industria durante los albores de este siglo contribuyó al desarrollo de la Técnica eléctrica".

Más de 130 fabricantes de radio y otros productos relacionados con radio y Sonido, tienen derecho a la concesión de las patentes de la RCA — según indicó el señor Sarnoff — y los nuevos laboratorios continuarán poniendo los nuevos inventos a la disposición de los compradores y de otras entidades colaborando con ellos para el desarrollo máximo de la técnica Radiofónica.

Página 2 — "La Discusión", Chillán, (Chile) sábado 6 de septiembre de 1941.

MAS DE 100 MILLONES DE PESOS... viene de la primera

Luchando con inconvenientes propios a una obra grande la Corporación ha cumplido intensa labor

Dice el Gobernador de San Carlos don Julio Bascur

Don Julio Bascur, Gobernador del departamento de San Carlos, al referirse a los problemas que ha debido resolver la Corporación, nos ha hecho las siguientes declaraciones:

—"Estimo que la Corporación ha hecho una labor extraordinaria por cuanto no sólo ha debido luchar con los inconvenientes propios de una obra grande sino que también contra la apatía que reina entre los vecinos de estas ciudades. Preocupada en terminar con este mal endémico, la Corporación comenzó la construcción de casas en serie para entregarlas en venta a los particulares. El éxito ha coronado esta obra y como una demostración elocuente de lo que afirmo está el hecho de que en este momento el número de interesados que han presentado solicitudes de compra es muy superior al de las casas que se están construyendo y que llegan a ciento veinticuatro. Todo esto nos hace pensar que la Corporación con mayores recursos y con un plazo de vida más largo, realizará una obra grandiosa. Por este motivo, estimo indispensable que en breve plazo se aprueben las modificaciones de la Ley tal como las ha solicitado la Corporación, debiéndose contar en este sentido con la cooperación incondicional de los parlamentarios de la provincia".

SAN CARLOS HA RECIBIDO $ 7.430.270 EN EDIFICACION Y $ 3.104.140 EN OBRAS PUBLICAS

Préstamos de edificación

San Carlos	71 pmos. con	$ 5.508.270.00
Ñiquén	6 pmos. con	515.300.00
San Fabián	6 pmos. con	451.500.00
San Nicolás	15 pmos. con	955.200.00
	96 pmos. con	
Total departamento		7.430.270.00

La inversión hecha hasta la fecha del Plan de Obras públicas acordadas, es la siguiente:

San Carlos.—	Alcantarillado	$ 3.930.45
	Cárcel	151.573.95
	Construc. seriadas	1.014.961.17
	Servicios Públicos	556.325.65
Ñiquén.—	Casa de Limpieza	51.755.00
	Esc. y casa profesor	432.869.02
	Estación FF. CC.	93.680.35
San Fabián.—	Esc. y casa profesor	295.839.79
San Nicolás.—	Esc. y casa profesor	335.945.61
San Nicolás.—	Municipalidad	117.209.35
Total en el departamento		$ 3.134.140.34

DE DON PEDRO POBLETE, DELEGADO ANTE EL CONSEJO CENTRAL

A 2 años y medio del terremoto de enero de 19[illegible]

La obra realizada por la Corporación de Reconstrucción y Auxilio en la zona devastada por el terremoto de enero de 1939 ha sido de grandes proporciones.

Chillán, San Carlos, Bulnes, Yungay, Quirihue, Coihueco, Pinto, Pemuco, El Carmen, San Nicolás, San Fabián, Ninhue y demás ciudades y aldeas de la Provincia de Ñuble quedaron reducidas a escombros. Las familias quedaron sin habitaciones; los Servicios Públicos funcionando en humildes ranchas; los niños sin escuelas; etc., etc.

Muchos alumnos por situaciones económicas aflictivas de sus padres, o falta de éstos, quedaron imposibilitados para continuar sus estudios secundarios, técnicos, universitarios, etc.

Importantes instituciones sociales como los Cuerpos de Bomberos de las distintas ciudades y otras dedicadas a la enseñanza, o a dispensar benéfica cooperación a sus asociados, y en otros casos ayuda a los indigentes, se vieron obligadas, a causa del terremoto, a paralizar sus nobles actividades por falta de recursos.

La vida en general sufrió en todas sus manifestaciones un quebranto casi sin precedentes en la historia.

La Corporación de Reconstrucción y Auxilio, inspirada en el magnífico anhelo de S. E. el Presidente de la República, de ver pronto reconstruidas las ciudades, normalizado el trabajo, y, las actividades todas en general, buscó los medios de afrontar con rapidez todo cuanto fuera necesario para realizar su labor. Buscó y cuenta, con la cooperación valiosa y abnegada de la Dirección General de Obras Públicas, de la Caja de Crédito Hipotecario, de la Caja de Crédito Agrario, del Instituto de Crédito Industrial, de la Caja Nacional de Ahorros y de cuanto organismo y hombre patriota ha sido y es menester ocupar en esta ruda tarea de la reconstrucción. Pero, la Corporación comprendió que era necesario ir más lejos aún y organizó su departamento técnico para dar mayor celeridad a su vasto plan de trabajo.

En dos años y medio, más o menos, de aplicación de la Ley de la Corporación de Reconstrucción y Auxilio [illegible] grado normalizar la vida económica de [illegible] se ha prestado ayuda efectiva a la educación [illegible] estimulado con recursos la acción de algunas [illegible] sociales, se han levantado edificios públicos y [illegible] y en forma especial se ha atendido la reconstrucción [illegible] viendas particulares con arreglo a planos reguladores [illegible] urbanización, y no sólo contemplando las necesidades [illegible] poblaciones sino también contemplando sus posibilidades [illegible] progreso.

Nos sentimos obligados a consignar algunas [illegible] sirvan a la opinión pública, en primer término [illegible] ciar mejor la obra desarrollada con la aplicación [illegible] 6334 (hoy 6640), y luego después para que [illegible] ra hacer frente a todos los aspectos de la reconstrucción [illegible] Corporación necesita prorrogar su existencia y [illegible] sus recursos de mil millones a dos mil setecientos [illegible] de pesos.

En conformidad al Art. 4.o, N.o 4 y 5 de la Ley [illegible] Corporación había concedido hasta el 31 de julio [illegible] sente año los siguientes préstamos:

3628 préstamos de reconstrucción por intermedio [illegible] Caja de Crédito Hipotecario, por valor de $ [illegible]

52 préstamos agrarios, por valor de $ [illegible]

433 préstamos industriales por valor de $ 11.[illegible]

727 préstamos comerciales por valor de $ [illegible]

Esto es en cuanto a préstamos particulares [illegible] bemos considerar las inversiones hechas en Obras [illegible] de Beneficencia, Carabineros, Municipalidades, etc.

Para Obras Públicas se ha entregado al Departamento respectivo una suma cercana a ciento [illegible] de pesos, la que deberá casi duplicarse para dar cumplimiento al plan que se ha trazado la Corporación [illegible] sus actuales recursos, y llegar a no menos de [illegible] treinta millones una vez que éstos se amplíen [illegible] mismo, lo destinado a viviendas elevarse de [illegible] millones a mil trescientos millones de pesos y a [illegible] millones lo correspondiente a urbanización.

Muy apreciable es la ayuda que se está prestando [illegible] municipalidades para dotarlas de servicios modernos [illegible] cómodos como tal vez nunca los tuvieron. Igual [illegible] está prestando a Beneficencia, Carabineros, Ferrocarriles [illegible]

Creemos un deber señalar los beneficios en [illegible] neral, que ha recibido nuestra Provincia de [illegible] Corporación de Reconstrucción y Auxilio. Hasta el [illegible] julio último se habían concedido 1938 préstamos [illegible] res por valor de $ 97.000.000.10. Esta suma ha [illegible] los meses de julio y agosto.

No hemos consignado los préstamos destinados [illegible] trucciones de iglesias, ni tampoco lo destinado [illegible] ción en serie. El Obispado de Chillán ha obtenido [illegible] superior a tres millones de pesos en préstamos [illegible] construcciones. En lo que respecta a la edificación [illegible] San Carlos figura en el plan de construcciones [illegible] ma equivalente a cinco millones setecientos [illegible] pesos, para edificar cinco y media manzanas. Están [illegible] minarse ciento cincuenta y una casas para habitaciones y ochenta y cuatro para locales comerciales. Para [illegible] se destinan dos millones novecientos mil pesos [illegible] dientes a 2 manzanas de edificación. Ya están en [illegible] ción treinta y tres casas para habitaciones y veinte [illegible] locales comerciales.

Aparte de las obras en serie que hemos indicado [illegible] se están ejecutando, podemos adelantar que están [illegible] proyectos para iniciar en Chillán la construcción de [illegible] media manzana por valor de tres millones ochocientos [illegible] pesos correspondiente a setenta casas para habitaciones. Para Quirihue figura en el plan por ejecutarse en el presente año la construcción de una manzana por valor [illegible] millón cuatrocientos mil pesos correspondientes a [illegible] casas para habitaciones y cuatro para locales comerciales. Además hay proyectos en trabajo correspondientes a [illegible] y seis casas para habitación y cuatro para locales comerciales en Chillán, y cuarenta y cinco para habitaciones y veinte para locales comerciales en Bulnes.

Por otra parte, en casi todas las ciudades se construyen los correspondientes edificios para Servicios Públicos Municipales. Así en Chillán frente a nuestra plaza principal se está construyendo la Intendencia y demás [illegible] públicas, por un valor ya acordado dentro del actual [illegible] de trabajo por valor de cuatro millones trescientos [illegible] y siete mil ciento veintiocho pesos seis centavos. La [illegible] completa valdrá alrededor de $ 10.000.000. En esta [illegible] ciudad se construyen la Cárcel y Juzgados, un Grupo Escolar, la Escuela Práctica de Agricultura, el Liceo de [illegible] el Hospital, la Estación, etc., a parte de las numerosas [illegible] de emergencia y definitivas que ya todos conocemos [illegible] representa varios millones de pesos.

No podríamos, además, dejar de recordar la ayuda [illegible] Corporación ha dispensado a la reparación de los [illegible] caminos de la provincia.

Muy largo sería enumerar toda la labor que ha desarrollado la Corporación de Reconstrucción y Auxilio en [illegible] corta existencia, pero debemos recordar que lo que [illegible] por hacer es aún de gigantezcas proporciones. En una exposición hecha en el Consejo General, el Vice Presidente [illegible] Corporación señor Rivera Parga, expresaba que los [illegible] los técnicos practicados permitían determinar de que [illegible] los recursos actuales será posible dar habitación [illegible] damente a noventa mil personas, en circunstancias [illegible] población que necesita ayuda para reconstruir o [illegible] su habitación llega a doscientas mil personas.

Faltan los medios para dotar de habitación a [illegible] diez mil personas y no es posible dejarlos abandonados [illegible] la iniciativa particular, porque el capital privado [illegible] en condiciones de invertir la ingente suma que sería [illegible] sario para este objeto, ni tampoco sería posible hacer [illegible] el crédito ordinario, porque aparte de no tener [illegible] suficiente, el subido interés que debería abonarse [illegible] da posibilidad de recurrir a él".

En nuestra calidad de Consejero de la Corporación [illegible] Reconstrucción y Auxilio y de Delegado del Consejo Provincial de Ñuble ante dicho organismo, concordamos [illegible] mente con la necesidad que existe, y en forma [illegible] aumentar las disponibilidades de la Corporación [illegible] suma de 2.700 millones de pesos, única forma de [illegible] guridad de que continuará, sin detenerse, la reconstrucción [illegible] de viviendas particulares, la reconstrucción de [illegible] blicas (Escuelas, Cárceles, Cuarteles, Hospitales [illegible] nes de Ferrocarriles, etc., etc.), y finalmente [illegible] mos tener la seguridad de contar en el futuro con [illegible] des bien urbanizadas, con pavimentación, alcantarillado [illegible] agua potable, alumbrado, ornato, etc., etc.

Valga esta sencilla exposición como un llamado [illegible] ciudadanía para pedir la pronta reforma de la Ley [illegible] construcción y Auxilio, sin otro interés ni móvil que [illegible] ver pronto nuestra provincia totalmente reconstruida [illegible] mo un acto de solidaridad para con los que reclaman [illegible] que no tienen techo.

Opina el Alcalde de la Comuna

El conjunto de edificios municipales frente a la Plaza de Armas es un paso más de progreso local

La concentración de los Servicios Municipales traerá consigo un mejor desenvolvimiento de todas las reparticiones y un provechoso beneficio para el público. — El Mercado y Matadero modelos que comenzarán a construirse el próximo año, reunirán todas las exigencias modernas que la salubridad, estética y comodidad requieren. —

CON EL OBJETO de conocer las impresiones del Alcalde de la Comuna, don Germán Sandoval Sepúlveda, sobre la edificación municipal frente a la Plaza de Armas, desde el punto de vista del progreso urbano y de la correlación de los servicios municipales, le solicitamos una entrevista.

LAS CONSTRUCCIONES MUNICIPALES FRENTE A LA PLAZA DE ARMAS

—Indudablemente —nos dijo primeramente nuestro interlocutor— los edificios municipales que se levantarán frente a la Plaza de Armas contribuirán en forma evidente al progreso urbano de la ciudad, ya que tal conjunto de edificios no existe ni aún en la misma capital, toda vez que el Teatro, la Casa del Arte y la Casa Consistorial y el edificio de renta, que quedará con frente a la calle nueva, serán manifestaciones de arquitectura que darán a Chillán la importancia de ciudad grande y moderna, de acuerdo con su tradición y espíritu progresista. Por otra parte, cabe destacar la manifiesta conveniencia que existe en toda buena organización la correlación de sus servicios y en este caso, incuestionablemente, producirá los efectos positivos que se han tenido en vista al confeccionar en esta forma los planos de estas construcciones. Y así tenemos, entonces, que el Juzgado de Policía Local, la Dirección de Obras Municipales, el Laboratorio Químico, la Inspección del Tránsito y tantos otros servicios con que cuenta la Municipalidad, estarán concentrados en un solo punto que redundará en beneficio general, sin las inconveniencias, muchas veces molestas, de servicios que están separados uno de otro, como ocurre actualmente.

EL MERCADO Y MATADERO MODELOS Y UN HORNO CREMATORIO

Preguntamos, en seguida, al señor Sandoval Sepúlveda su juicio respecto a la edificación del Mercado y Matadero y hornos crematorios, en relación con los recursos que ha prometido la Corporación de Reconstrucción y Auxilio.

—Sobre el particular puedo manifestarles que la Municipalidad en sus sesiones ha acordado, en forma amplia, el proyecto de dotar a la ciudad de un Mercado y Matadero modelos, que reúnan todas las exigencias modernas que la salubridad, la estética y la comodidad requieren. Por otra parte, es de recordar también que en el último viaje que hice a Santiago en compañía del regidor don Heriberto Torres, obtuve la promesa formal del Vice Presidente de la Corporación de Reconstrucción, don Augusto Rivera Parga, de conceder los fondos necesarios para la ejecución de estas obras en el presupuesto del año próximo, con lo que se satisfará un anhelo general de la ciudad y se dará un paso más de progreso en el ritmo acelerado que ya llevamos para colocar a Chillán a la altura de las más importantes ciudades del país.

—En lo que se refiere a hornos crematorios, puedo declararles —nos dijo el señor Alcalde— que desde mi período anterior de regidor he estado empeñado en que se construya en Chillán, por lo menos, un horno crematorio. Y fue así cómo apoyé una solicitud que en este sentido se elevó a la consideración de la I. Municipalidad, la cual actualmente se encuentra en informe en una de nuestras reparticiones. Su creación vendrá a solucionar uno de los problemas más importantes de la salubridad de este pueblo, ya que así las basuras que hoy día son llevadas a botaderos que constituyen verdaderos focos de infección y de contagios, tendrán que desaparecer y con ello extirpar la amenaza de epidemias a que estamos todos expuestos.

INTERES DE PROGRESO LOCAL HA DEMOSTRADO DON AUGUSTO RIVERA

—No podría dejar pasar inadvertido el interés y la participación directa que en todo ésto ha tenido el Vice Presidente de la Corporación de Reconstrucción y Auxilio, don Augusto Rivera Parga, para quien la ciudad entera debe un reconocimiento. Pues el hecho mismo de que este funcionario haya acogido, desde que se hizo cargo de su alto puesto cuanta iniciativa de progreso local se relaciona con la reconstrucción, demuestra su amplio espíritu de ayuda y cooperación —y al mismo tiempo de comprensión para Chillán, que fué la ciudad más duramente azotada por el terremoto de 1939— que no podemos desconocer. Su visita que hará hoy a Chillán, tendrá que ser, como sus anteriores, muy beneficiosa para la ciudad y cuyos frutos se verán traducidos en hechos concretos a corto plazo.

—En una entrevista que sostendré con el señor Rivera Parga —nos dijo finalmente el Alcalde señor Sandoval— le expondré algunos proyectos de la Municipalidad que, como siempre, estoy seguro encontrarán la más amplia y decidida acogida del Vice Presidente de la Corporación de Reconstrucción.

LA LABOR DESARROLLADA HA SIDO MUY EFICIENTE, DICE EL GOBERNADOR DEL DEPARTAMENTO DE ITATA

Refiriéndose a la obra de la Corporación de Reconstrucción y Auxilio, el Gobernador del departamento de Itata, don Carlos Romero Flores, nos dice lo siguiente: "La labor desarrollada ha sido muy eficiente en Itata; gracias a ella existen un buen número de obras públicas y particulares terminadas, otras construyéndose y varios préstamos aprobados a particulares que empezarán sus construcciones antes de la primavera. Estimo, también, que la influencia producida por la Corporación en la economía regional ha sido halagadora ya que ha dado mayor movimiento y desarrollo a las fuentes de producción. Termina manifestando que las modificaciones de la ley de reconstrucción son fundamentales y que vendrán a beneficiar ampliamente a las personas que se acojan a ella y a dar mayor impulso al entusiasmo de los particulares para efectuar sus construcciones".

ITATA HA RECIBIDO $ 1.640.000 EN EDIFICACION Y $ 1.040.000 EN OBRAS PUBLICAS

Préstamos de edificación

Quirihue.—	38 pmos. con	$ 795.850.00
Portezuelo	3 pmos. con	353.6600.00
Ninhue	3 pmos. con	383.100.00
Cobquecura	3 pmos. con	108.400.00
Total Dpto.	47 pmos. con	1.640.950.00

Del Plan aprobado para Obras Públicas y Municipales en este departamento, se han invertido hasta la fecha las siguientes sumas:

Quirihue.—	Cárcel	$ 120.000.00
	Hospital	170.000.00
Portezuelo.—	Municipalidad	40.000.00
	Casa de Limpieza	32.338.00
Ninhue.—	Esc. y casa profesor	470.832.27
	Municipalidad	130.296.99
Cobquecura.—	Casa de Limpieza	77.080.00
Total en el Dpto.		1.040.367.26

Siempre he encontrado la acogida más favorable

EXPRESA EL PRESIDENTE DEL CLUB ÑUBLE

Don Eduardo Sanhueza, en su calidad de Presidente del Club Ñuble, nos dice: "que siempre ha encontrado en la Corporación de Reconstrucción y Auxilio la acogida más favorable, estimando que ella ha cumplido en exceso las finalidades para que fué creada. Estoy seguro que las actividades sociales necesarias e indispensables en una ciudad como Chillán, tendrán un impulso renovador con la construcción del nuevo Club, obra que ha podido ser una feliz realidad debido exclusivamente al concurso decidido que prestó el Vice Presidente de la Corporación de Reconstrucción y Auxilio, don Augusto Rivera Parga. El nuevo centro social contribuirá poderosamente a hacer más agradable la vida y a mantener un acercamiento más efectivo entre los componentes de las diversas actividades de la región".

De nuestro Redactor en Santiago.- PAGINA

Cómo deberá reconstruir su casa el pequeño propietario

Condiciones de las construcciones en ladrillos y en adobes.- Se harán en lo posible con materiales propios de la región.- El sol es la base de la orientación de los edificios.- Plantas para diversas casas.- Es más económico edificar en dos pisos que en uno.- Las construcciones de adobes son adecuadas para las regiones agrícolas.– Los préstamos para reconstrucciones.-

El pensamiento de la Corporación de Reconstrucción.- Conversando con el arquitecto don José Rossetti.- Las edificaciones deberán hacerse de acuerdo con la Ordenanza General de Construcciones y Urbanización y con las Ordenanzas Locales de Urbanización.– No existen tipos absolutamente asísmicos.- Los edificios bien construídos resisten en mejores condiciones los terremotos

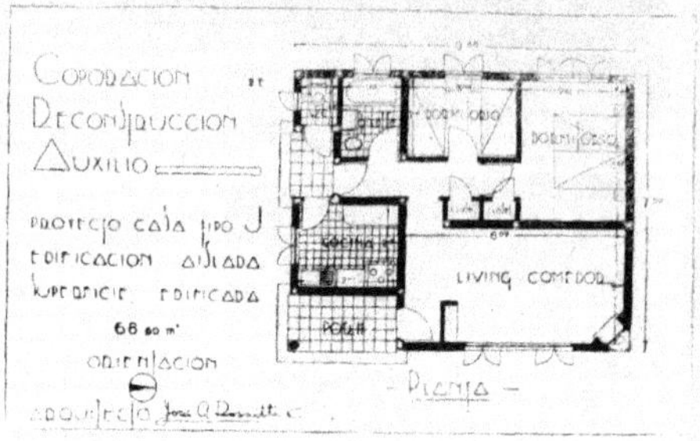

CHILLAN SERA UNA DE LAS CIUDADES MAS HERMOSAS DE CHILE

En vista de la serie de dificultades que se presentan a los habitantes de Chillán, y de toda la región devastada, especialmente a sus pequeños propietarios, en orden a la reconstrucción de sus viviendas destruidas por el terremoto de Enero del año ppdo. y en razón de que nadie aún se atreve a emprender resueltamente esta labor por falta de una orientación precisa en este trascendental asunto, "La Discusión, con el laudable fin de prestar un señalado servicio a esas personas, justamente empeñadas en rehacer sus casas, nos ha encomendado la tarea de investigar en esta capital cuánto sea de ilustración y utilidad inmediatas sobre tan importante materia.

Como es lógico, hemos querido conocer, desde luego, el pensamiento oficial de la Corporación de Reconstrucción y Auxilio, para cuyo efecto hemos abordado a su personal técnico, dirigido por el prestigioso arquitecto don José Rossetti.

Producto de este trabajo —un poco arduo, si se quiere, por la inevitable lentitud con que deben confeccionarse sus datos— es el que entregamos a nuestros lectores en la confianza de que ha de contribuir a despejar muchas incógnitas y vacilaciones relacionadas con esta empresa de levantar, desde sus cimientos, en mejores condiciones que las que tenía antes de la catástrofe, todo lo que el fenómeno asoló de raíz, en particular las propiedades de sus modestos pobladores.

Pero no nos contentaremos sólo con esta opinión oficial, sino que, para mayor provecho de los interesados, daremos a conocer también lo que piensan a este respecto otros reconocidos profesionales, estudios que publicaremos en próximas ediciones.

El arquitecto don José Rossetti, ocupadísimo en la tarea de confeccionar planos y presupuestos para los propietarios de la zona afectada por el cataclismo, nos recibe afablemente y oye nuestra primera pregunta:

—Existe en la región devastada general y enorme desorientación en todo lo que se refiere a la manera de construir o reconstruir las habitaciones y demás edificios de los particulares. Unos piensan así y otros piensan asá. ¿Qué nos dice usted?

En el acto el interrogado nos contesta:

—La construcción o reparación de los edificios debe efectuarse de acuerdo con lo dispuesto en la Ordenanza General de Construcciones y Urbanización, aprobada por el decreto con fuerza de ley Nº 4345, de 20 de Mayo de 1931, y con lo que establecen las Ordenanzas Locales de Urbanización.

La primera indica las normas relativas a la construcción o reparación de edificios, y a los materiales y procedimientos de edificación. Además, las reglas generales acerca de la urbanización de las ciudades.

Las segundas determinan los límites urbanos, la zonificación y destinación de las edificaciones, las alturas, los sistemas de construcción, el agrupamiento por zonas, etc.

NO EXISTEN TIPOS DE EDIFICACION ABSOLUTAMENTE ASISMICOS

Ipso facto, cae sobre el señor Rossetti nuestra segunda pregunta:

—La gente damnificada cree que las construcciones asísmicas son sólo las de concreto armado. ¿Nos puede usted ilustrar a este respecto de modo que se desvanezca esta creencia errónea, ya que, según entendemos, hay tantas clases de construcciones o métodos asísmicos, como usted se dignará explicarnos?

Una llamarada pasa por las pupilas de nuestro entrevistado, y luego nos responde con entusiasmo:

—El sistema de edificación de concreto armado ha sido, desde las últimas décadas del siglo XIX, perfeccionado en grado tal, que sus condiciones de estabilidad y resistencia a los terremotos son notables. Empero, rigurosamente hablando, se puede afirmar —sin temor de ser mal interpretado— **que hasta hoy no existen tipos de edificación absolutamente asísmicos.** No tenemos aún un concepto claro de la forma cómo actúan los terremotos sobre los edificios y cómo se producen.

La Ordenanza General aludida, en sus artículos 151 a 170, indica las precauciones que es necesario adoptar en las construcciones contra maremotos y ciclones.

Los trabajos realizados por los arquitectos japoneses, italianos y de otros países que, como el nuestro, están continuamente expuestos a sufrir esta clase de cataclismos, han contribuido eficázmente al estudio de estos problemas. Sin embargo, hasta hoy no existe una orientación bien definida ni normas técnicas precisas que haya que considerar en el cálculo de asismicidad de las construcciones.

SOLO LO BIEN CONSTRUIDO PUEDE RESISTIR EL TERREMOTO

—El terremoto del 24 de Enero de 1939— continúa diciéndonos nuestro entrevistado— demostró que, cualquiera que fuese el sistema de edificación (concreto armado, albañilerías de ladrillo reforzadas, albañilerías de adobe con horcas de maderas aquellas construcciones (jera y amarras de fierro, etc.), ejecutadas de acuerdo con los principios de la estabilidad y las normas de la técnica, estaban en mejores condiciones para resistir los embates de la catástrofe. Cayeron, en cambio, todos los edificios mal ejecutados, no importa que fueran de concreto armado, de albañilerías de ladrillo, de adobe, etc.

CONDICIONES QUE DEBEN TENER LAS CONSTRUCCIONES DE LADRILLOS

—Los sistemas con muros de albañilerías de ladrillos reforzadas —sigue el señor Rossetti— que, sin duda, serán adoptadas en gran escala en la zona devastada, deben satisfacer, desde el punto de vista de la planificación, entre otras, las siguientes condiciones:

1ª.— La estructura resistente debe estar formada, en cuanto sea posible, por superficies continuas de muros y no exclusivamente por pilares o columnas aisladas;

2ª.— Con el objeto de combinar elementos de igual rigidéz, dentro de lo posible, cada piso debe ser proyectado con materiales homogéneos. (Es preferible, en estos sistemas, evitar el empleo de tabiques de maderas y sustituirlos por tabiques de bloques de cemento comprimido o de albañilerías de ladrillos); y

3ª.— Las cargas deben trasmitirse en la forma mas directa posible desde la techumbre hasta los cimientos.

CONDICIONES DE LAS CONSTRUCCIONES EN ADOBES

—Los edificios proyectados en albañilerías de adobes— recalca el distinguido arquitecto— tan despreciados entre nosotros y que podrán tener dilatada aplicación en la reconstrucción de esa zona, están en mejores condiciones de resistir la acción del tiempo y de los temblores, siempre que se adopten disposiciones especiales en su planificación y construcción.

Deberán observarse, en cuanto a la primera, las siguientes reglas:

1ª.— La planta debe ser de forma rectangular o cuadrangular;

2ª.— Los paños de paredes entre vanos deben tener una longitud mínima de 1.25 m., y los vanos no podrán consultarse a una distancia inferior a 1 m. del cruce de muros o contrafuertes;

3ª.— No deberán consultarse tabiques divisorios rígidos;

4ª.— Dentro de lo posible, estos edificios deberán completarse con corredores de disposición regular. La techumbre y altura de los mismos deberán ser la continuación del plano de cubierta del cuerpo principal;

5ª.— Trasmisión en la forma más directa posible, como en el caso anterior, de las cargas desde la techumbre hasta los cimientos; y

6ª.— Estas construcciones no tendrán más de un piso ni elemento alguno que sobresalga de la techumbre, excepto cañerías de ventilación, humo, etc.

Con respecto a la construcción de estas obras, es indis-

PASA A LA ULTIMA PAGINA

OTRA CASA AISLADA

Tipo J.— Proyectado para edificación aislada, con una superficie de 63.60 m2 y un costo de $ 36.550.

Contempla las exigencias de la vida provinciana.

Está compuesta de un porch o vestíbulo abierto, de un living-comedor, de dos dormitorios con sus respectivos closets o roperos empotrados en los muros, de una amplia cocina y de toilettes con W. C. separados.

Esta planta tiene la particularidad de que tanto el W. C. como la cocina poseen acceso directo al porch o vestíbulo abierto ...

Chillán será una de las ciudades más lindas de Chile

Si los particulares, como lo esperamos, levantan sus casas de acuerdo con estas plantas de edificación, y si se agregan a éstas las mansiones suntuarias de las gentes acaudaladas y las construcciones fiscales que se alzarán, todas dentro del plano regulador aprobado ya, Chillán será una de las ciudades más hermosas del país.

Extensas avenidas y calles, con aceras y calzadas amplias, habitaciones nuevas, artísticas y cómodas, rodeadas de jardines, producirán el más hermoso golpe de vista y el magnífico aspecto de una ciudad moderna conforme a todos los adelantos de la técnica, que contempla la seguridad, la duración y la estética de sus construcciones.

LA DISCUSION

SEGUNDO CUERPO — AÑO LXIX - CHILLAN, DOMINGO 14 DE ENERO DE 1940. — EDICION DE 12 PAGS.

CASA AISLADA DE UN PISO

Tipo F.— Corresponde a una construcción de edificación aislada de un piso, rodeada de jardines con una pérgola que forma parte del conjunto.

La superficie edificada es de 66 m2 con un costo de $ 34.632.75.

Esta casa está compuesta por amplio living-comedor, dos dormitorios con sus respectivos closets, cocina y toilettes con W. C.

Como puede verse en la planta, la zonificación y distribución se han hecho tomando en consideración las exigencias de la vida contemporánea y no olvidando el concepto latino de que la casa **construída en forma de que permita en ella ejercer el control suficiente de parte de los padres con respecto a los hijos, contribuye a constituir un hogar ejemplarmente organizado.**

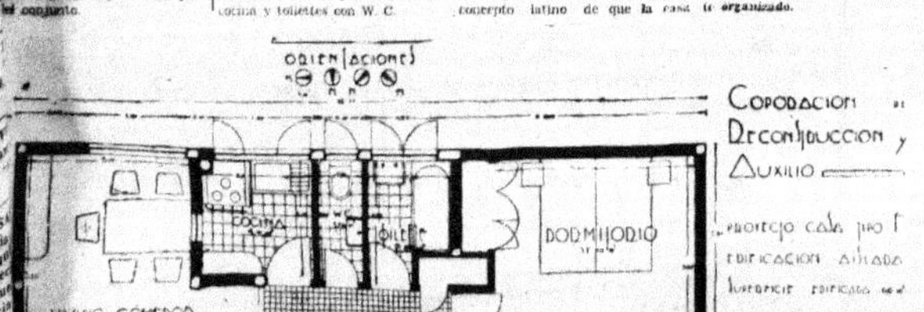

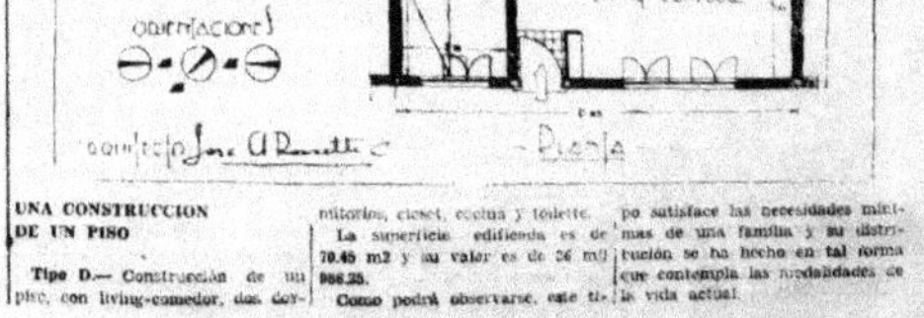

UNA CONSTRUCCION DE UN PISO

Tipo D.— Construcción de un piso, con living-comedor, dos dormitorios, closet, cocina y toilette.

La superficie edificada es de 70.45 m2 y su valor es de 26 mil 986.25.

Como podrá observarse, este tipo satisface las necesidades mínimas de una familia y su distribución se ha hecho en tal forma que contempla las modalidades de la vida actual.

...ecae la función parlamentaria

...años atrás, con ocasión ...la ley 7064 sobre reajustes ...leldos, que tan gravemen... ...ló la capacidad econó... ...de los negocios particu... ...editorializamos sobre los ...conceptos que han es... ...orientando, en los últi... ...días, comentarios de "El ...ario" y de otros colegas ...legaines. Dijimos, enton... ...que esa ley cuya aplica... ...nadie sabía y que los pro... ...organismos del Trabajo ...taron en entender, de... ...aba que los legisladores ...descuidado por comple... ...interés del país y puesto ...mente oído y voluntad ...dentes a ideas y sugeren... ...interesadas venidas de or... ...naciones que representa... ...una sola de las partes en ...legislativo. Puntualiza... ...también que esa ley, an... ...de pertenecer a la inicia... ...y trabajo parlamentario, ...obra exclusiva de los em... ...les particulares y que con ...el Congreso comenzaba a ...por una pendiente de ...prestigio que más tarde di... ...mente podría corregir.

...ha sucedido antes de co... ...un año. Diputados y se... ...res viéronse asediados de ...suerte de influencias y ...cuando, en días re... ...pretendieron admitir ...proyecto del Ejecutivo que ...ficaba la ley 7064, ya im... ...para los pequeños em... ...La presión fué in... ...como quiera que la bo... ...sesión en que la Cá... ...destruyó el proyecto del ...erno ha de señalarse con ...negra en las activida... ...parlamentarias de los úl... ...diez años. Los diputados ...como deseaban los em... ...los, que llenaban por com... ...las aposentadurías de la ...ra, y se dió el caso —de... ...te para la dignidad par... ...taria —que algunos di... ...dos volviéronse hacia la... ...as para mostrar el voto ...que iban a decidir algu... ...ntos que, por lo intere... ...habíase conseguido en... ...a votación secreta. ...la función parlamenta... ...uvo más claramente en ...incondicional de un ...que imponía su volun... ...el crecido número de ...que ofrece a la especta... ...la reelección.

...lación de los dos úl... ...os ha evidenciado que ...no ha perdido en in... ...cia y calidad. Rara ...le ha visto en estudio ...problemas con criterio ...cates bien ha procu... ...der intereses subal... ...gremio o de círculo, ...eces de simple conve... ...personal porque han ...preocupaciones las ...mejor modo aseguran ...electoral abundante y

...parlamentaria ha ...fenómeno curioso. ...de ella era común ...partidos buscaran lo ...us hombres para pe... ...sacrificio de que sir... ...al interés de ...la suerte del ...un banco parlamen... ...dadano así elegido ...para el cargo a ...estudio y experien... ...actividad deter... ...economía en retri-

bruir a la colectividad parte de lo que de ella había recibido, sin que le obsesionase, como único norte de su trabajo parlamentario, la reelección. Muy por el contrario. Cuando no se estaba en presencia de un parlamentario vocacionado para la política, ese servicio alcanzaba a un período constitucional. La ausencia de interés para ser reelegido permitía actuar con honrada dedicación y claro criterio.

Las cosas han cambiado lamentablemente. Ya no se legisla con seriedad, ni siquiera con el cuidado de una redacción clara y precisa, condiciones indispensables para que la ley pueda ser aplicada expeditamente. Los textos de la legislación de hoy son oscuros, difusos y a menudo contradictorios con otros conceptos legales en vigencia. ¿Podremos esperar que estos se corrija?

Difícilmente.

El afán de ser reelegido impone la conquista de voluntades y el mantener, cada día aumentada, la clientela electoral. La suerte del país y la dignidad de la función parlamentaria se condicionan —¡ay! —a los apetitos personales.

Proyecto del Arquitecto don Hernán Larraín Errázuriz, elogiosamente comentado en los círculos artísticos de la capital. Interpretación del interior del templo por el acuarelista Baixas.

La nueva Catedral de Chillán

Con toda solemnidad se ha dado comienzo a los trabajos de las excavaciones para los cimientos de la nueva Catedral de Chillán, cuya maquette se ha estado exhibiendo en las vidrieras de la Compañía de Teléfonos.

Ya hemos dado informaciones sobre esta nueva construcción que sin duda es original por su estructura moderna, pero que representa una elevada significación de carácter religioso como corresponde a un templo de la importancia de nuestra ciudad.

La construcción de la Catedral es un esfuerzo colectivo que no sólo pertenece a la autoridad eclesiástica, sino también a todos los católicos de la diócesis, porque este templo es el que da el carácter de unidad espiritual, con el Obispo, colocado para regir sus destinos. Por esta razón, todos, ricos y pobres, deben ayudar a su construcción, con el aporte de sus sacrificios en dinero, materiales o trabajo, como lo han hecho en diversas épocas de la historia todos los que aman a Dios y desean rendirle un culto solemne y digno de su grandeza soberana.

Como es notorio, a pesar de las facilidades que ha dado la Corporación de Reconstrucción por medio de la ley de préstamos, sin embargo, no será posible que la Catedral se construya, sino en parte, con dinero dado en préstamo, ya que no cuenta con rentas propias para servir dichos préstamos. Tiempo es, pues, que los católicos se interesen por la construcción de la Catedral y todos la ayuden en la medida de sus fuerzas y de su interés por esta obra de tanta trascendencia social y religiosa.

El Obispado recibirá con sincero agradecimiento toda ayuda por pequeña que sea, en forma de cuotas anuales, mensuales o por una vez. Confiado en la Divina Providencia que nunca falta cuando se emprenden las obras por la gloria de Dios, el suscrito dió la orden de comenzar los trabajos que se están ejecutando con toda actividad y espera que, en ningún momento, puedan ellos paralizarse, hasta que lleguemos al término de nuestra empresa.

Oportunamente designaremos una comisión especial de caballeros y de señoras que promuevan la recolección de esta ayuda y los beneficios espirituales que concederemos a los benefactores, que podrán, desde luego, cooperar aportando el valor de una suma por metro cuadrado de edificación, o de ornato de los cuadros murales, que pintará el reputado artista Fr. Pedro Subercaseaux, de la Orden de San Benito, o del mobiliario del altar, sacristía y demás dependencias de la Iglesia.

En nombre de Dios y de su Santísima Madre, entregamos la reconstrucción de la Catedral al cariño y entusiasmo de nuestros amados diocesanos.

JORGE LARRAÍN C.,
Obispo de Chillán

Confraternidad chileno-argentina entre escolares

La Escuela República Argentina N.o 12 de nuestra ciudad, que siempre ha tratado de afianzar los lazos fraternales que nos unen al pueblo argentino, ha recibido con motivo de nuestro aniversario patrio el siguiente mensaje:

"Buenos Aires (Argentina), 1.o de septiembre de 1942.

Señoritas alumnas de la Escuela República Argentina N.o 12, Chillán.— Chile.

Queridas hermanitas:

Como tales agradecemos, íntimamente agradecidas a vuestra proverbial hidalguía, el mensaje que habéis tenido la gentileza de enviarnos en conmemoración de nuestro aniversario patrio y del homenaje que tan espontáneamente habéis tributado a nuestro país.

Hace un año apenas que nuestra escuela ostenta el nombre de "Capitán General Bernardo O'Higgins". En este lapso hemos aprendido a querer a vuestro suelo y a admirar la figura preclara de vuestro héroe máximo que consagró toda su vida a su amada tierra, despojándose de las glorias y de los honras a que tenía derecho y sepultando en lo más profundo de su corazón la injusticia y la ingratitud de los hombres.

Vosotros que habéis tenido el honor de nacer en el pueblo donde vió la luz primera este paladín de la Independencia, apreciaréis en toda su amplitud la dicha de gozar como todas las naciones de América de los beneficios inapreciables de la libertad. La amistad entre nuestros pueblos, cimentada desde los albores de nuestra emancipación, echa firmes raíces en nuestros corazones de niñas y hermanadas por tal sentimiento compartimos vuestras penas y alegrías.

Dentro de pocos días festejaréis solemnemente la fecha de vuestra libertad. En momentos en que vuestra amada bandera ondee gallarda en lo alto de los mástiles, acariciada por un rayo de sol y vuestro himno brote fervoroso de vuestros labios, nosotras, reunidas en la sala de música de nuestra querida escuela, elevaremos nuestras voces saludando las glorias de la nación hermana en tan fausto acontecimiento.

Alumnas de la Escuela Capitán General Bernardo O'Higgins.— Buenos Aires. N.o 15 del C. E. X".

Un testigo ocular describe lo que es la heroica defensa de Stalingrado

Por Alexander WERTH

MOSCU, 9 de Septiembre (Por correo aéreo).— Miles de personas han muerto en la heroica lucha para mantener a los alemanes fuera de Stalingrado y éstos todavía están bien afuera de la ciudad, me dijo un hombre que había salido del sitiado centro industrial ruso el viernes pasado.

"El espíritu de las tropas rusas es lo más inspirador que he presenciado", continuó mi informante. Es muy parecido al espíritu de Sebastopol. Las bajas han sido muy altas entre los defensores, muchas de ellas civiles. La ciudad fué bombardeada fuertemente durante tres días y tres noches, sufriendo especialmente las secciones residenciales que no están igualmente bien protegidas por artillería antiaérea, que las regiones industriales".

El habitante de Stalingrado dijo que la resistencia espléndida de las tropas ha sido una inspiración para el pueblo de la ciudad y que se nota una marcada tendencia a "resistir hasta el fin", a pesar del hecho de que miles de hogares han sido destruídos.

"No queda un solo vidrio entero en toda la ciudad, pero todavía funcionan las panaderías, aun hay electricidad y los que han perdido sus casas reciben acogida en las que aun quedan en pie después del continuo bombardeo".

A pesar de la enorme superioridad de tanques y aviones en este sector del frente, los alemanes asaltan en vano lo que aparentemente son las líneas más fuertes de la defensa rusa, y que los separan de Stalingrado al sur.

Durante los últimos días de la semana pasada los alemanes lanzaron intensos asaltos con tanques, uno tras otro. Todos ellos fueron rechazados de manera casi increíbles. La durísima resistencia de la artillería rusa fué sorprendente. Destruyeron por lo menos una docena de tanques.

A fuerza del impacto de bombas y granadas el territorio ruso ha sido removido como por un gigantesco arado y el avance hacia Stalingrado está cubierto con los escombros de centenares de tanques y vehículos alemanes rodeados por miles de cadáveres. La ruta por la que marchan los alemanes a Stalingrado está literalmente pavimentada con sus propios muertos. Mas, es tan importante el botín de guerra que constituye esta ciudad que ellos no se detienen ante estas pérdidas astronómicas.

Uno de los aspectos más importantes de la defensa de Stalingrado ha sido la evacuación de la mayor parte de las fábricas vitales de armamentos hacia el oriente. Una de las primeras de ser trasladada a lugar más seguro fué la fábrica de tractores que ahora estaba produciendo tanques.

Se dió lugar a la evacuación de las industrias pesadas, que constituyó una magna obra, apenas comenzó a hacerse aparente el peligro que amenazaba a Stalingrado. La defensa de Kletskaya y la resistencia en otros lugares en la gran curva del río Don ayudaron en gran parte para dar tiempo a completar la difícil tarea del traslado hacia el interior de todo ese pesado equipo. La manera eficaz como se condujo la obra es comparable a la evacuación de Kharkov y otros centros industriales, todo lo cual ha sido de inmensa importancia para determinar el potencial bélico futuro de la Unión Soviética.

(Derechos reservados a "La Unión", por North American Newspaper Alliance).

Chillán y el espíritu de sus habitantes

Venía predispuesto en contra de Chillán. Me lo habían pintado como a una ciudad sucia y despreocupada que no había hecho absolutamente nada por volver a ser el Chillán de antes.

Si he de ser franco, la primera vista de Chillán —quizá porque venía con algo de sueño— me pareció horrible. Ese pabellón de la Estación mantenido en tan mal estado. Esas casitas de madera que quedan al frente de ella y que, en la semi-obscuridad de la mañana, parecen derrumbarse, me dieron la impresión de que, en realidad, Chillán estaba algo más que atrasado.

Pero si penosa fué la impresión del primer momento, luego fué muy agradable el poder constatar que, junto con la ciudad, reconstrúyese el espíritu de los habitantes de Chillán.

Edificios formidables ya casi terminados. Chalets y casas por doquier, volvían a dar a Chillán ese aspecto de fiesta interminable.

Y esto, gracias al espíritu de los habitantes de Chillán. Es el mismo espíritu inconmovible que hoy anima a los habitantes de esos pueblos que, sin piedad, arrasan las turbas que dicen proclamar un Nuevo Orden.

Esos habitantes —héroes de la Democracia— luchan por su libertad.

Los habitantes de esta ciudad maravillosa han luchado contra la Naturaleza.

Y han logrado un triunfo inobjetable.

Guillermo Madrid López

Ya pasaron las fiestas

Hemos visto desfilar a los soldados, marineros, aviadores de la Patria. Presenciamos la alegría del pueblo al verlos pasar.

Los corazones de chilenos latieron con amor patrio.

Las banderas blandieron ante la suave brisa de septiembre.

Hemos experimentado mucho más alegría que otros años en toda la población. Debe tener algún significado que no somos capaces de señalarlo.

Nuestros hermanos, los argentinos, han estado con nosotros mano a mano, corazón a corazón.

También han desfilado junto a los nuestros.

Las banderas están dobladas para un futuro no lejano volver a extenderse en esos días de gloria y alegría patria.

Los soldados, marinos, aviadores están en sus cuarteles unos, a bordo de sus buques los marinos.

Los civiles regresaron a sus labores; los escolares a sus aulas para seguir preparándose.

Así somos los chilenos. Celebramos nuestras fiestas con gran alegría y volvemos al trabajo envueltos en ese recuerdo patrio que nos da más valor y más energía y más perseverancia.

Llegó la Primavera de 1942. Las flores que nos brindará serán para cubrir las tumbas de los héroes, para los que nos dieron libertad, patria y unidad.

Los árboles están floridos, los pájaros han construído sus nidos. La Naturaleza aporta la cuota de alegría y de esperanza para todos. Es el mismo Dios que nos indica que ya pasó el crudo invierno para cubrirnos con la Primavera que nos hace cambiar y alegrarnos como en Pascua en que naciera Jesús que tanto gozo nos muestra con su pastito verde, sus corderitos, sus aves, y esos pastores que llegan a visitarle.

Aída Judith y María Cecilia Rodríguez Cortés.

Valparaíso, 21 de Sep. de 1942.

¡RECONSTRUYÁMONOS!

EDITORIAL DIARIO *LA DISCUSIÓN*. CHILLÁN, JUEVES 23 DE MARZO DE 1939.

Porque la catástrofe de la noche del 24 de enero ha dañado como a nadie en nuestra empresa hasta el punto de no haber podido aparecer sino hoy después de sesenta días del más duro trabajo; porque en todo este tiempo que ha sido interminable para nuestro afiebrado afán de servir la suerte en desgracia de la colectividad, hemos tenido, a diario, oportunidad de sufrir y medir el desamparo en que han quedado los negocios y las personas que le prestan el contingente de su inteligencia y trabajo; porque a nuestra casa en ruina ha golpeado incesantemente el comentario dolorido de todo un pueblo sin que nos haya sido posible, hasta ahora, prestarle el apoyo valiosísimo de este diario, el diario suyo y de toda una dilatada región; porque, con todo y contra todo, hémonos fortalecido de entereza sobre el desaliento para conservar intactas nuestras responsabilidades periodísticas, es que salimos hoy al encuentro de toda esta región con la mano nuestra puesta sobre la suya, en apretada cordialidad.

¡Reconstruyámonos! ha de ser el grito de trabajo que ha de alentar y empujar el esfuerzo de todos. ¡Reconstruirse! ha de ser la universal aspiración que ha de levantar, en limpia y dilatada cooperación, la casa familiar en ruina y, a su lado, los negocios del comercio y de la industria y también, y preferentemente, los negocios del espíritu, que sitúan la vida en planes de entendimiento y de constante emulación.

¡Reconstruirse! a costa de todo sacrificio y aquí mismo, en donde viven, más vigorosas que antes, las tradiciones, el ejemplo de nuestros mayores y el esperanzado mirar de nuestros hijos; aquí donde ha engrosado todo ese caudal de enseñanza que es asiento de la vida de un pueblo, han de juntarse todos los hombres para hacer de Chillán, en cortos años, una ciudad urbanizada y próspera en sus aspectos de orden material y espiritual. Todo ha de conseguirse, antes que en una ciudad sobre medida, en el Chillán que nosotros queremos: urbanizado, limpio, bien construido y mejor alumbrado, pero guardando de paredes de adentro y de paredes afuera, ese aliento personal que individualiza y mantiene las ciudades en una fisonomía propia e inconfundible.

Para reconstruir los negocios hemos de mantenernos en las más duras disciplinas de honorabilidad. Pasado el auxilio del Estado que ha hecho peligrosamente fácil la vida y disminuido en muchos la honestidad que les distinguía, hemos de volver todos a vivir de lo nuestro, de lo que seamos capaces de hacer y producir, para devolver de este modo la vida a su perdida normalidad y poder contribuir, de nuevo, al mantenimiento de los servicios del Estado. Y a este respecto es del caso subrayar los esfuerzos del gobierno en favor de la ciudad y de la zona desgastada. Han sido incontables y generosos y todos ellos dirigidos con el nuevo criterio social con que aspira a dirigir y gobernar. Ha habido, y hay todavía, mucho de remediar para que esa ayuda de dineros fiscales y de fuertes erogaciones venidas de países amigos y también de espontánea cooperación del país, alcance justa y provechosa distribución. Para ello será indispensable combatir la voracidad que, como mala hierba, aprendido en sectores que por cierto, no son los más dañados con cierta desgracia que todos hemos de sufrir por parejo; y será necesario y urgente también que las autoridades civiles y militares, con la experiencia recogida y en dos meses, busquen y encuentren manera de reprimir y hasta de castigar a quienes desvirtúan la ayuda del Estado y del gobierno hasta convertirla, con sus abusos, en peligrosa licencia.

Para todo esto, la autoridad civil, y militar, necesita simplemente de que no se le engañe y, que antes de abandonarla en horas tan difíciles, se llegue a ella en voluntad de ayudarla y de informarla de cuánto irregular y pernicioso ocurre. Hay que ser incansable en combatir el engaño y procurar que todos procedan con honestidad para evitar que lo que, en sobrada medida recibe uno, prive a otro de lo más indispensable.

Destacamos, al pasar, estas observaciones porque son, y han de serlo siempre, materiales de reconstrucción. Nada se puede edificar y construir sino sobre la solvencia moral de los hombres. De ahí que sea imperativo que la ayuda del estado alcance, antes que a proveer de subsistencias, a las fuentes de producción, para que cada individuo vuelva a fortalecerse en el trabajo, duro y provechoso, de cada día.

¡Reconstruyámonos! sobre el acervo de una vida centenaria que había alcanzado ya, por los caminos que franquea el esfuerzo limpio, inigualados blasones de cultura, de independencia moral, de enriquecimiento personal y colectivo. ¡Reconstruyámonos! haciendo de la labor de edificar una religión nueva que, más tarde, corridos ya muchos años, ha de presentarnos a la consideración de nuestros hijos, enteros ante la adversidad y capaces de construir de nuevo, para mejor provecho de todos lo perdido en un instante de locas furias del Destino.

¡Reconstruyámonos!

Edición de 6 pág.
DIARIO DE LA MAÑANA

LA DISCUSION

"LA DISCUSION"

¡RECONTRUYAMONOS!

Destacamos, al pasar, estas observaciones porque ellas han de servir siempre, materiales de reconstrucción. Nada se puede edificar y construir si no sobre la solvencia moral de los hombres.

Reconstruyámonos!

SIETE DE LAS solicitaciones de la ciudad de Chillán fueron consideradas y atendidas favorablemente POR EL GOBIERNO

Las demas se resolverán, por ser de su competencia, al regreso del Ministro de Fomento.—El premier, señor Alfonso, entregó personalmente al Intendente de Ñuble, la nota en que resuelve siete de los puntos del memorial.

Mediante una ley quedarán suspendidos los juicios ejecutivos y los plazos judiciales, por el término de un año.

La Comisión de Hacienda del Senado comenzó a Redactar su informe

Alejandro
Carrasco Cerda
Abogado

A LOS ALUMNOS

ESTIMADO ALUMNO:

ARTURO MUTIZABAL S.

CARTA ABIERTA

Chillán, 23 de Marzo de 1939

Estimado señor:

"La Discusión" reaparece en el mismo formato y con la misma amplitud de servicios anteriores al terremoto.

Muy atenta y cordialmente SS. SS.

ALFONSO LAGOS VILLAR
Director - propietario

Feria Chillán

"LA RURAL" Sociedad Anónima de FERIAS

Avisamos a nuestra clientela y al público en general que desde esta fecha nuestras Ferias se efectuarán, normalmente, todos los Viernes.

Tenemos constantemente las mas importantes órdenes de Compra y Venta de ganado de todas clases, contamos con vinculaciones comerciales en todos los centros ganaderos del país, lo cual nos permite tramitar rápidamente cualquier negocio que se nos confíe, dentro y fuera de la región.

Hemos rehabilitado nuestro local, contemplando para ello el máximun de comodidades para la atención del público; todos nuestros servicios funcionan con toda normalidad.

ALFREDO VALDERRAMA, Gerente.
1 a 698

MEJICO HA REGALADO ... TONELADAS DE PETROLEO

PABELLONES PARA LAS OFICINAS PUBLICAS EN SAN CARLOS

INVESTIGACIONES DETUVO AL EX CONSERVADOR DEL REGISTRO CIVIL

Seminario de Chillán

Matrícula abierta de 10 a 12 y de 3 a 5
EN DIECIOCHO 310

Humanidades y Preparatorias completas.
Las clases se iniciarán a mediados de Abril.

EL RECTOR.
1.a—698 dxm.

RAFAEL
VELOSO CHAVEZ
Abogado

Constitución 839
Casilla 160 - Chillán

GUANO ROJO, EL ABONO INDISPENSABLE

Ud. lo pagará sin interés cuando coseche.— Caja de Crédito Agrario.

1.a—d/m.

MEMORIAS

SUBJETIVIDADES DE UN ACONTECIMIENTO INOLVIDABLE

MEMORIAS DEL TERREMOTO DE 1939 Y EL PROCESO DE RECONSTRUCCIÓN DE UNA CIUDAD EN RUINAS

Ivette Quezada, Soledad Díaz de la Fuente, Francisca Molinos[1]
Fundación Aldea

"La consecuencia de una historia única es la siguiente: priva a las personas de su dignidad [...]. Las historias importan, muchas historias importan"
Chimamanda Ngozi Adiche, 2018

"Chillán no está vencido, Chillán laurel alzado como el verde campo de los gentiles caballos. Que se levante el trueno vivo de los tambores y el hortelano alegre que se levante entonces"
Nicanor Parra, 1939

[...] a lo mejor esta es la instancia para contar lo poco y nada que recuerdo porque, hace años atrás vi un documental del terremoto de 39, y mi familia estuvo viviendo parte de la historia y en ninguna parte sale, porque quedaron como NN [...].
Marco Rodríguez, 2022

Comenzamos haciendo referencia a la escritora nigeriana Chimamanda Nogozi, quien en su texto *El peligro de una historia única*, nos invita a pensar sobre cómo ha sido contada la historia en nuestros contextos y cómo es posible restaurar la humanidad de aquellos que han sido desposeídos por relatos únicos y monolíticos. En otro tiempo, Nicanor Parra escribió la "Epopeya de Chillán", a pocos días del terremoto de 1939, gesto creativo que anunció, sin quererlo, una de las reconstrucciones icónicas del siglo XX en el país. Y, por último, desde el presente, rescatamos la frase de Marco Rodríguez, vecino de Chillán, quien participó de esta investigación colaborativa, haciendo referencia a la historia no contada de tantos que tras el terremoto de 1939 se convirtieron solo en una cifra bajo la etiqueta de NN. A partir de lo anterior nos preguntamos ¿De cuántas historias está hecho un acontecimiento? ¿Cuántas historias se encuentran y desplazan en el proceso de reconstrucción de una ciudad en ruinas? Más específicamente, ¿qué fuerzas, impulsos y visiones creativas hicieron posible proyectar la utopía de la arquitectura moderna en la antigua ciudad de frontera de Chillán? ¿Qué memorias nos hablan de ese proceso?

1 Revisión y edición del texto: Daniela Morales, doctoranda en Planificación Territorial, Universidad de Illinois, USA.

Guiada por estas preguntas, esta investigación se sumerge en los recovecos de las memorias de los vecinos y las vecinas de la ciudad de Chillán, para pensar una historia no monolítica del terremoto de 1939 y sus consecuencias.

Este trabajo de intervención social se desarrolló entre octubre del 2021 y abril de 2022, en el marco de un proceso de participación ciudadana. Contó con la activa participación de más de cuarenta personas, principalmente adultos mayores, familiares de sobrevivientes del terremoto de 1939 y vecinos y vecinas de las cinco plazas que son parte de la trama fundacional de la ciudad de Chillán[2]. Los espacios de encuentro, escucha y diálogo se dieron de manera presencial y virtual, a partir de talleres, entrevistas y un conversatorio de cierre realizado en abril 2022 en el Teatro Municipal. Con ello buscamos hacer de la recordación una acción colectiva, compartida y de reconocimiento a las víctimas, pero también a los miles de personas que levantaron nuevamente la ciudad y sus vidas.

Para dar cuenta del trabajo realizado y de los principales hallazgos encontrados, presentamos, en primer lugar, los enfoques, inferencias y objetivos que nos movilizaron para luego dar cuenta de las acciones, procedimientos e ideas fuerzas que emergieron en nuestro trabajo en terreno, esto último a modo de una bitácora de campo. Posterior a ello, les presentamos un análisis contextual de las entrevistas realizadas, donde es posible reconocer el significado que adquieren distintos espacios de la ciudad de Chillán luego del terremoto de 1939, los que se entremezclan con las memorias individuales y colectivas de las y los participantes.

Por último, es muy importante señalar, que todo lo recopilado estará disponible para consulta pública. A partir de ello se le podrán hacer otras preguntas y profundizar en investigaciones de más largo aliento. De esta manera, los usos de este material se abren a infinitas posibilidades de activación desde el ámbito del patrimonio, la investigación social y la cultura.

Enfoques, objetivos e inferencias

Sabemos que las memorias articulan subjetividades, sensaciones y afectos. Allí radica su riqueza. Pero, además, la memoria nos permite activar procesos para revisar y problematizar la historia, en este caso en particular, las historias que ya fueron contadas sobre el terremoto de 1939. Es que la narrativa existente se ha centrado en los grandes relatos, principalmente, en aquellos

---

2 Agradecemos especialmente a las personas que compartieron sus testimonios, reflexiones y vivencias: Fresia del Carmen Aguilera, María Nilsa Villagra Garrido, Rafael Sepúlveda Sepúlveda, Alicia Silva Contreras, Ramona Castillo Castillo, Benjamín Parra Fuentes, Lucila Gricelda Salazar Vega, Ramón Mella Brieva, Guillermo San Martín Barrera, Gustavo Jarpa, Otilia del Carmen Chandía Valdés, Marco Rodríguez Carrasco, Ambrosio Rubio, Juana de Dios Ferrada, Inés Alarcón Gutiérrez, Nora Pino Acuña, Juan Carlos Olmedo Ulloa, Raquel Hernández Berrios, Pablo San Martín Barrera y a Pedro Parra Cantero.

que destacan las empresas administrativas, técnicas y económicas que permitieron la gesta del nuevo Chillán post terremoto de 1939[3]. En esta narración, el lugar de los arquitectos y de la arquitectura moderna adquiere un rol protagónico, silenciando otras voces y experiencias que son fundamentales para comprender y valorar el Chillán del presente. Ante esto, el académico Rodrigo Vera nos ofrece una interesante reflexión disciplinar desde la teoría de la arquitectura en Chile, referida a la ausencia de un estudio relacional de la construcción urbana, en tanto proceso socio histórico.

> "En los últimos años, las propuestas de valoración del espacio urbano de la ciudad se han hegemonizado desde una mirada arquitectónica que deja fuera cualquier atisbo de participación social. Esta valoración va aparejada a un fenómeno global con características más o menos comunes: la irrupción del movimiento moderno en arquitectura hacia mediados del siglo XX en Chile, y la lectura a posteriori de este proceso de asimilación de tendencias extranjeras" (Vera, 2020: 22).

Vera pone el acento en dos elementos cruciales. Por un lado, al recoger los postulados de Henry Lefebvre (1974), nos invita a comprender la construcción del espacio como un hecho social, y superar los a veces estrechos márgenes disciplinares o técnicos de, en este caso, la arquitectura. Por otro lado, nos convoca a reflexionar sobre las consecuencias de los procesos de asimilación ante formas discursivas extranjeras, que intencionadamente o no, han provocado la invisibilización de trayectorias históricas y culturales locales.

Es por ello que nos parece importante abordar los enfoques que han guiado esta investigación y desde los cuales nos aproximamos al trabajo en torno a la memoria, y su relación con una comprensión social e identitaria del espacio. Para esto, hemos articulado conocimientos y experiencias que aportamos desde nuestras diversas profesiones y trayectorias: el trabajo social, la historia y el urbanismo.

Como señalamos anteriormente, hemos abordado esta investigación en el marco de un proceso participativo, entendido como una intervención social fundada en tanto "proceso de categorización simbólica, que contribuye a la producción de subjetividades y la constitución identitaria, en el sentido que no hay intervención sin interpretación social" (Matus 2002: 27).

---

3 Horacio Torrent, "El suelo en la disputa por la reconstrucción urbana: Chillán, 1939" *ARQ*, 93, (2016). David Carvajal, *Institucionalidad nacional y la catástrofe de Chillán. La Corporación de Reconstrucción y Auxilio en la reconstrucciónde Chillán* (1939), Tesis para optar al Grado de Magíster en Desarrollo Urbano, (Santiago, Pontificia Universidad Católica de Chile, 2011). Pedro Bannen, Fernando Pérez y Claudio Vásquez, "Entendidos, subentendidos y malentendidos sobre el urbanismo moderno: alternativas del frustrado viaje de Le Corbusier a Chile", (Massilia: Anuario de Estudios Lecorbusierianos, 2003). Basterrica, Juan. *El desarrollo urbano de Chillán desde 1835*. Concepción: Ediciones del Archivo Histórico de Concepción, 2015. Cerda, G. "Arquitectura moderna en Chillán", Arquitecturas Del Sur (1990).

A su vez, reconocemos que las memorias son presentes. En palabras de la socióloga Elizabeth Jelin, si bien las memorias tienen que ver con los sentidos que le damos al pasado, están siempre en función de un horizonte de futuro, es decir "se juntan pasado, presente y futuro en un mismo momento. La memoria es el sentido que se le da al pasado, lo qué vamos a rescatar y lo qué vamos a silenciar" (Jelin, 2019).

También entendemos que no hay memoria sin una práctica. La memoria no es solo una textualidad, sino que la oralidad constituye una *performance* que se expresa como una interacción social (Vichy y Zabala, 2018). Esto nos llevó a que como equipo tuviéramos una especial consideración sobre la estructura del proceso de participación y sobre el contexto en que los testimonios fueron registrados. Para nosotras el proceso tiene igual relevancia que los resultados, pues los momentos de habla y de escucha impactan en la experiencia de las personas, activando otros procesos y acciones sociales y subjetivas. Es desde ahí, entonces, desde donde entendemos esta investigación como una intervención social, porque moviliza el trabajo de la memoria desde el presente.

Lo anterior queda reflejado en la forma en cómo esta investigación, a través del impulso del reconocimiento del pasado, movilizó visiones y experiencias que pueden aportar, por ejemplo, al proceso de construcción de un nuevo Plan Regulador Comunal. Así, este trabajo tuvo efectos en el presente, contribuyendo a pensar un urbanismo situado que conjugue las políticas de memoria pública y la planificación urbana de Chillán, a partir de los usos del pasado e incidiendo directamente en el futuro de la ciudad y de su patrimonio moderno.

Por otro lado, abordamos este contexto histórico particular, desde un enfoque relacional. A partir del terremoto de 1939 confluyeron en un mismo territorio el proyecto de la arquitectura moderna, el Estado benefactor chileno y un movimiento cultural artístico local de amplia notoriedad. De esta manera, y siguiendo la reflexión de Vera, pensamos que el movimiento moderno que se desarrolló en Chillán no funcionó como calco ni copia de un puñado de postulados europeos que llegaron a América Latina, sino que más bien fue una producción enjambrada que se originó como respuesta a trayectorias históricas y culturales, las que desencadenaron también amplios procesos de imaginación frente a la emergencia. Particularmente, con el terremoto de 1939 y el proyecto de reconstrucción que lo precedió se expresó una temporalidad telúrica, de creación permanente, que hoy es parte de procesos de identificación a nivel local. Con esto queremos decir que no estamos hablando de un proceso de reconstrucción que partió de cero y que se desarrolló en forma lineal, sino que dialogó con la marca material de la memoria de la ciudad y la configuración espacial histórica de la región.

> "[...] La Iglesia de la Merced cayó, quedó en el suelo. Entonces empezaron a dinamitar la torre y hablaban por parlante para que se escondieran todos

porque saltaban escombros para todos lados. Yo inmediatamente, me salí y me salvé otra vez" (Guillermo San Martín, 2022).

¿A qué nos referimos con la idea de una temporalidad telúrica y de creación permanente? El testimonio de Guillermo, que siendo niño experimentó la sensación de salvar su vida en medio del derrumbe al tiempo que se desarrollaba un proyecto para construir lo nuevo, nos permite traer una idea que se ha levantado desde la antropología y los estudios literarios que tiene que ver con situar la cuestión de los terremotos como movimientos que se constituyen como bisagras entre diversas dimensiones aparentemente opuestas, poniendo en jaque consideraciones unívocas o lineales de la experiencia humana, y por lo tanto, abriendo caminos de transformación. Como señala la antropóloga Francisca Márquez "El terremoto remece las certezas que ha edificado la cultura, y es por ello que se nos aparece como un hito mediador entre dos mundos: la vida y la muerte; el cielo y la tierra; la vida mundana y lo trascendente" (Márquez, 2020).

Esta memoria múltiple y en movimiento forma parte de los elementos definitorios de la identidad de Ñuble y que dice relación con la convivencia permanente con grandes fenómenos sísmicos, que atraviesan las biografías de sus habitantes, pero también las memorias colectivas de los territorios. Terremotos como el de 1751, 1835, 1939 y 2010, que destruyeron parte importante de la infraestructura de cada época y que han influido en la configuración del paisaje local.

Chillán en su larga historia ha experimentado los embates de los terremotos y también conflictos políticos y culturales, como la colonización española y la configuración de un territorio de frontera, en tanto espacio de contacto. Ya durante los primeros dos siglos de su historia, hubo de ser reconstruida, y su emplazamiento cambiará en ese período en dos oportunidades: en 1599 se produjo un ataque mapuche-pehuenche, en 1655 un levantamiento indígena destruyó la villa, teniendo que ser refundada y en 1751, año en que la ciudad es arrasada por la crecida del río y dañada producto de un terremoto, debió ser nuevamente refundada. Más tarde sufrirá otros fenómenos sísmicos que obligaron a reconstruir al menos dos veces más la ciudad de Chillán, constituyéndose esta relación telúrica como parte de la identidad de la región.

Ahora bien, incluso más trascendente que los terremotos y conflictos políticos, es la voluntad permanente por reconstruir lo destruido. En ese punto se sintetiza un atributo fundamental de la región, que ha tenido momentos tan cruciales como todo lo acontecido en materia de reconstrucción luego del terremoto de 1939, donde se produjo una reformulación de la ciudad de Chillán y desafió a miles de personas a emprender una nueva vida. Una especie de *poiesis* individual y colectiva que da cuenta de un tiempo largo que habita la memoria de Chillán.

Bitácora de una investigación colaborativa

Durante los meses de octubre 2021 a abril de 2022 se llevó a cabo el proceso de participación ciudadana de la investigación "Patrimonio moderno en Chillán: El terremoto de 1939 y el proceso de reconstrucción". Dentro de las actividades realizadas, se realizaron visitas a terreno con el fin de generar vínculos con las juntas de vecinos para las posteriores entrevistas personales y encuentros comunitarios en los diferentes conjuntos habitacionales de "Las 4 Avenidas" de Chillán.

Cabe destacar que la pandemia mundial nos ha obligado a replantear algunos paradigmas en cuanto a participación ciudadana. Nos ha obligado a abrirnos a una presencialidad virtual y a generar confianzas que antes solo se lograban directamente, cambiándolas hacia extensas llamadas telefónicas, claves para transmitir el sentido de la investigación y que se logre la confianza para abrir historias de vida.

Lo positivo ha sido que podemos conectarnos con personas que no necesariamente se encontraban físicamente en Chillán o que por diversos problemas no pueden moverse tan fácilmente a una reunión. El contexto nos ha hecho sacar todo el provecho posible. A sabiendas que el grupo objetivo eran personas sobrevivientes que superarían los noventa años es que hemos apelado a sus familiares y conocidos que utilizan redes sociales para que sean los intermediarios de esta comunicación.

Por otro lado, a través de gestión de prensa y redes sociales de Fundación Aldea y la Unidad de Patrimonio de Chillán, se lanzó la campaña de difusión y encuesta online "Se buscan memorias" para llegar a diferentes personas

Figura 1. Nora Pino en su hogar de Pabellones Normales, 2021. © Fundación Aldea

Figuras 2 y 3. Infografías difundidas en redes sociales para colaborar con la recopilación de información respecto a la memoria local. Fuente: UPA Chillán

vinculadas con el terremoto de 1939 y la reconstrucción de la ciudad, ya sea como protagonistas, o quienes pudieran aportar a través de las memorias obtenidas desde sus familiares o cercanos. Si bien el foco estaba puesto en las personas mayores, debido a su cercanía a los acontecimientos, el estudio se amplió a todo aquel que se sintiera heredero de esa memoria.

Como metodología de investigación se usó principalmente entrevistas semiestructuradas y entrevistas abiertas. Por otro lado, y como se señaló anteriormente, dada la contingencia del Covid-19 se implementaron diversas estrategias que nos permitieran acceder a personas de la tercera edad. En esa línea, se realizaron entrevistas online y presenciales, donde las redes sociales y el contacto telefónico fueron claves para generar confianza, ser respetuosas de sus tiempos y de sus condiciones de accesibilidad.

En términos generales podemos señalar que las y los participantes de esta investigación pueden ser agrupadas de la siguiente manera:

1. Personas que sobrevivieron al terremoto y que tienen la experiencia del momento en primera persona, así como también del proceso posterior y de la reconstrucción. Se trata de personas nacidas a partir de 1928, y que por lo tanto eran niños y niñas durante los sucesos.

2. Familiares que han querido compartir memorias transmitidas por sus mayores ya fallecidos.

3. Vecinas y vecinos que habitan dentro de las cuatro avenidas y que experimentan los beneficios de habitar en conjuntos modernos.

Por otro lado, dentro de la metodología también se incorporó la recolección de material fotográfico. En ese sentido, se desarrolló un trabajo colaborativo a través de la recopilación de material audiovisual (fotos y videos) de diferentes

Figura 4. Entrevista a Guillermo San Martín, sobreviviente del terremoto de 1939.
Fuente: Elaboración propia

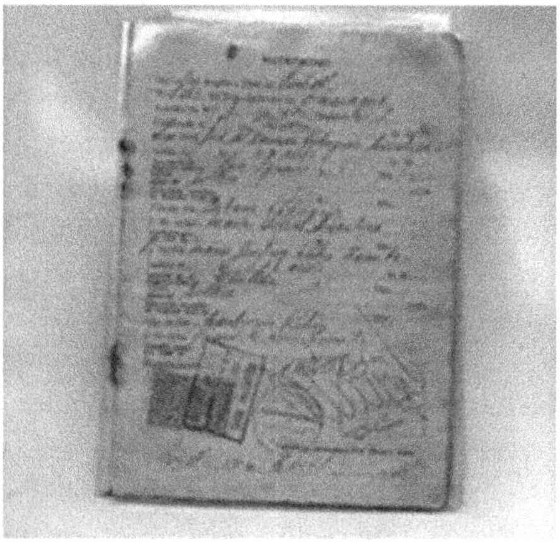

Figuras 5 y 6. Recopilación de archivos por parte de los vecinos, doña Raquel Hernández con fotografías de su familia y el acta de nacimiento de los abuelos de Marco Rodríguez

personas que tuvieron relación directa e indirecta con el terremoto de 1939 y la reconstrucción de la ciudad. Se tuvo acceso a fotos actuales de las personas sobrevivientes al desastre natural, así como fotos y documentos de personas fallecidas producto del terremoto o con posterioridad, que quedaron como archivos familiares.

Durante los días 20, 21 y 22 de abril se llevaron a cabo diferentes actividades presenciales en la ciudad de Chillán, en el contexto del cierre del proceso participativo.

Figuras 7 y 8. Actividades realizadas en abril, correspondiente al conversatorio y a la actividad participativa en el mercado de Chillán. Fuente: Elaboración propia

En primer lugar, se desarrolló un conversatorio denominado "Lo que me contaron del terremoto". A esta instancia se invitó a diferentes personas que participaron de las entrevistas sea formato online o presencial, también a quienes compartieron mediante redes sociales sus fotos, y al público general de Chillán. Además, se les entregó un diploma de reconocimiento por compartir sus memorias.

Dentro de las temáticas que surgieron del conversatorio una de las más sentidas fue la de "humanizar la ciudad a través de las historias de la vida cotidiana". Al comenzar el conversatorio, los participantes señalaron que se sintieron parte de la ciudad a través del relato de sus propias historias, la de sus familiares y de las historias que son parte del imaginario local y personal. Se destacó la importancia del "escuchar y transmitir". Otra temática relevante fue "vale la pena recordar lo que pasó" donde los participantes comentaron sobre la importancia de recordar el terremoto, ya que es parte de la memoria trágica de las personas y de la ciudad, se haya vivido o no. En ese sentido se señaló como un pilar fundamental el "recordar, transmitir y honrar", relevando la importancia de los conversatorios y instancias de diálogo y memorialización en torno del terremoto.

También, se habló acerca del proceso de reconstrucción de la ciudad, comentando si es que duró veinte, cuarenta o setenta años, en esa línea se abrió la temática denominada "Por el terremoto hoy somos lo que somos como ciudad", donde se habla de manera "positiva" de la memoria trágica que se tiene, dado que sin terremoto hoy la ciudad no sería lo que es, destacando la belleza e identidad de diversos edificios y espacios de Chillán. Además, se reconoce la "ciudad de emergencia" que hoy son parte de los diferentes barrios, tomando como ejemplo los pabellones que son una impronta, muy evidente, de lo que significaron los primeros meses post terremoto.

Además, durante esos días se realizaron dos entrevistas con registro audiovisual a sobrevivientes del terremoto, quienes nos abrieron las puertas de su casa. Por último, en conjunto con la Unidad de Patrimonio de Chillán, realizamos el día jueves una actividad participativa en el Mercado de Chillán, donde se le preguntó a las y los transeúntes ¿Qué sabes del terremoto de 1939? de la cual se realizó un registro audiovisual.

Análisis de los testimonios y ejes temáticos

A continuación, les presentamos tres ejes temáticos, a modo de una primera aproximación a los testimonios recopilados, los que nos permiten reflexionar en torno a la lugaridad de la memoria, la experiencia de lo telúrico y la mirada de las niñeces y las emociones en la proyección urbana.

Esto último lo haremos, primero, observando la ciudad en ruinas, abordando la ruina material, en tanto paisaje de los escombros, pero también como símbolo de experiencia con la muerte y con la conmemoración de esta. Luego, pasaremos a las heridas y las iniciativas de cuidados que, inmediatamente ocurrida la catástrofe, surgieron a fin de dar respuesta a la emergencia. Desde allí aparecen recuerdos que nos hablan de la importancia de los cuidados y el despliegue de estos en el espacio público tras el terremoto. Finalmente, nos concentraremos en la reconstrucción como proceso de imaginación, aquí confluye el gran despliegue institucional con lo microhistórico, las decisiones e impulsos creativos personales, que, desde distintos quehaceres, se hicieron parte de la construcción social del espacio y la nueva arquitectura levantada, que se convirtió en el nuevo escenario de sus biografías.

1. La ciudad en ruinas

> "la mayor comodidad que presenta el nuevo [Chillán], lo vistoso de sus edificios, lo espacioso de sus calles, la concentración de recursos tanto en lo político como en lo religioso i la mayor multitud de goces sociales, son un fuerte incentivo que en razón inversa están operando lenta pero eficazmente el progreso de la nueva población i la decadencia de la antigua" (León, Marco Antonio, 1999).

Así se refería el intendente de Ñuble de 1850, José Ignacio Gracia, al Chillán nuevo y la distancia abismal que cobraba con el antiguo Chillán. La ciudad comenzó a vivir una relativa pujanza, derivada de la cada vez más robusta producción agrícola hacendal, dejando atrás cualquier nostalgia por Chillán Viejo. La "nueva ciudad" para 1850 ya adquiría ese sentido que buscaron imprimir las élites a los centros urbanos, el "progreso" se avizoraba.

En términos espaciales, una vez consolidada la trama urbana, para cerca de 1880, Chillán y otras ciudades de la región comenzaron a vivir un proceso de consolidación política, cultural y económica que se materializó en la infraestructura pública y en los inmuebles de cada urbe. Por intermedio del ferrocarril y la construcción de edificios de mayor altura, el paisaje urbano se vio modificado. Es que existió para fines del siglo XIX un impulso económico que derivó para inicios del siglo XX en la construcción de grandes edificaciones en las zonas urbanas. Algunos de estos edificios fueron los que orgullosamente presentó la ciudad de Chillán en el libro de la Expo Sevilla de 1929, dando gala de los imaginarios de aquel contexto donde el progreso se comenzó a medir bajo lo edificado. Pero, finalmente, todo este proceso fue fracturado radicalmente por el terremoto de 1939.

La ciudad pujante del nuevo Chillán cambió abruptamente una noche de enero de 1939. De ahí que la gran mayoría de las entrevistas realizadas y los testimonios compartidos en esta investigación, dan cuenta de manera extensiva de la situación catastrófica en la que quedó la ciudad. Para los sobrevivientes la imagen de la destrucción, del Chillán en el suelo, pareciera ser un recuerdo imborrable. Es como una memoria cargada en el cuerpo, repleta de sensaciones, donde el pavor colectivo, los gritos de auxilio o el peso de un aire brumoso producto de los derrumbes, fueran, a pesar de los años, hechos muy palpables y presentes. Así lo dan cuenta sus relatos, el detalle de los recuerdos y la cierta solemnidad que adquieren sus palabras, como si en ese gesto, de contar, se estuviera también conmemorando.

De este modo lo revive María Nilsa Villagra, quien era del Barrio Estación. Ella y su familia perdieron por completo su casa y debieron vivir en un carro pequeño de tren durante varios meses. Sus padres trabajaban en el servicio de salud del ferrocarril y su vida estaba ligada a ese mundo desde pequeña. La estación de trenes cambió radicalmente luego del terremoto, fue para muchos un hogar temporal, pues buscaron refugio en sus patios y se abastecieron de agua de su pozo. También se realizaron cosechas de emergencia, lo que da cuenta de la dimensión rural de ese sector de la ciudad para esos años.

> "Fue un desastre, muchas casas de adobe en el suelo, muchos incendios y polvo en suspensión de los derrumbes de las viviendas, con el sismo el estanque de agua de la estación se vació en mi casa [...] La noche del terremoto tembló toda la noche con truenos y relámpagos, la ciudad estaba iluminada por los incendios, se sentían los gritos despavoridos pidiendo auxilio en toda la ciudad" (María Nilsa Villagra, 2021).

La ruina se convirtió en señal también de muerte, de personas que no alcanzaron a escapar o madres que no pudieron auxiliar a sus hijos, entre tantos hechos de infortunio. Historias como estas se repiten en los testimonios, a propósito de familiares cercanos, hermanos pequeños, madres o abuelos. Pero también dan cuenta de historias sucedidas a vecinos o escuchadas en medio de la ciudad, donde la muerte se hizo parte del paisaje y de las conversaciones cotidianas. Las banderas blancas en las calles fueron una señal para indicar que había una persona fallecida y que podían retirarla para llevarla a una fosa común. De esta manera, fueron cientos los cuerpos que pasaban apilados en carretas por las calles de Chillán en dirección a fosas comunes. En esa línea, llama la atención la experiencia de María Nilsa, quien teniendo solo once años debió enfrentarse a la muerte de una manera muy singular.

> "En ese entonces yo tenía once años y el doctor Rodas me llevó al servicio médico para ayudar a sujetar piernas, brazos o lo que se necesitara hacer por ser hija de dos funcionarios del servicio médico del ferrocarril [...] por supuesto con la autorización de mis padres"(María Nilsa Villagra, 2021).

El terremoto de Chillán de 1939 tiene el triste récord de víctimas fatales, llegando a casi treinta mil personas, de las cuales solo cerca de seis mil fueron identificadas. Además, la destrucción material fue cuantiosa, pero detrás de esas cifras anónimas, hay cientos de historias. Por ejemplo, la entrada del cementerio de Chillán hay un monolito negro que conmemora la muerte del único hijo de la familia Lepine, muy conocida en la ciudad por ser dueña de una importante perfumería. Así lo recuerda Fresia del Carmen Aguilera, quien también en su entrevista relata cómo robaron una pompa fúnebre para dar sepultura digna a la madre de una amiga.

Uno de los acontecimientos más recordados, fue lo sucedido en el Teatro Municipal, espacio de entretención muy importante de la ciudad para esa época, donde se proyectaba lo último de las películas mexicanas y estadounidenses. De hecho, esa noche, del 24 de enero, según constan los testimonios, se estrenaba la película *El rey sin corona* (1938), función que además concertó alto interés porque sería en beneficio del cuerpo de bomberos. Paradojalmente, esa noche en medio del estreno, se comenzó a vivir una de las emergencias más grandes de la historia de Chile.

> "Las calles eran ríos de sangre, sobre todo en las afueras del teatro, donde la sangre corría por las calles, pues a la hora del terremoto, el teatro se encontraba completo en una función" (Gustavo Jarpa, 2021).

> "Otro caso comentado fue el de unos novios que estaban en el Teatro Municipal en compañía de un hermano de doce años de la novia. Se cayó la marquesina y murieron los tres aplastados, cuando fueron a remover los muertos el niño tenía el cabello totalmente blanco" (Fresia del Carmen Aguilar, 2021).

Hoy en el terreno del desaparecido teatro, en calle 5 abril, se encuentra la Casa del Deporte. Aunque de él no quedan más que recuerdos, ese espacio de la ciudad lleva consigo la memoria de esa tragedia. ¿Qué pasa con los espacios que desaparecieron? ¿Cómo marcarlos en la ciudad del presente? ¿Qué hacer con la memoria de la ausencia?

2. Las heridas y los cuidados

El terremoto se produjo en los primeros años del gobierno del Frente Popular, encabezado por Pedro Aguirre Cerda, cuyo paradigma estatal buscó potenciar la Industrialización por Sustitución de Importaciones (ISI), establecer un sistema social de protección y un desarrollo cultural por medio de un Estado docente, no por nada fue conocida la frase "Gobernar es Educar" del

Figuras 9. Ciudad de Chillán luego del terremoto de 1939. Fotografía comprada en el Persa Biobío a partir del dato del entrevistado Pedro Parra

presidente. Se entiende, entonces, la contundente respuesta estatal ante esta gran tragedia. Se creó, casi de manera inmediata a la catástrofe, la Corporación de Fomento de la Producción (CORFO) y la Corporación de Reconstrucción y Auxilio (CRA). Esta última, tuvo como parte de sus funciones la realización de un plan de reconstrucción, desarrollar planes reguladores y entregar créditos hipotecarios, entre otros auxilios.

Por otro lado, la ayuda internacional no fue menor y rápidamente se activaron movimientos de solidaridad para ir en ayuda de las víctimas y así cubrir necesidades prioritarias, como la salud y la alimentación. Estas acciones de la institucionalidad tuvieron una expresión local que marcó el devenir de la experiencia de los miles de sobrevivientes, la que se tradujeron en encuentros, en gestos amorosos y en acciones esperanzadoras.

> "Lo que más me impresionó fue ver a la Plaza de Armas convertida en hospital, muchas carpas para atender a los habitantes. Muchos servicios básicos como Correos, Registro civil, Carabineros" (Guillermo San Martín, 2022).

El escenario central de esta historia fue la Plaza de Armas de Chillán. Inmediatamente este espacio se volcó como un lugar de cuidado y adquirió tal relevancia que muchos testimonios se cruzan en este punto de la ciudad, que por definición urbana tiene un sentido altamente público. Destaca la historia de Ramón Mella, que en parte también da cuenta de lo que fue pasando con los niños y niñas, población altamente afectada por el terremoto de 1939, tanto a causa de la orfandad generada tras este, como por las consecuencias físicas y emocionales de esa parte de la población, altamente denegada de la memoria oficial de las ciudades.

> "yo salí ciego como por dos meses, entonces mi madre me traía a Chillán, en micro, y en la Plaza de Armas atendían médicos extranjeros, de eso me acuerdo yo, que me lavaban los ojos y le decían a mi mamá que probablemente me iba a quedar ciego, y mi mamá insistía, hasta que logré ver, pero quede con mucha sensibilidad" (Ramón Mella, 2021).

Así, la plaza que antes era el lugar de paseos dominicales, de trámites en los servicios públicos y de actos cívicos, era ahora un espacio de refugio, de instalación de hospitales de emergencia, de centros de acopio y distribución de comida. Lucila Salazar, tenía cerca de ocho años y recuerda que no había nada para comer y que, para abastecerse de alimento, su padre debía ir a la plaza de Chillán,

> "[...] por ahí, mi padre iba a la Plaza de Armas de Chillán, iba a conseguirse un poco de harina, un poco de alimento para podernos mantener" (Lucila Salazar, 2021).

Por otro lado, es sabido que la educación fue una preocupación fundamental para el gobierno de Pedro Aguirre Cerda y así lo recuerdan quienes, siendo niños en esa época, pudieron, luego de algunos meses, regresar a la escuela. Esto gracias un plan de construcción de emergencia que habilitó establecimientos educacionales en pabellones.

> "Empezó porque, lo primero que se hizo, el presidente ordenó hacer pabellones, pabellones en la escuela, ahí en la cancha donde se juega fútbol, alrededor de eso había, pero varias corridas de madera, y ahí en la escuela después de la plaza de la victoria. Se hicieron montones de escuelas de madera, porque el presidente era amigo de las escuelas, se construyeron muchas escuelas en el periodo de Pedro Aguirre Cerda" (Guillermo San Martín, 2022).

> "Recuerdo el Liceo de Niñas, Comercial, Escuela Técnica que fueron edificados de madera como pabellones. Sí, yo asistí en preparatoria en esos años al Liceo de Niñas" (María Nilsa Villagra, 2021).

Varios son los relatos que dan cuenta de la plaza de Chillán y de estas nuevas escuelas, como espacios de cuidado, que no solo sanaron heridas físicas, sino que permitieron proyectar sus existencias. Y nos preguntamos, ¿cómo articular esa memoria de los cuidados con la proyección urbana? ¿Son la plaza y las escuelas lugares de cuidado en el presente?

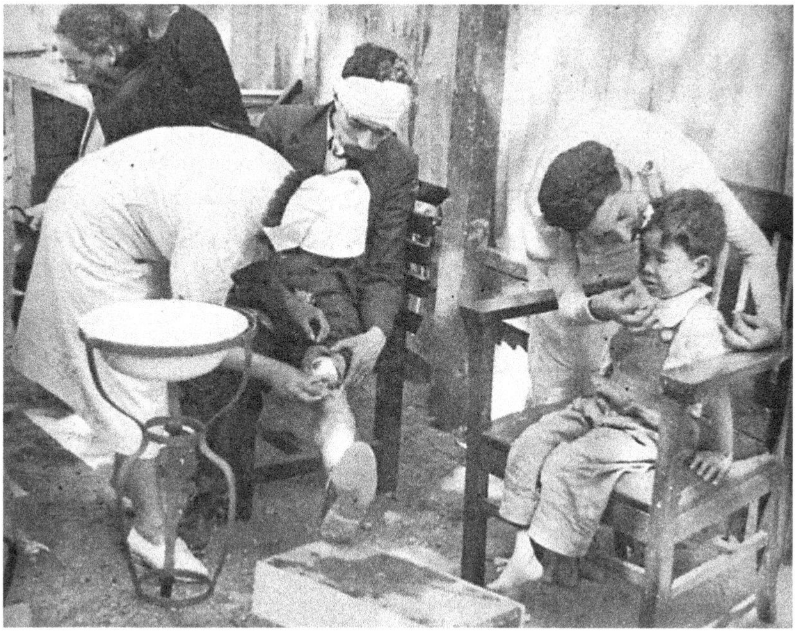

Figura 10. "Enfermeras de la Cruz Roja desempeñan activamente sus labores en los primeros momentos [...]". Revista *Zig Zag* Edición 1769, Gentileza Archivo Fotográfico y Audiovisual de la Biblioteca Nacional de Chile

Por otro lado, es necesario considerar que los pabellones de las escuelas no solo fueron símbolo de la capacidad pública de gestión y construcción, sino también de la visión estatal del Estado benefactor, que le dio a la educación un lugar prioritario. Pero esa labor docente, no solo se movilizó desde arriba, sino también gracias al compromiso y visión de profesoras y profesores de Chillán, los que fueron parte fundamental de un movimiento docente a partir de la importancia de la Escuela Normal y su influencia en el mundo público y cultural de la región para esos años. Así lo dan cuenta testimonios, que hablan del compromiso de los profesores y los esfuerzos por contener a los más pequeños desde la educación, como por ejemplo

> "Cuenta una profesora que hizo en su casa una pequeña escuela, entonces los niños y las niñas iban a su barrio a estudiar" (Pablo San Martín, 2021).

No por nada, Gabriela Mistral había visitado Chillán, en mayo de 1938, donde tendría un emotivo encuentro con el mundo docente de la ciudad.

3. La reconstrucción como proceso de imaginación

El proceso de reconstrucción de Chillán se gestó en un escenario institucional que buscó dar respuesta pública a la catástrofe de manera contundente. Como ya lo hemos mencionado, el gobierno del Frente Popular desplegó una serie de medidas para atender la emergencia y proyectar el trabajo de reconstrucción como un proceso de largo aliento. Los esfuerzos se centraron en edificar lo nuevo bajo el ideal de potenciar la arquitectura de Chillán y convertirla en una gran ciudad moderna.

Pero ante este proceso, los primeros indicios de reconstrucción en Chillán dieron cuenta, por ejemplo, de cuestiones más rudimentarias pero igualmente necesarias, como la instalación de aserraderos, como los de avenida Libertad, en plena ciudad y la ocupación del centro de Chillán como punto estratégico de la reconstrucción, pues allí se concentraron los materiales, maquinarias e implementos necesarios para esta ardua tarea. Así es como nos cuenta Guillermo San Martin, quien era solo un niño para esos años:

> "En primer lugar, se instalaron aserraderos en avenida Libertad porque digamos estaba central había luz, corriente, por lo tanto, se instalaron varias cosas en el centro, como maquinarias, mientras construían. Empezaron a construir bastante rápido, las casas de un piso todavía veo hartas casas que construyeron después del terremoto, bien firmes" (Guillermo San Martín, 2022).

En esa vorágine de la emergencia, de distribución de ayudas y del inicio del proceso de reconstrucción, muchos se las ingeniaron para aprovechar los materiales de las casas y edificios derrumbados como una forma de conseguir ingresos, los que escaseaban para esos días. Fue así como Guillermo junto a un amigo recolectaron ladrillos para ponerlos en venta en el mercado de Chillán, los que eran usados para levantar pandaretas,

> "[...] había un carrito en donde poníamos a mi hermano chico para salir (el cual murió la noche del terremoto), e íbamos a cualquier parte, y empezábamos a sacar ladrillos, y los íbamos a vender, y de ahí comprábamos cosas para comer, porque no había nada para comer" (Guillermo San Martín, 2022).

Mientras, Guillermo, siendo niño, intentaba apoyar la economía familiar, su padre, don Aladino San Martín debía emprender rápidamente labores de construcción, dejando atrás su trabajo como vendedor en la farmacia de la familia Brunet. Es que este fue el destino de cientos que debieron cambiar completamente sus rutinas y emprender nuevos trabajos para subsistencia familiar. Esto fue parte de un proceso de reconversión laboral casi espontáneo, de cientos de personas, principalmente hombres, que a partir del terremoto cambiaron sus vidas y se dedicaron labores de carpinteros, maestros y constructores,

> "Mi abuelo trabajó en la botica de la familia de Marta Brunet y luego del terremoto de 1939 su se convirtió en carpintero, porque la botica se había caído. Mi abuelo participó en alguna de las construcciones modernistas, tengo una foto construyendo un mausoleo con un gran diseño de arquitectura similar al de la catedral, yo creo que era medio superdotado porque trabajaba en madera, montaje, albañilería, en todo".

Así nos cuenta Pablo de su abuelo Aladino, quien con su fuerza de trabajo, como la de tantos, hizo posible que la impronta de la arquitectura moderna se proyectara en Chillán. Y sin duda uno de los íconos principales de esa proyección, es la Catedral de Chillán, la que no tardó en ser reproducida en los cementerios de la región de Ñuble y es hoy considerada uno de los espacios religiosos y cívicos fundamentales de Chillán.

Figura 11. Foto compartida por Pablo San Martín de la construcción del memorial inspirada en la catedral de Chillán construida por su padre y abuelo. Fuente: Pablo San Martín

Podríamos decir que fue inmediato el asombro de parte de los chillanejos y chillanejas ante su nueva Catedral, la que demoró casi dos décadas en ser construida. Se transformó, por un lado, en un símbolo de memoria, pues allí se construyó una cruz de hormigón de 36 metros de altura que conmemora a las víctimas del terremoto de 1939 y por otro lado fue símbolo de futuro, de estar habitando otro tiempo. Su arquitectura y el proceso de construcción despertó la atención de muchos, incluso de los más pequeños, quienes iban a dibujarla durante la tarde como tarea escolar, así nos relata Inés Alarcón,

> "La había dibujado como de lado porque si la dibujaba de frente tenía que hacerle todo el detalle que tenía adelante y eso ya era muy difícil, había que hacerlo de distintas maneras porque la profesora que nos dijo que la hiciéramos quería que nosotros de donde la quisiéramos mirar la hiciéramos, porque quería ver dibujos desde todos los ángulos, entonces yo la hice de lado" (Inés Alarcón, 2021).

Por otro lado, como parte de esta nueva arquitectura que comenzaba a formar parte de la cotidianeidad e imaginario local, destaca en las entrevistas realizadas la Escuela México. Este edificio tiene la particularidad de edificarse en contexto político cultural que permitió su construcción. Es que luego del terremoto de 1939, el presidente mexicano Lázaro Cárdenas creó la Corporación de Ayuda a Chile que se encargó de gestionar y articular diferentes iniciativas. Así es como el gobierno mexicano entregó los recursos para construir una escuela en Chillán, obra que fue ejecutada por la recién creada Sociedad Constructora de Establecimientos Educacionales. En el interior del recinto se realizaron murales de los destacados artistas mexicanos David Alfaro Siqueiros y Xavier Guerrero.

¿Qué hace de estas obra algo tan especial? En Chillán existió una importante actividad creativa guiada por artistas, profesores e intelectuales. Un ejemplo fue la labor de Marta Colvin y del Grupo Tanagra, el que conformó una Sociedad de Artes Plásticas y que recibió activamente a Siqueiros durante esos años. Así, los murales son expresión de un momento cultural y político, de gestos de solidaridad latinoamericanista, que tenían entre sus búsquedas artísticas una fundamental preocupación por la identidad del Arte Latinoamericano y las luchas de sus pueblos.

Estos hechos son recordados al igual que la impronta de los murales en la ciudad,

> "Los que ayudaron harto fueron los mexicanos, que hicieron la escuela México, ahí pintores pintaron los murales, que fueron famosos, porque los pintores eran famosos en México y en el mundo entero.
> Luego de casi tres años del terremoto, construyeron la escuela México. Era una escuela muy adelantada para la época. [...] Es que claro, era normal, en la escuela México el edificio era hermoso, el edificio en sí es muy bien hecho, muy bien construido, y tenía una piscina que la sacaron [...]. Los murales estaban en la biblioteca, y cuando pedíamos un libro o ir a estudiar podíamos entrar, y ver esos cuadros hermosos" (Benjamín Parra, 2021).

Así, edificios como el de la Catedral y la escuela de México, entre muchos otros que se levantaron en el proceso de reconstrucción, se hicieron parte de nuevas formas de imaginación urbana, que por un lado, transformaron el diario vivir de sus habitantes quienes se aventuraron a tomar nuevos caminos y por otro lado, se gestó una convivencia con nuevas estéticas urbanas y también latinoamericanas que los habitantes de Chillán hicieron suyas, como parte central del escenario de sus biografías.

EXTRACTO DE ENTREVISTAS REALIZADAS POR FUNDACIÓN ALDEA, EN EL MARCO DE LAS JORNADAS DE PARTICIPACIÓN CIUDADANA, PROYECTO: "PATRIMONIO MODERNO EN CHILLÁN: EL TERREMOTO DE 1939 Y EL PROCESO DE RECONSTRUCCIÓN"

María Nilsa Villagra Garrido
Nacida en 1927, 90 años

¿Dónde se encontraba cuando ocurrió el terremoto de 1939?

En casa ubicada en Avenida Brasil Barrio Estación de Chillán.

¿Cuál fue la impresión al ver las condiciones en que quedó la ciudad de Chillán luego del sismo?

Un desastre, muchas casas de adobe en el suelo, muchos incendios y polvo en suspensión de los derrumbes de las viviendas, con el sismo el estanque de agua de la estación se vació en mi casa.

¿En qué condiciones quedó su vivienda familiar? ¿dónde debieron pernoctar?

La casa se cayó completamente, nos quedamos durmiendo por un gran tiempo en un coche del tren chico.

¿Cómo accedían al agua potable? (para cocinar, ir al baño, etc.)

No hubo problemas con el agua potable ya que nos abastecemos del pozo de agua del ferrocarril; se cocina en el patio de la estación; se hicieron cosechas de emergencia.

¿Conoce las construcciones de emergencia que se construyeron post terremoto del 39? ¿Qué sabe de ellas, tiene recuerdos personales o familiares ligados a estas edificaciones?

Se construyeron los pabellones Pizarro, Pabellones Escuela Normal, más una escuela habitada por gente que perdió sus casas totalmente; no, no hubo familiares afectados.

¿Usted o alguien de su familia fue atendido en algún servicio médico de emergencia?

No.

¿Qué recuerdos tiene de la visita del presidente Pedro Aguirre Cerda del 20 de agosto de 1939?

Vino para informarse de la situación en que quedaron las familias y la ciudad para prestar la ayuda correspondiente.

¿Tiene recuerdos de alguna experiencia relativa a los establecimientos educacionales de emergencia? Quizá de alguien que haya asistido a clases en esos lugares, o si usted mismo/misma asistió.

Recuerdo el Liceo de Niñas, Comercial, Escuela Técnica que fueron edificados de madera como pabellones. Sí, yo asistí en preparatoria en eso años al Liceo de Niñas.

¿De qué manera se sintió la solidaridad luego de la tragedia?

La ayuda llegó cuando empezó a llegar el tren con alimentos y enseres; en avión llegó ayuda de varios países.

¿De qué manera su familia logró restablecer su vida cotidiana ? (Se demolió la casa y se construyó otra, se restauró la casa, se cambiaron de barrio/ciudad, recibió una vivienda nueva, etc.)

Como mi padre Pedro Villagra Pérez trabajaba en el servicio médico del ferrocarril y mi madre María de las Nieves Garrido Troncoso, ella era matrona y el practicante (se llamaba en esos tiempos) por lo que tenían derecho a casa y edificaron el Servicio Médico en la propiedad en que vivíamos y dormíamos en un coche del tren chico mientras estaba edificando.

¿Otros comentarios?

La noche del terremoto tembló toda la noche con truenos y relámpagos, la ciudad estaba iluminada por los incendios... se sentían los gritos despavoridos pidiendo ayuda y auxilio en toda la ciudad. A los pocos días después del terremoto de 1939, empezaron a pasar por las calles las carretas y carretillas llenas de cadáveres, donde colgaban brazos, piernas y cabezas a pesar de que iba un hombre sujetando los cadáveres que iban a una fosa común del cementerio.

En ese entonces yo tenía once años y el doctor Rozas me llevó al servicio médico para ayudar a sujetar piernas, brazos o lo que se necesitara hacer por ser hija de dos funcionarios del servicio médico del ferrocarril... por supuesto con la autorización de mis padres.

Rafael Sepúlveda Sepúlveda
Nacido en 1934, 83 años

¿Dónde se encontraba cuando ocurrió el terremoto de 1939?

Fundo Alico, Coihueco.

¿Cuál fue la impresión al ver las condiciones en que quedó la ciudad de Chillán luego del sismo?

De acuerdo con lo que me contó mi papá Rafael Sepúlveda Oñate, el cual recorrió Chillán el día siguiente al terremoto, me expresó una desolación terrible. Y una sensación traumática al ver la magnitud de los incendios y el colapso generalizado de las edificaciones en Chillán (comprendiendo que aquello significaba la desaparición de familias completas). Siendo una de ellas la casa de mi abuelo Adriano Sepúlveda Lagos en calle 18 de septiembre llegando a avenida Libertad, la cual quedó reducida a escombros (felizmente la noche del terremoto nadie pernoctaba en la casa, debido a que mi abuelo había fallecido el año anterior y la familia se encontraba distribuida en predios alrededor de Chillán).

Recuerdo que mi papá me contaba con una sensación escalofriante, que él deseaba asistir al teatro la noche del terremoto, pero por razones que no lograba describir decidió retirarse de la ciudad y junto a su caballo se dirigió rumbo al fundo Los Tilos (donde vivía su hermana Raquel Sepúlveda Oñate junto a su marido Guillermo Parr) al norte del río Ñuble. El recordaba cómo se veían desde el norte las llamaradas nocturnas provenientes de Chillán.

¿En qué condiciones quedó su vivienda familiar? ¿dónde debieron pernoctar?

Tipo 11, 12 de la noche mi prima Olive Parr Sepúlveda (aproximadamente quince años mayor que yo), frente al sismo impávidamente me retira de mi cuna y me lleva a un lugar seguro fuera de la casa (posteriormente mi habitación colapsó). La vivienda familiar colapsó en un 60% y el resto quedó con evidentes fallas estructurales (casa de adobe con techo de madera y teja). Esa misma noche debimos pernoctar bajo los castaños que rodeaban la casa (se construyó un campamento provisorio en torno a la casa, en el cual vivimos por unos tres meses —por temor nadie quería volver a las casas y las condiciones climáticas eran favorables—, luego nos fuimos a la casa principal del fundo Alico hasta que aproximadamente en el año 1942 mi papá terminó nuestro nuevo hogar en el fundo Las Veguillas).

¿Cómo accedían al agua potable? (para cocinar, ir al baño, etc.)

Se accedía al agua potable mediante la extracción de agua de las quebradas que rodeaban la casa mediante cántaros; posteriormente se reconstruyeron las canoas (caudal proveniente del estero Los Guindos, donde las canoas cumplían la función de conducir el agua de forma aérea en los accidentes geográficos en su camino) que alimentaban los canales de regadío del fundó y abastecía el agua para consumo humano

¿Conoce las construcciones de emergencia post terremoto del 39? ¿Qué sabe de ellas, tiene recuerdos personales o familiares ligados a estas edificaciones?

Recuerdo vagamente la construcción de casas rústicas de madera a lo largo de avenida Libertad.

¿De qué manera su familia logró restablecer su vida cotidiana ? (Se demolió la casa y se construyó otra, se restauró la casa, se cambiaron de barrio/ciudad, recibió una vivienda nueva, etc.)

Si bien la casa de mi abuelo en Chillán quedó reducida a escombros, no la usábamos debido a que nos habíamos mudado al campo. Siendo nuestra casa una casa con tecnología de adobe, la cual quedó inhabitable, inicialmente se improvisó un campamento por aproximadamente tres meses, luego nos fuimos a la casa de mi tío y posteriormente mi papá construyó una casa nueva en Las Veguillas en 1942, retomando la normalidad en nuestras actividades.

¿Otros comentarios?

Me parece interesante destacar que, en contraste a la destrucción total de Chillán, existieron casas que no sufrieron mayores daños, evidenciando la existencia de técnicas de construcción antisísmicas en aquella época. Como, por ejemplo, la casa de mi tía Olga Sepúlveda Oñate junto a su marido el general Bartolomé Blanche Espejo, ubicada en calle 18 de septiembre, como también la casa de mi tía Graciela Sepúlveda Oñate junto a su marido Pío Herreros también ubicada en calle 18 de septiembre. Además, recuerdo que mi primo Guillermo Parr Sepúlveda me comentaba acerca de un sismo anterior al de 1939, el cual había provocado daños en la mayoría de las casas de Chillán, materializándose en fracturas en las edificaciones de adobe, las cuales fueron parchadas y consecuentemente en el terremoto de 1939 fueron reducidas a escombros.

Alicia Silva Contreras
Nacida en 1927, 90 años

¿Dónde se encontraba cuando ocurrió el terremoto de 1939?

En mi casa en Chillán, que era la casa de mi mamá, tenía como trece años, estaba acostada con mi hermano y quedé enterrada en los escombros, mi hermana quiso salir y se trancó la puerta y no pudo, después que pasó el terremoto se abrió sola la puerta y mi hermana salió.

¿Cuál fue la impresión al ver las condiciones en que quedó la ciudad de Chillán luego del sismo?

Tremenda, porque caminamos una cuadra y no había una casa en pie, todo en el suelo, en la población todo era de adobe y cayó al suelo. Yo veía cómo caían las tablas de la casa y pensaba que era el fin del mundo, y tantos muertos, que los echaban así no más al cementerio en una fosa.

¿En qué condiciones quedó su vivienda familiar? ¿dónde debieron pernoctar?

Mi casa cayó toda y yo quedé enterrada en el escombro y no me pasó nada. Yo estaba acostada en una cama con mi hermano, se hundió el somier y el catre era de fierro y le quebró el pecho a mi hermano y los médicos gringos lo atendieron. Para dormir dormíamos las primeras semanas en el patio y luego con unas pocas latas se hizo una mediagua y ahí dormíamos, porque seguía temblando, seguía temblando.

¿Cómo accedían al agua potable? (para cocinar, ir al baño, etc.)

Era agua de pozo no más, claro que no tan purita no más porque con el remezón quedó media turbia.

¿Conoce las construcciones de emergencia que se construyeron post terremoto del 39? ¿Qué sabe de ellas, tiene recuerdos personales o familiares ligados a estas edificaciones?

Algunas más o menos iguales y los que podían iban construyendo un poquito mejor, nosotros teníamos ahí una mediagua que era cocina, comedor, dormitorio todo junto.

¿Usted o alguien de su familia fue atendido en algún servicio médico de emergencia, como, por ejemplo, el Hospital San Juan de Dios?

No, solo los médicos norteamericanos que atendieron a mi hermano en el hospital de campaña.

¿Qué recuerdos tiene de la visita del presidente Pedro Aguirre Cerda del 20 de agosto de 1939?

Para mí fue un excelente presidente, fue muy querido de la gente, porque era muy humanitario. En los colegios nos daban desayuno, leche y nos daban almuerzo y la primera dama era muy amable. La gente lo recordaba como un buen presidente. La gente decía va a venir el presidente, va a venir el presidente, pero yo no me acuerdo.

¿Tiene recuerdos de alguna experiencia relativa a los establecimientos educacionales de emergencia? Quizá de alguien que haya asistido a clases en esos lugares, o si usted mismo/misma asistió.

Mi colegio se cayó una parte, pero la otra no, quedaba cerca del mercado, no sé si se llamaba Escuela 3 o 4, y ahí teníamos clases en la parte que quedó buena.

¿De qué manera se sintió la solidaridad luego de la tragedia?

Llegó harta ayuda de hartas partes, pero también el que reparte toca la mejor parte y después se veían cosas en casas de gente con plata. En la plaza la Victoria los militares iban dando en un tarrito duraznero el azúcar, arroz, harina y de mi casa tenían que salir a pedir todos para alcanzar a cocinar algo, porque éramos varios, yo me quedaba con mi sobrina y todos los demás salían.

¿De qué manera su familia logró restablecer su vida cotidiana? (Se demolió la casa y se construyó otra, se restauró la casa, se cambiaron de barrio/ciudad, recibió una vivienda nueva, etc.)

Mi mamá se las arreglaba con su huerta que vendía de todo, hasta las hojas de parra a los Rabie, y con su pensión, porque como falleció mi papá, mi mamá tenía pensión, y mis hermanos no podían trabajar porque no había donde.

Ramona Castillo Castillo
Nacida en 1923, 94 años

¿Dónde se encontraba cuando ocurrió el terremoto de 1939?

Vivía en el sector de Parralito, ciudad de San Carlos en la Quinta del Naranjo. Yo trabajaba como empleada de una señora que tenía dos hijas.

¿Cuál fue la impresión al ver las condiciones en que quedó la ciudad de Chillán luego del sismo?

Quedó todo en el suelo Chillán Viejo, la ciudad de San Carlos también se derrumbó.

¿En qué condiciones quedó su vivienda familiar? ¿Dónde debieron pernoctar?

La casa quedó con una sola teja arriba, el resto quedó en pie la estructura de la casa. La condición de la casa no daba seguridad para dormir, el mozo que trabajaba en la casa fue al galpón por unas carretas, ahí armaron cama para dormir.

¿Cómo accedían al agua potable (para cocinar, ir al baño, etc.)

Había un pozo con un estanque el cual no se cayó, con este sistema abastecía toda la casa por medio de cañerías. En la casa había baños adentro para los dueños de las casas y para las empleadas baño de pozo, gracias a este sistema no tuvieron problema de agua. Para enjuagar la ropa iba a un canal que había cerca de la casa.

¿De qué manera se sintió la solidaridad luego de la tragedia?

La gobernación/municipalidad entregaban café crudo en grano, el cual tostábamos y molíamos en molinillo para prepararlo luego en una cafetera, también nos entregaban polenta para preparar comida.

¿De qué manera su familia logró restablecer su vida cotidiana? (Se demolió la casa y se construyó otra, se restauró la casa, se cambiaron de barrio/ciudad, recibió una vivienda nueva, etc.)

La casa que habitábamos no sufrió grandes daños, las tejas se cayeron en gran parte las que fueron repuestas por medio de la compra de ellas por parte de la patrona, los días siguientes hubo muchas réplicas, sin embargo, la casa estaba en condiciones para seguir viviendo en ellas.

Lucila Gricelda Salazar Vega
Nacida en 1930, 92 años

Para comenzar a ejercitar la memoria sería bueno que usted, libremente hablara, sobre dónde nació, su nombre, dónde estaba usted el 24 de enero de 1939

"Yo nací en Chillán, ese día estábamos en nuestro dormitorio con mi madre, yo tenía como once, nueve años, si era niñita. Han quedado muchos recuerdos grabados en mi mente, entonces, qué pasó, que más o menos que entre once, doce de la noche estábamos acostadas en el dormitorio con mi madre y dos hermanas, y de repente yo siento que me caen cosas arribas de la cara, y empecé a gritar: "¡Papito! ¡Papito! ¡Papito!", y empezaron a caer cosas y piedras, pero yo estaba en una cuna, entonces, las vigas se atravesaron en la cuna, y por lo hoyitos que quedaban me caían a mí las piedras y la tierra. Llamaba al papá, y al entrar al dormitorio quedó apretado entre las rendijas de la puerta, y gritaba y llamaba gente, al último pudo desprenderse, y nos sacó. Yo salí sin ninguna herida, nada, mi hermana también, y mi madre salió con su niño chico, que era la guagüita que había en la casa. Mi padre estaba en el comedor jugando a los naipes con un hermano mío. Mi padre reclamaba por los incendios que se veían en todas partes. Y reclamaba por la gente, que nadie venía aquí, que nadie ayudaba, qué gente más desgraciada, cómo es que mis amigos no vienen a verme. Y al otro día nos dimos cuenta que la pieza en la que nosotros dormíamos, pero estaba abajo completa, cómo escapamos no sé. Mis hermanas se escondieron debajo de la mesa, y corrían de aquí para allá."

¿Dónde estaba esa casa?

"Esa casa estaba cerca de la plaza San Francisco, de la iglesia. Estaba la plaza ahí mismo, nosotros íbamos a buscar agua ahí, no había agua, no había qué comer, no había nada. Al otro día empezaron las tragedias, había casas en que estaba toda la familia muerta, y estaban todos en la calle y pasaban los camiones para echarlas y llevarlas a la fosa común.

Nosotros tuvimos que dormir en un gallinero, y después mi padre hizo una rancha en el tronco que tomó de un árbol, llovió y por ahí entró agua y mi mamá le dio una pulmonía y se murió, sí... mijita, yo estaba tan chiquitita, las cosas fueron terribles, mija.

Frente a nosotros teníamos una vecina muy buena, que trabajaba en la Compañía de Teléfonos, cuando sintió el temblor ella corrió como loca a buscar a su hijito, cuando llegó a su casa el hijo estaba debajo de los escombros, vivo, y la llamaba "mamita, mamita, ven mamita", y no pudieron sacarlo, porque si movían un palo el niño se moría, y estuvieron al otro día dándole agüita para abajo hasta que el niño murió, murió su niño, se volvió loca, andaba con su niño en brazos como loca, y le decía a mi papá "porque no me busca una parte para enterrar a mi hijito", era el único hijito que tenía la señora".

¿Y después de cuantos días a tu mamá le dio la neumonía?

"Sería como al mes, mes y medio más o menos y murió. Bien poquito después del terremoto, mija por dios, ahí perdí a mi mamá".

¿La enterraron en el cementerio?

"Ahí poco sabía, porque en ese tiempo no nos tomaban en cuenta los mayores, pero parece que sí, mi padre le consiguió un lugarcito para que la enterraran ahí, porque el cementerio estaba todo copado. Si a los muertos los llevaban a la fosa. Los llevaban en camiones y los echaban y los llevaban a la fosa. Otra tragedia también, de una niñita que estaba en el teatro; pasó como una semana debajo de los escombros, y al último la sacaron se alimentaba con pastilla, la sacaron, pero al sacarla tantos días sin comer, sin alimentarse, murió. Salió como loca de ahí.

Nosotros íbamos a buscar agua a la capilla, a la iglesia, la iglesia Santo Domingo, y había agua y nosotros no teníamos, los curas nos daban agua.

Pero sufrió mucho. Se sufrió mucho, mucho. No he escuchado nunca más un terremoto así. Porque estaban todos muertos. Después hubo otro en Chillán, pero vivíamos en Ñiquen nosotros, nos fuimos a una villa a lo alto, y de ahí donde unos amigos a dormir, porque venían los temblores y venían los temblores. Así fue mi vida".

En el terremoto del 2010 a muchas personas les dieron una mediagua para poner en su terreno. ¿En 1939 tuvieron algún tipo de ayuda?

"Nada, nada, nada. Mi papá se las arregló como pudo mi viejo".

¿Tú sientes que haber vivido el terremoto del 39 marcó tu vida?

"No creo, porque era tan niña yo, que no, no. Después cuando hubo temblores me daban miedo. En el terremoto de Valdivia mi hermana tuvo que ir al cerro, y le llevé alimento, pero no cayeron tantas casas".

¿Y qué podríamos nosotros aprender del terremoto del 39, para que no lo repitamos en los próximos terremotos?

Lo que yo veo es tener fe, paciencia, y si algo nos pasa en la casa seguir viviendo. No sacamos con volvernos locas, porque no podemos hacer nada. A lo imposible no podemos hacer nada. Yo me acuerdo de muchas cosas, de las cosas que le marcan en la mente a uno. Podría decirle tantas cosas, pero el papá ahí nos tenía encerradas. Era muy, muy mañoso, estricto, no mañoso, se hacía lo que él decía. Hay muchas cosas que nosotros no pudimos ver.

¿Sabes dónde está enterrada tu mamá?

"Yo le hice la tumba a mi madre, con mi primer sueldo, compré su terreno y después le hice su tumba. Y está muy bonita porque la tengo toda tapadita. En Chillán yo tengo muchos muertos, a mi padre, a mi madre, mi madrastra, a mi hermano. Yo los voy a ver a sus tumbas".

Ramón Mella Brieva
Nacido en 1935, 82 años

¿Cuáles son sus memorias del terremoto?

En ese tiempo no sé por qué motivo las casas eran muy altas, pero los postes de las casas se enterraban en la tierra sobre tres años nueve meses, y mi casa era alta de adobe, encima del adobe le ponían como una arenilla, papeles. Y yo me acuerdo de que esa noche del terremoto, según mi hermana mayor, mi madre sacó a la guagua, mi hermano mayor salió solo, y nadie se acordó de mí, y debajo de mi cama había una caja, y cayó una viga, y eso me salvó la vida, y quedé entre la caja y la viga, y la casa cayó completamente, la casa era un montón de escombros, y yo gritaba, pero nadie se atrevía a entrar. Se hizo una especie de túnel que se metió un empleado de la municipalidad, donde me ayudaron, me tomaron de la mano y me sacaron a tirones, yo salí ciego como por dos meses, entonces mi madre me traía a Chillán, en micro, y en la Plaza de Armas atendían médicos extranjeros, de eso me acuerdo yo, que me lavaban los ojos y le decían a mi mamá que probablemente me iba a quedar ciego, y mi mamá insistía, hasta que logré ver, pero quedé con mucha sensibilidad. Murió mucha gente en Pinto. Esa noche mi padre nos llevó a un galpón donde tenía los animales, y ahí nos ponía, y nos taparon con la canoa de los animales, estuvimos varias noches".

Don Ramón, ¿Cuánto tiempo estuvo usted en tratamiento médico para sus ojitos?

Unos seis meses, y estuve dos meses sin ver, no veía nada.

¿Y lo tenían con los ojos vendados?

Vendados, cuando pude ver, logré ver Chillán, era toda una ruina, todo en el suelo, la gente se iba para otra ciudad. La gente tenía miedo de las enfermedades. Se decía que había que incendiar la ciudad, se decía que iban a construir la ciudad al lado del puente Ñuble, pero después hicieron las pruebas y funcionaba el alcantarillado, y no hubo problema.

¿Dónde venías a alojar cuando venías al doctor?

Donde una tía que vivía en Santo Domingo.

¿Y esa casa cómo quedó después del terremoto?

Se cayó, pero hicieron como una rancha provisoria, vivimos en Pinto hasta los diez años, y nos trasladamos a Chillán porque mi papá era empleado municipal, era administrador del matadero municipal, y el matadero queda en avenida O'Higgins, ese era el antiguo matadero, y después en avenida Brasil, en una calle corta, y ese lo hicieron después del terremoto, pero funcionó mucho tiempo el de calle O'Higgins".

¿Entonces usted llegó a Chillán en los años cincuenta más o menos? ¿O a finales de los cuarenta?

"En 1949"

¿Y de esa ciudad estaba terremoteada?

"La estaban levantando rápidamente. Había préstamos muy blandos, y se construyó rápido, pero siempre plano, no hacían casas de dos pisos, se construyó rápido Chillán. Cuando llegué a Chillán estaba en completo desarrollo, recuerdo de Pinto de niño ver todas las casas en el suelo. En Pinto cayeron todas, que eran de adobe.

¿Y qué hicieron después en Pinto, como reconstruyeron en Pinto?

Cada uno construyó por su cuenta, el que tenía recursos.

¿Y de qué material la hicieron?

Mayormente de madera, la gente tenía miedo, después del terremoto, las casas de madera resistieron todas.

¿Y usted cree que hubiera sido bueno que se tratara la salud mental de la gente después del terremoto?

Yo creo, porque mi madre quedó media trastornada, enferma, se recuperó después de un tiempo, pero en ese tiempo no había psicólogo, psiquiatra, nada. Mi mamá quedó mal. Y todos pensaron que yo me iba a morir cuando quedé enterrado, recuerdo cómo me caía tierra en la cara, debajo del catre con la cajita. Yo todavía me acuerdo de cuando me tiraron la mano y me sacaron, todavía tengo claustrofobia, me da miedo la resonancia magnética, quedé con el trauma de quedar encerrado.

¿Y fue buena la atención médica que recibió usted?

Sí, en Chillán había médicos extranjeros, según mi madre me atendió un médico japonés, debió ser oftalmólogo.

Guillermo San Martín Barrera
Nacido en 1931, 86 años

"Yo, tomé esa fotografía [muestra una fotografía] con una de cajón, ahí está, él, mi papá, era también aficionado a esto, tomaba fotografía. El problema del terremoto del 39, yo... A ver, nosotros con mi mamá y un hermanito, tres días antes del terremoto, nos subimos a los camiones que venían de otros lugares, traían sus elementos, trigo, etc., y a la vuelta traía gente porque no había movilización, y mi mamá, mi hermanito y yo tomamos eso para ir a San Ignacio, a mi mamá la habían invitado a una trilla, y tenía una herida en la pierna y no podía caminar mucho. El terremoto en sí nos pilló allá, en una casona grande, de paredes muy altas, sin postes, el techo estaba sobre la muralla, que, por supuesto eso cayó todo, ahí me quedé enterrado yo, seguramente que algo me cayó en la cabeza y rompió. El caso es que cuando desperté tenía el paladar lleno de tierra, como no sabía qué había pasado, empecé a mover para ver qué pasaba, y no pude porque se empezó a llenar el lugar de polvo. Felizmente no tuve ninguna herida, pero no me podía mover porque estaba preso de todos lados. Sentía que me estaban gritando unas personas que ayudaban a mi mamá, gritando a donde yo estaba, y les gritaba, pero no me escuchaban porque estaba con dos murallas encima, porque eran murallas de adobe sin poste.

De ahí para adelante la cosa se puso bastante pesada, porque yo como estaba abajo sentía los llantos de mi hermanito que en ese tiempo tenía cuatro años, y le decía que estuviera tranquilo porque la mamá luego iba a ir a verlo. Después ya mi mamá dijo dónde estaba, y ahí salí yo y salimos buscando a mi hermanito. Previamente a eso mi mamá cuando empezó el terremoto se tiró bajo la cama para ir por mi hermanito, pero como no había poste cayó todo el lugar y quedó imposible. Cuando llegamos al lugar donde estaba mi hermanito, yo lo sentía llorar, pero cuando llegamos estaba muerto, muerto y con el rostro... horrible. Tenía cuatro años. Eso fueron cosas para mi inolvidables, me salvé de no tener nada, pero vi cómo las murallas se habían caído, quedé encerrado en un ángulo, si no, no estaría contando, salimos, mi mamá se atendió, y ahí ya no se pudo mover estaba quebrada con costillas, el pecho hundido.

Así es que ahí estuvo ella... como tres días. Y pasó en ese tiempo un tipo ambulancia, supieron que mi mamá estaba en esas condiciones y la trajeron a Chillán, al hospital viejo, que habían unos corredores grandes, y ahí tuvo la suerte que pasó una persona conocida, así que mi mamá lo llamó para que le avisaran a mi papá, que había ido a San Ignacio, sepultamos a mi hermanito, y de ahí habíamos ido buscando algo en qué traer a mi mamá y a mí, todo lo que se moviera no se podía tomar porque estaba prohibido, porque estaba para acarrear muertos. Sencillamente no se podía. De manera que ahí supo que había quedado solo, ya con eso quedó conforme la mamá porque él me había ido a buscar a San Ignacio. A mi mamá la llevaron en tren de carga, tendida en el piso, llegaron a Santiago, por lo menos mi mamá quedó en el hospital San Borja, una suerte porque ella años atrás había trabajado en el hospital San Borja, estaba en manos de monjas, así que las monjas la identificaron y la atendieron muy bien. Ya estábamos acá más tranquilos, pero había otra cosa, en ese periodo estaba de presidente don Pedro Aguirre Cerda, y fue al hospital San Borja para ver a los enfermos, los quebrados, y llego donde mi mamá, y esta le dijo que yo estaba en San Ignacio solo, que mi papá estaba en Chillán, y el presidente dio orden para que me fueran a buscar a San Ignacio, y yo había salido, y no me encontraron. Si me hubiesen encontrado me habrían llevado quién sabe dónde."

A un hogar de niños probablemente

Claro. Esa fue otra salvada que tuve. Después mi papá me fue a buscar en bicicleta, quedamos en pana, hicimos parar a un camión y llegamos a Chillán. Cuando yo entré en el camión a Chillán, llegamos a la avenida Collin y miraba y se veía hasta la otra avenida, todo en el suelo, las únicas casas que quedaron fueron las que estaban al frente de la Plaza de Armas, donde está el banco, y lo que habían construido recién, fueron los dos edificios que quedaron, lo demás barrido, así que ahí me di cuenta yo que aquí... nuestra casa no cayó, y no hubiera muerto mi hermanito, pero estábamos allá.

¿Cómo se llamaba su hermanito?

Carlos, Carlitos, era muy alegre, yo me acuerdo que estaba acostado, se reía como los niños, todo era nuevo para ellos, Carlitos se reía, porque era muy activo también, y después cuando lo veo estaba hecho pedazos, destruido, su rostro, quedó a la entrada del cementerio de San Ignacio, y después habían sacado todo, quién sabe dónde quedó mi hermanito.

Del terremoto del 39, ¿qué lecciones podríamos haber aprendido?

Las construcciones todas fueron para asegurarse de que no cayeran con un terremoto, porque antes también lo que influía mucho era que las piezas eran muy altas y el material, acá las primeras casas son bajas, es un búnker. Se tomaron muchas precauciones.

¿Y usted después cuando creció en qué trabajó?

En el Banco del Estado, ahí estuve yo veinticinco años, para jubilar, porque el total de la estadía en el banco eran treinta y cinco años, y yo jubilé a los veinticinco años porque se iba a eliminar, porque estaba todo en el periodo del general, y muchos colegas quedaron ahí pensando que a los treinta y cinco años iban a jubilar.

¿Y usted fue fotógrafo amateur?

Toda la vida.

Juan Carlos Olmedo Ulloa

Habitante de pabellones de emergencia escuela normal Juan Madrid
Nacido en 1952, 65 años

El terremoto de Chillán fue en 1939 en febrero, estas casas se entregaron en el año 1941 y llegamos el año 1941, aquí vivía un médico que era jefe de mi abuela y ella en 1941 se quedó aquí cuando él se fue.

¿Cómo se llamaba su abuela?

Se llamaba Javiera Ramírez Carvajal, ella vivió aquí con mi papá, después falleció en los años setenta y mi papá quedó viviendo aquí solo, conoció a mi mamá que siempre vivió en Chillán y cuando se casaron vinieron a vivir en esta casa, nosotros nacimos en esta casa, los tres hermanos. Mi papá fue profesor en Coihueco y yo nací allá por casualidad, pero siempre vivimos aquí, mis hermanos nacieron acá.

¿Cómo le llaman a este sector?

Le llaman el Pabellón Normal 30, mientras mi papá vivía aquí estos pabellones le pertenecían a la municipalidad, después hubo una división y se pagaba arriendo y después ya no se pagó arriendo porque la parte de arriba, el cascarón, era municipal y el terreno era fiscal, entonces la municipalidad que era dueña del cascarón, la estructura de madera, la entregó a quienes allí vivían y luego bienes nacionales regaló las tierras.

¿Eso en qué año fue?

Sacando la cuenta, fue en el año 1978 o 1979, yo estaba casado y vivía aquí en ese instante, entonces Bienes Nacionales dieron escritura a las personas que vivían en las casas en ese instante. Mis padres habían comprado un departamento y se fueron en el año 1979, yo me había casado en 1977 y arrendamos una pieza con mi mujer, como ellos se habían ido me dejaron viviendo aquí para que no pagara arriendo y como estaba viviendo aquí, la propiedad pasó a mi nombre. Me volvieron propietario porque yo vivía aquí, entonces todos los que estaban en la misma situación se volvieron propietarios, por ejemplo, en la casa de enfrente vivía la empleada porque los dueños de casa se habían ido a Santiago, entonces la empleada se quedó legalmente con la casa. La señora del lado arrendaba, así que también se volvió propietaria de la casa.

¿Y no se molestaron los antiguos propietarios?

No, porque no eran propietarios. Por ejemplo, en mi caso yo vivía aquí y mis hermanos no eran parte de la herencia de este lugar porque no pertenecía el terreno a mis padres, ellos nacieron aquí y todo, pero era yo el que se encontraba en la casa en ese momento, la ley así lo decía, pasaban las visitadoras y te preguntaban "¿usted vive aquí?", decías que sí, te pedían todos tus datos, anotaban y se hacía el trámite, era la única forma de cortar el queque porque había personas que arrendaban, y no puedes arrendar algo que no es tuyo.

¿Ustedes por un tiempo no pagaron nada?

Claro, pero mis padres pagaban, primero mis abuelos pagaban un arriendo que en equivalente al dinero de ahora deben ser unos tres mil pesos, más que nada era una cosa ínfima y simbólica que se terminó porque la propiedad se regularizó cuando quedé como dueño de la propiedad y me hicieron el traspaso. Toda persona es dueña de una propiedad cuando se inscribe en el conservador de bienes raíces. Una vez regularizado, bueno, aquí en Chillán nacieron mis hijos y llegaron mis nietos, cinco generaciones han pasado por estos pabellones.

¿Era un pasaje solamente o era más grande?

Antiguamente era un pasaje, estos pabellones en realidad se llamaban "Pabellones de Emergencia Escuela Normal Juan Madrid", porque era el nombre de la escuela normal que se ubicaba en el sector, pero era muy largo para las cartas que se usaban en ese tiempo, así que de forma popular se les comenzó a llamar solo pabellones normales para acortar el nombre en el sobre.

Y esta construcción que es en madera, ¿es madera de pino?

Según mi padre fue una donación de los gobiernos brasileños, es madera brasileña y este tipo de arquitectura no existe en otros sectores de Chile más que en la región de Ñuble.

¿Tú crees que esto fue una donación? La arquitectura y el material de construcción.

Sí, esto llegó como las casas prefabricadas, con las escuadras de fierro y todo acá, la gente solo las montaba y era rápido, definitivamente no era una construcción de arquitectos chilenos.

Juan Carlos, esto que comentas nunca lo habíamos escuchado, ¿qué antecedentes podemos tener además de tu memoria para poder visualizar esto? Porque supongo que fue algo que escuchaste.

Escuché a mi papá contarlo, él fue profesor primario y salió en el año cuarenta, salió de esta misma escuela, allá tengo unas fotos.

Interesante pensar que esto pudo ser una casa prefabricada.

Sí, pero yo modifiqué algunas cosas.

¿Y los volúmenes?

Los volúmenes son los originales, yo forré porque entraba tierra y cerré este corredor que era abierto. En los años sesenta había mucha gente atorrante que entraba a estos sectores, familias completas que se desplazaban para ir a cosechar trigo desde distintos pueblos, salía el marido con la señora y los hijos a la cola, con sacos al hombro y todo y como esto era abierto, la gente aprovechaba de protegerse de la noche, estamos hablando, de una pobreza extrema que seguro no has visto, yo la vi, pobreza, piojos y todo.

Pero ¿cómo vivían? ¿Dejaban las casas cerradas?

Esto era un corredor, estaba abierto, entonces los que venían aprovechaban de dormir aquí cuando caía la noche, dormían en el suelo. La gente empezó a poner palitos como reja, o mojaban para que la gente no pudiera dormir. Más que nada lo hacían por las plagas de piojos y los perros que venían sucios. También andaban personas como en modo aventura y eran conflictivos, no comían, tomaban, el alcoholismo en la época era terrible, estaba, por ejemplo, el Chacal de Nahueltoro, ese tipo de situaciones, ese tipo de gente que ponía el sector en peligro, se agarraban a cuchillazos y mataban gente, no era una película de esas que ponen hoy en la televisión, era la realidad entonces.

Yo compré terreno hacia los lados, eran buenas, les llamaban "Los gloriosos pabellones de los años treinta", estas casas están llenas de historia.

¿Crees que fuiste privilegiado en tu generación? Tanto por vivir en esta casa, porque era una buena casa.

Sí, pero no solamente por el hecho de vivir en la casa, sino por los tiempos.

Y bueno... yendo para atrás, tú me comentaste que esas viviendas se entregaron en los cuarenta, y que primero llegó un doctor, y después llegó tu abuelita, ¿Me podrías contar más de esta historia?

Un doctor de apellido Mosca, ese es el antecedente que yo tengo de mi abuela Javiera Ramírez, pero quisiera hacer una pequeña acotación, con respecto a la construcción, seguramente los viejos de antes, los que hacían estos proyectos de casas, estos proyectos de habitación, pensaban también en familias numerosas, por eso los espacios eran mucho mayores y mucho más grandes, ahora todo eso se ha minimizado, todas las cosas mi living que es relativamente chico, con otra casa es living, cocina y patio, yo creo que antes pensaban más en las familias los arquitectos, por los espacios que ahora. Piensa en la realidad de una pareja, no piensan que esa pareja va a tener hijos, y que, si necesitan tener espacios, se van, si necesitan más espacios que se las arregle él y que construyan hacia arriba, eso. Antes no, hacían los espacios para que habitaran seis, siete personas, doce personas a veces.

Pero la planta original, que tú recuerdas de cuando llegaste a estas casas, era el volumen de la entrada que era abierto ¿cierto? El corredor, después venía un living comedor, después venía un pasillo con dos piezas…

Después venía un dormitorio grande que le llamaba, y después venía otro corredor para atrás, en realidad había dos corredores hacia atrás, y un baño, y detrás del baño estaba la cocina.

¿O sea había un gran dormitorio?

Dos grandes dormitorios.

¿Y entonces así era la distribución original?

Claro, yo por si acaso tengo el plano.

¿Y cuántas casas son?

Deben ser unas veinte casas, y antes eran más, pero se quemó un pabellón completo que eran cinco casas, y otras casas que estaban para el lado de la escuela, que fueron expropiadas, para construir la escuela Juan Madrid.

¿Cuántas habrán expropiado?

Ahí expropiaron cinco casas.

¿Eso fue al inicio de los tiempos de Pinochet?

Eso debió haber sido en los años setenta.

Ah, eran mucho más grandes los pabellones.

Claro, eran más pabellones, como en todas partes, los pabellones han ido desapareciendo. La modernidad se los ha ido tragando.

Esos vestigios del pasado.

Igual resisten, incluso ya que usted nombró el asunto del terremoto del 2010, y bueno…. estos pabellones se movieron como un canasto, hubo daño de tipo de que se cayó la tele, cosas, pero daño estructural, de que el pabellón se haya quebrado o colapsado, o cayó, nada, la madera resiste tanto, es madera muy noble también, eso, cuando las cosas se hacen con materiales que son nobles.

Si podemos volver entonces, a que el señor Mosca recibió las casas en el cuarenta, y porque en 1939 fue el terremoto en enero.

Fue el primero que vivió aquí. A él le entregaron las llaves por primera vez cuando las entregaron, y como no era de él, él construyó su casa en ese año, y mi abuela trabajaba con él, en la clínica que estaba al lado, y como ella era su secretaria, le pasó las llaves para que tuviera donde vivir con su hijo, porque mi abuela tenía hijo único. Así llegó a la casa.

Y ese hijo único después se emparejó con tu mamá.

Exactamente, y ahí está en el libro.

Y ahí llego, perfecto, y ahí llegaste tú, y viviste con tu abuela y tus papás.

Ahí viví con mi abuela y mis papás, claro, hasta que ellos fallecieron. Mi abuela falleció en los setenta, y después mis papis compraron un departamento y ahí yo me quedé con la casa. Fue como el año 1978, 1979. De hecho, mis papás tuvieron tan buen puntaje que eligieron el departamento. Y me dejó a mí, que estaba recién casado, yo me había casado el año 1977, y yo arrendaba, y tenía dos años con mi señora, y cuando me vine para acá, ya estaba mi primer hijo, y yo no me quede aquí, podía venir otra persona y tomarse la casa, entonces tuve que venir yo y defender este derecho, y me vine aquí, porque si no venía alguien y se la tomaba no más.

Raquel Hernández Barrios
Habitante barrio Plaza San Francisco
Nacida en 1942, 75 años

¿Esto es una población, una villa, un barrio?

Este es un barrio en pleno centro de Chillán, de donde partió como quien dice la ciudad nueva de Chillán.

¿Qué aspecto positivo tiene vivir acá?

Mira esto tiene que yo siendo de Viña del Mar llegué a un escenario, cuando yo llegué acá era todo de adoquín, de tierra, vi hasta carretas, y esto el año 1970, ese año llegué, y me vine porque mi marido era de acá de Chillán y era marino y quería estudiar de profesor, y se quería venir. La cosa es que llegué acá y el cambio era que era demasiado tranquilo, un día de verano uno salía a la calle y no se veía nadie, entonces llegamos a otro escenario, pero la gente yo la hallaba como muy reservada, no admitía a cualquiera, eran todos conocidos, costó como que te conocen y te dejan integrar.

¿Dónde llegaste tú a vivir?

A calle Bulnes 983 donde vivía mi suegra, que ella tenía su casita de teja, adobe, como antes, como le había quedado después del terremoto, y llegamos ahí porque mi marido tenía un terreno en Bulnes con Independencia, y era una casa que se echó abajo, pero era una casa que estaba inclinada hacia un lado, de tierra, adobe, para mí que era de Viña era llegar al campo. Resulta que una comadre, que era de Chillán, se había ido a vivir a Iquique entonces cuando fue el terremoto necesitaban muchas manos en eso que fue lo más bonito que se construyó después del terremoto, se hicieron amigos, pero eso es producto del terremoto, está esa casa porque fueron muy bien hecha en esos tiempos, ese es mi sector que para mí es un barrio muy bonito, dentro de comparar Santiago con Chillán vivimos tranquilos, esa casa que teníamos si teníamos que construir y tenía permiso de demolición y mi marido la echó abajo, y en Independencia 384 vivía mi suegra, no hacía ni un mes que murió el marido, vino el terremoto, y estaba embarazada de su segundo hijo, y mi marido tenía como dos años, y esa vivencia a mí me la contó… no sé si seguir con la casa, o.., entonces qué pasa, que ellos soportaron el terrible terremoto, y vivía con la suegra mi suegro, entre paréntesis el papá de mi suegra era administrador de fundo, y la ayudaba porque ella era viuda, y esa noche dice que fue muy, muy terrible, y la suegra le dijo quedémonos acá no más y pensemos en Dios, si vamos a morir, vamos a morir.

Mi suegra arrancó al patio, eran dos hijos y ellas dos, mi suegra y su suegra, y veían cómo caían las tejas, que la casa se dobló para el lado, y tenían el llanterío por todos lados. Me contaba que había filas para pedir comida, si fue un desastre, creo que había gente en el teatro, y se cayó encima, así cuenta la historia, sobre la gente, si fue en la noche el terremoto, que los pilló, pero por lo que yo se estaban en un teatro debe de haber sido diez, once de la noche. Y ahí mi suegra quedó como quien dice... apuradito consiguiendo agua en unos canales allá por Santa Elvira, y tenía que ir a recoger agua allá, menos mal que en ese tiempo no se usaba mucho el gas, había la leñita, tenía un nombre especial, y ahí hacían sus comidas, mi suegra era bien del campo, y era económico hacer comida en esos fogones, si así ha ido evolucionando, como le digo mi suegra la pasó mal, menos mal tenía harta leche de pecho, dice que a veces daban ayuda, y que ella lo único que recibe tranquilita le tocó un tarro de leche condensada, porque ninguna ayuda de ninguna parte.

La municipalidad va a hacer un nuevo plan comunal, es interesante saber cuáles son los valores que usted le otorga a su barrio.

Yo digo porque están haciendo barrios patrimoniales, aquí podríamos hacer un barrio patrimonial, tenemos la iglesia San Francisco, la cárcel, hartas cosas que podemos rescatar, incluyendo al humano y al adulto mayor, que es la génesis de las cosas. Le confieso de las poblaciones conozco algunas, y no en intensidad, mi centro es en el centro, es que no tengo amistades en otras partes, pero hay ahora tanta población, lo rescatable de donde yo vivo, hay seguridad, tenemos todo para hacer nuestros trámites alrededor de las doce cuadras del centro, todo el barrio es el centro. Lo otro que decía mi marido era que hubiera mucho pulmón, lleno de árboles, él decía que era muy bueno que hubiera árboles en la ciudad, pero el aspecto que están todos los trámites y este seguro, pero pensando a comparado en Santiago, vivir en una población es un infierno en la tierra, no es lo mismo, las personas para hablar son diferentes.

La señora Inés Alarcón me decía que cuando se fue a estudiar a Talca, como que encontró todo muy rural, porque ella creció con una arquitectura moderna, con una ciudad que se estaba construyendo, pero tú como viñamarina que llegaste en los setenta, ¿qué viste acá?

Era para mí... yo le digo que yo siempre encontré rural, pero cambiar el aire marino, de los jardines, de las personas, de los turistas, pero llegaste a una ciudad extrema, calurosa y frío, llegar y que la gente tenía hábitos, para empezar los fines de semana, se iban al río, pero se conseguían para irse al campo, era despoblado, pero uno debía irse adaptando, todos ellos se conocían, para mí como las cuñadas, y así te estudiaban, pero de buenas a primeras no te aceptan, más si llegamos a vivir a la casa de mi suegra, porque había que construir, porque mi marido se fue a los campos, la típica del profesor rural, y ya como al año me dijo vamos a irnos allá, estoy casado, solo, y nos fuimos por dos años, subíamos una loma, caminábamos, no sé cuantos kilómetros, había un canal, con un tronco había que pasarlo, y… si yo he visto cambiar desde adoquines a calles de tierra, nosotros tuvimos que pagar en los tiempos de la UP, no valía la pena.

Puede decirse que para ti fue un contraste, imagino que había edificaciones que estaban listas, como la catedral…

La catedral, la gobernación, a ver que yo me acuerde… porque yo estaba con los chiquillos, el mercado, pero no el de ahora, la plaza siempre ha existido, en donde los puestos se ponen como feria, transaban ganado, ave, vendían leña, carbón, ahora todavía…

¿Cuándo estimas que se cerró este proceso de reconstrucción de la ciudad?

Yo diría que cuando yo llegué ya estaba en el cese, yo llegue el setenta, si bien era rural, traían sus cosas por fuera de casa, en carreta, entonces yo creo que cuando yo llegué, el proceso de construcción ya estaba más, pero en lo particular había muchas casas, partiendo por la de mi suegra que le tocó a mi marido.

Pero espérate, la casa de ustedes quedó más o menos

Más o menos mal, si no se podía vivir ahí. Llegué a una casa que resistió más y estaba media trizada, que es donde residió ella el terremoto.

¿Y esa casa la sacaron?

No, esa en 1983 la echaron abajo, porque después mi suegra se casó, tuvo otro hijo, creció y construyó una casa nueva, y postuló al subsidio y no le dio, pero igual la construyó. Como era alta la construcción y de adobe, ese fue el patrimonio que podía haber quedado. En el año 1985 inauguré mi casa. Mira, se suponía que una parte era el ahorro que tuvimos, no lo suficiente, porque no era una vivienda social, que te la regalan, era otro sistema, una parte te la daba el subsidio otra parte el ahorro, si tus tenías terreno eso te daba puntaje.

¿Tú crees que los efectos del terremoto de 1939 han marcado la historia de tu vida?

No, si no que lo tengo como un mensaje que me dieron a mí y que estoy recordando, si me marcó, es para informar, pero como yo no lo viví.

Pablo San Martín Barrera
Hijo de don Guillermo San Martín
Nacido en 1965, 52 años

El terremoto de 1939 mi abuelo se convirtió en carpintero, porque la botica donde trabajaba se había caído. Yo lo conocí como carpintero, el abuelo San Martín. Mi abuelo participó en alguna de las construcciones modernistas, tengo una foto construyendo un mausoleo con un gran diseño de arquitectura similar al de la catedral, yo creo que era medio superdotado porque trabajaba en madera, montaje, albañilería, en todo. Andaba en bicicleta y me dejó en herencia su bicicleta, que anduvo hasta los ochenta y ocho años. También tengo herramientas que fueron hechas por él, él se llamaba Aladino San Martín Orellana. Era una persona errante del campo y que se vino como a los veinte años a Chillán, aquí trabajó en una curtiembre, en carros de sangre y como empaquetador en una botica. Lo vi levantar casas.

El nivel de muerte y destrucción era altísimo, mucho afecto, mucha perdida, lo que nunca fue trabajado a nivel de salud mental. Yo veo eso en mi papá, en su tema afectivo fuerte, se tragaron ese dolor, porque había que buscar agua limpia, guarecerse, esto fue como el equivalente a una ciudad bombardeada llena de muerte y destrucción. Si tú haces esa trazabilidad, este es un recuerdo muy fuerte y él, mi padre lo tiene a los noventa y un años, a mi abuela se le cayó una viga en el campo y se le rompió la columna, quedó rota y la llevaron a Santiago en tren. Mi papá se quedó sin hermanos, sin mamá y un papá buscando trabajo o trabajando. Mi papá trabajó en el Banco Estado y fue muy comprometido con apoyar la Reforma Agraria, aunque no tenía nada que ver yo alcancé a conocer el campo, la miseria y según el padre hoy la política no tiene sentido. "yo al menos, dice el abuelo, viví la reforma agraria". Mi abuela trabajaba en un hospital en Chillán, entonces cuando se fue a Santiago, Pedro Aguirre Cerda fue a visitar a los heridos de Chillán al hospital San Borja y Pedro Aguirre Cerda habla con ella que trabajaba en el hospital y ella le pide que vaya a buscar a su hijo y que se lo traiga a Santiago y Pedro Aguirre Cerda solicita que se venga el niño, pero quienes los estaban cuidando en Chillán, no dejaron que se fuera.

Después del terremoto era una vida a pata pelada, de mucha pobreza, con un amigo mi papá limpiaba los ladrillos y los vendían en el mercado y también almorzaban en el mercado, que una señora su papá le había pedido que le diera almuerzo. Me imagino a mi papá viendo el proceso de demolición, sonaban las sirenas porque había que dinamitar o el mercado como un hormiguero de gente. Dentro de nuestra casa que quedaba en Cocharcas al lado del estero Las Toscas había un pozo de agua, porque en ese tiempo había muchas acequias también. Porque mi abuelo tenía cultivos, había autoconsumo.

Mi abuelo era el ingenio ambulante, un vecino que tenía caballos le daba su excremento y mi abuelo inventó un sistema de roldana para usar el excremento y para ponerlo en la huerta, una parte de esa casa aún está todavía, no sé si íntegra, tengo una foto.

Comenta que tiene la tesis de que no todas las casas se cayeron en el terremoto si no que hubo partes de la casa que siguieron levantadas y que se usan hasta el día de hoy.

Hay casas enteras que se salvaron. De hecho, la casa de Marta Brunet se salvó entera, mi abuelo le iba a hacer trabajos a esa casa. Yo cuido a mi papá, salimos a caminar ahora y él sabe cuáles son las casas de antes y después del terremoto, a pesar de que él tenía siete años se acuerda de todo.

Pasamos por la casa de la sede de la Cruz Roja que estaba recién terminada para el terremoto, es como la historia de la familia y reconozco a mi abuela y a mi papá, a chillanescos netos, ñublenses en su vida cotidiana, cuando se bañaban en estero Las Toscas, mi papá se acordaba que el pabellón Rodríguez se construyó con ciprés de las guaitecas.

Mi papá estudió en la escuela de al lado de la Escuela Normal, él canta y se involucró mucho con los estudiantes que estudiaban para ser profesores, porque compartían el mismo patio y ahí compartió con Rolando Alarcón.

¿Cuándo volvió al colegio él?

Cuenta una profesora que hizo en su casa una pequeña escuela, entonces los niños iban al barrio Cocharcas a estudiar. Una frase que me acuerdo decía mucho mi abuelo "Los ricos se organizaban con armas y ellos vigilaban los comercios para reprimir los saqueos".

Marco Rodríguez Carrasco
Bisnieto de Ambrosio Rubio y Juana de Dios Ferrada, fallecidos en el terremoto.
43 años
Sigo aprendiendo de mi abuela, y hace muchos años que ella ya no está, y cuando vi la convocatoria en redes, dije a lo mejor esta es la instancia para contar lo poco y nada que recuerdo porque, hace años atrás vi un documental del terremoto de 1939, y mi familia estuvo viviendo parte de la historia y en ninguna parte sale, porque quedaron como NN, entonces dije que en alguna parte voy a tener la oportunidad, porque estoy yo ahora y eso no se pierda, lo que ella me contó.

¿Y qué le contó?

Bueno, si hablamos del día del terremoto, mi abuela nació en el año 1911, entonces era una persona joven, joven adulta para la época del terremoto. Ella vivía en Chillán, en una parte donde está ubicado un sitio eriazo que lo están destruyendo porque posiblemente van a hacer el sitio de la Teletón, por avenida Argentina, detrás de ese lugar. Está más o menos ubicada la casa de mis bisabuelos, detrás de la calle Argentina, el nombre exacto no sé, el de atrás. Nosotros cuando niños vivíamos en la avenida Chile, a dos cuadras del lugar, ella me contaba que en ese sector ella vivía. Bueno, mis bisabuelos, mi bisabuelo se llama Ambrosio Rubio y mi bisabuela se llamaba Juana de Dios Ferrada, y ellos vivían en una casa que estaba construida de adobe, que tenía una especie de entramado entre las paredes, una madera de roble antigua, de eso estaba construida la casa.

Mi bisabuelo vivía de la agricultura, y cuando sus hijos empezaron a nacer se vinieron acá, trabajaban en el mercado de Chillán, y resulta que, para la noche del fatídico terremoto, mi abuela me contó que empezó a moverse la tierra, y empezaron a salir, y su papá se dio cuenta que faltaba su señora, y él se metió de nuevo a la casa, y ahí se levantó encima la pared de adobe y murieron los dos aplastados por ese muro.

Entonces siempre fue significativo para mis bisabuelos, que el hecho es un acto de amor, porque él se había salvado, pero si no hubiera entrado, habría rehecho su vida. Mi abuela vagamente me contó que recuerda un poco, que ellos quedaron sin tumba, que quedaron en fosa común del cementerio, y estuve tratando de averiguar para ver si hay sepultación de ese día, pero no hay de toda la gente. Entonces siempre supuse que ellos están enterrados ahí en la fosa común, y mi abuela está enterrada en frente, en esos nichos, frente al canal, mirando hacia la fosa común, y mi abuelo también.

Entonces eso es como a grandes rasgos que tengo, que pasó después de eso, mi abuela me cuenta que ella después de unos días tratando de buscar gente conocida, o detalles, no tengo, derechamente, pero días posteriores buscaba un lugar donde sacar agua para poder tomar, pero no sé dónde habrá encontrado, y días después ellos buscaron la forma de irse a dedo, o en una carreta, y se fueron al campo, al sector de Las Quilas, como camino al El Carmen, eso pertenecería a la comuna de El Carmen, porque ellos eran de allá, de esos lados era la familia, para poder organizar su vida y lo que venía después.

¿El nombre de tu abuelita?

Mi abuela se llamaba María Josefina Rubio Ferrada, murió con bastante edad, como con 83 años.

Y ella tenía entonces como 28 años para el terremoto.

Aproximadamente, sí, era grande. Tenía más hermanos, mayores y menores por lo que yo entiendo, pero nunca hubo un lazo con ella, nunca la escuché, nombraba de un hermano que tenía cerca de Rancagua, pero nunca supe que se hubiera juntado con un hermano, más allá no sé qué paso, la verdad que no sé.

¿Y cómo volvió tu abuelita? Después que se fue al campo, y después volvió a Chillán, ¿tienes alguna noción de eso?

Sí, la verdad ella estuvo en el campo. Y después mi abuela se casó con mi abuelo, a los dieciocho años en 1930, él trabajaba en una empresa inglesa, él era minero, después de un tiempo de estar en el campo, se fueron vivir a Sewell, el único que no nació allá fue mi papá porque se volvieron al campo, y terminó naciendo en el campo. Mi papá se dedicó toda su vida a la minería, y murió de la enfermedad de los mineros. Yo guardo todo de mi familia, una navaja, todo, con que se rasuraba, una piocha que le entregaron, un diploma que le dieron en esa época. Entonces, mi abuela estuvo mucho tiempo en el campo, y después se vinieron a vivir aquí a la avenida Chile, hicieron una casa ahí, que está ahí a una cuadra de la avenida Argentina o dos cuadras, y ahí viví mi infancia. Por lo que tengo entendido, no tengo clara la fecha, pero mi papá tenía como unos diez años, en el sesenta cuando hicieron esa casa.

De repente se acordaba, y contaba lo que se recordaba lo que vivió, sobre todo en las noches, porque era súper católica, y se ponía a rezar por todos sus familiares antiguos, y yo rezaba los mismos nombres de familiares de ella que yo no conocí, pero me aprendí los rezos de esa forma, y me fue contando esas historias, y soy su nieto mayor, y vivía conmigo y mi papá y mi mamá, entonces yo era el que estaba, la acompañaba a todas partes, teníamos una relación muy cercana.

La casa de avenida Chile era una construcción de ladrillo, y de hecho ha aguantado todos los terremotos, yo no he entrado desde que la vendió mi papá, pero por afuera no se ve nada, no trizada, nada, yo creo que seguramente con lo que pasó, una construcción más sostenible que no pasara lo que pasó. Mi abuela, sí tuvo un cáncer, como en su juventud, no sé si en ese tiempo le llamarán, pero eran como seis personas y las llevaron a Santiago y fue la única que se salvó. Entonces igual, para vivir lo que uno vive ahora, es anecdótico, iba a la casa que quedaba a media cuadra de su casa, la San José Obrero, en mi casa se hacía el Mes de María, y se hacía el Rosario, el Rosario Humano, la forma del Rosario cada persona con un farol y representaba un ave maría, y un hombre un padre humano, con puras luces en la noche, el farito era con madera y una velita, papel celofán por al lado, para que se vieran las luces, eran cosas bien místicas, recuerdo con cariño eso, si bien la parte de la religión puntual era algo que no lo he visto de nuevo.

> ¿Cómo fue su infancia viviendo en una mezcla de construcciones modernas de la década del cuarenta, cincuenta y de espacios terremoteados? ¿Cuál era tu sensación cuando niño?

Bueno, cuando yo vivía en avenida Chile, encontraba una ciudad segura, hasta como los doce años vivimos en esa casa, y de ahí mis papás compraron una casa con dividendo en otro sector de Chillán, y recuerdo que ahí, las casas eran nuevas, y era otra forma de vivir, cuando empecé a crecer y a interesarme, empecé a agarrar cierto temor, porque de que se había cambiado tantas veces de lugar, porque Chillán tienen como dos, tres ubicaciones distintas, donde todos construyen la ciudad, entonces yo decía que en cualquier momento, como se les ocurre hacer la ciudad en el mismo lugar, yo decía en cualquier momento viene otro terremoto y queda la escoba acá. Entonces igual cuando yo iba a la catedral con mi abuela, veía la cruz de 30 mts, que representaban mil muertos por metro, representaba todos los que murieron en esa fecha, y me recordaba a mis bisabuelos, murieron todos, de todo, ricos, pobres, todos representados en esa cruz, y en homenaje, en esa construcción. Entonces igual era algo así como sentimental, ver la cruz, yo...

Aún hay construcciones que datan no sé si de 1939, pero de esa época. Con mi señora hace un tiempo adquirimos una propiedad dentro de las cuatro avenidas que era de adobe, y los dueños pensaron que la íbamos a demoler, igual había muros que estaban trizados, mi señora dijo no, la mandó a arreglar, y está la casa parada, pero al verla por fuera uno se da cuenta que es una casa antigua. Mucha gente manda a botar, pero nosotros nos mantuvimos, tenemos unos muros así de grandes, de adobe, la verdad...

Se aprendió del terremoto, la construcción, pero se debió de haber compaginado con la construcción de ahora. El adobe era algo autóctono, que en algunas partes están tratando de retomarlo, más que porque sea bueno, malo, rústico, el frío, es por algo folclórico.

Qué interesante lo que dices, de esa sensación que te da cuando pasas por la cruz de la Catedral, nunca había escuchado lo de que era un metro por la cantidad de las personas muertas. ¿Eso te lo contaba tu abuelita?

Eso me lo contaba mi abuelita. Sí. No lo he corroborado, pero creo que puede ser así. Entonces claro... está la catedral, es como un huevo, entonces igual, es una forma de que no se vaya a caer de nuevo.

Y a tu abuelita, esa forma tan moderna de construcción le llamaba la atención, ¿Te comentó algo?

Ella se acordaba que tenía dos cúpulas la catedral antigua, y esta es totalmente moderna, comparada con la otra. Se acordaba también que por la plaza pasaba una especie de tren, mini tren, no sé cómo sería la verdad, me contaba que había una tía ahí, y pasaban cerca de la catedral, y que en las tardes se iban a la plaza, era la entretención, la juventud se juntaba ahí. Era lo más divertido que había ahí, sé que estaba el teatro, pero nunca le pregunté, a lo mejor los recursos no eran tantos. Así que tengo entendido que, si ella sabía leer o escribir, no tenía mayores estudios.

Primero agradecerte por contarnos tu historia y la de tu familia.

Sí, yo... quedó tan grabado a fuego, mi abuela era tan importante para mí, que yo hasta he ido a lugares donde ella iba. (conversación de los lugares que visitó su abuela y él quiere ir).

¿Tú sientes que le habrá marcado a tu abuelita el terremoto?

Quizá en la religiosidad, era casi fanática, era un respeto por la iglesia, pasaba por un lugar y se persignaba, se aferró a eso, pero no se lo pregunté. Y mi abuelo era el típico minero machista, bien duro, entonces eso igual... tuvo diez hijos, se le murieron cuatro, su vida fue marcada. Pero a pesar de ello, era amorosa, no mostraba esa tranca. Para ella no fue tan fácil como para nosotros, por lo mismo debió de ser así. Igual hay historias que uno no sabe, y en el campo la cuenta, y uno queda, pero como... uno no quiere que se quiera perder.

Lo que nos interesa de la gente del pasado de nuestro pasado, es que es un inconsciente, yo paso por una construcción que está al lado de la Shell, entre el Unimarc y la Shell, había una construcción que sobrevivió al terremoto de 1939, y yo paso por ahí y veo la empresa nueva y no puedo olvidar que vi la casa antigua, sin destruir, me manda inconsciente al terremoto, no viví el terremoto, de hecho la construcción que tiene ahora me parece que todavía la tiene la araucaria, ahí en la esquina, en constitución, esa construcción tengo entendido que también sobrevivió el terremoto de 1939, y que antiguamente sirvió como casa de acogida para las mamás que venían del campo. Una tía vino aquí cuando nació mi prima, recuerdo haber entrado a esa casa a conocer a mi prima. Entonces yo paso por ahí recuerdo eso.

Lo que conversamos la otra vez por teléfono, Marco, esa imposibilidad de poder ir a dejarle una flor a tus seres queridos, a esta pareja, Ambrosio y Juana de Dios.

Claro, yo cada vez que voy a ver a mi abuela al cementerio, no sé si tú lo conoces, esa pared de nichos viene un sitio eriazo con monumentos, hay como un lugar que no se ha vendido como tumba, tengo entendido que en ese espacio está la fosa común, hasta hace un tiempo atrás había vestigios de tumbas de antes de 1939, pero lo limpiaron, y cuando voy a ver a mi abuela miró inconsciente y no hay un lugar físico...hay un sitio eriazo, claro... Ahí hay hartas velas. Igual para uno es chocante no tener el lugar. Yo al menos me preocupo de ir al cementerio, de ver mis abuelos, que paguen los derechos, que no la saquen, es un tema que se ha conversado, si es una cosa de respeto.

ENTREVISTAS REALIZADAS POR LA UNIDAD DE PATRIMONIO DE LA MUNICIPALIDAD DE CHILLÁN (UPA) EL AÑO 2017, EN EL MARCO DE LA CONMEMORACIÓN DEL TERREMOTO DE 1939

Domingo García

Nacido en 1925, 92 años

¿Cuáles son los testimonios que nos puede aportar en cuanto al terremoto de 1939?

"Yo tenía doce pa' trece años. Era empleado, era mozo, así como se llamaba antes, en el Fundo San Bernardo, arriba. Me vine tarde porque tenía que tomar once, los patrones tenían que darme eso antes de venirme a la casa, y fue un día tan terrible, en la tarde llovió mucho, no hallaba cómo irme al hogar de mis padres. Entonces ahí medio me fui. Mi hermana era cocinera de los patrones, "ella me decía ponte un saco en la espalda", "no, con un saco en la espalda no voy a llegar a la casa porque el saco cuando agarra agua pesa". Me fui, cuando iba como a un kilómetro me sale un señor, yo lo miro para el lado, me encuentro con que está acompañándome a mí, yo lo miré de pie a cabeza. Con el viento y la lluvia donde yo lo veía los piecitos blanquitos, con esa sotana de los curas que se ponen, así andaba, pero muy bonito, muy precioso con su pelito, su barbita que llegaba a deslumbrar"

¿Usted dice que esa noche tuvo una aparición, cierto?

"Sí, entonces seguimos andando y él no me contestaba ni una cosa, yo lo miraba. Habíamos andado como 30 mts más o menos y me dijo "mira, yo te vengo a decir que va a venir un movimiento de tierra muy grande" y yo lo miraba nomás, lo escuchaba. "Pero la ciudad va a caer, va a morir mucha gente". Ya, seguimos andando, me fui todo mojado, se perdió de mí.

Llegué a mi casa mojado, mis padres estaban tomando mate y me ven llegar que yo venía medio triste porque a mí se me puso la idea de que era el señor que estaba conmigo. Me fueron a buscar ropa, me vestí. "¿quieres tomar un té?" tomé una taza de té, me paré "esto me pasa padre y madre: me salió en el camino un bulto y yo creo que era el señor, y él me dijo que me venía a avisar de un movimiento de tierra. "Algo irá a pasar" me dijo mi madre. Ya, pasó eso y nos fuimos a acostar, al otro día me levanté y fui donde el patrón. Le dije "patrón me va a disculpar me va a disculpar un poquito, pero yo no me voy más tarde por esto, esto y esto". Lo que me respondió el patrón, viene donde mí y me golpea la espalda y me dice "hijo, algo irá a pasar" y le iba contando a la gente lo que me pasó y me pusieron un apodo tan bonito, me pusieron el barba al pecho porque yo dije que así tenía la barba el señor.

Amanda Vielma Mendoza
Nacida en 1938, 79 años

¿Cuáles son sus recuerdos en relación al terremoto de 1939?

"Para el terremoto yo tenía poco más de cinco meses de edad, pero con los años, como éramos de campo, vivían en el campo los papás, ellos me relatan como sucedió este terremoto, como se comenzó a mover todo. Era un campo muy grande que tenían los papás y había mucho cerezo. Entonces cayó la casa, porque antes las casas eran de adobe. Cayó la casa, mi mamá me sacó guagüita en brazo a mí para afuera por una ventana. Si no me saca habría muerto. Porque éramos diez hermanos y todos salieron porque eran grandecitos y yo era la guagua. Ellos salieron por sus pies. Entonces ella me contaba que hizo cama de bajo de los cerezos para dormir toda la familia debajo de los cerezos: los papás, los hermanitos, las hermanas, todos debajo de los cerezos. Más de un mes, como dos meses, todo el verano se durmió debajo de los cerezos, enero y febrero, hasta que hicieron casitas. Repararon casas. Eso es lo que me contaba ellos. Y cayó también el galpón y aplastó a los animales y murieron. Y también me contaba que, en Chillán, ella tenía familiares aquí, primas, parientes, ella vino a saludar a los ocho o diez días y también habían caído las casas y ellos le informaron de toda la gente que había muerto en Chillán, que quedó muy poca casa parada. El teatro, el único teatro que había acá en Chillán, le contaron que se cayó el teatro y que murió toda la gente y que la sangre corría por la calle. Entonces fue muy dramático, muy penoso ese terremoto, muy grande para las familias, toda la gente. Murieron familias completas, completitas. Eso es lo que contaba. También que hicieron fosas para tirar los muertos. Andaban carros sacando los muertos de las calles porque no quedaban familias y en carretones los tiraban porque no había vehículos en ellos años. En carretones a caballos, hicieron una fosa común en el cementerio y ahí tiraron los muertos. La gente cuenta que muchos estaban. Aturdido y vivía ahí debajo.

Un joven, por lo que me contaban los trabajadores, que llevaba muertos a la fosa común, se cayó adentro también. Le costó mucho salir de la fosa común que hicieron porque era honda. Todas esas cosas nos contaron, porque yo tenía unos diez o quince años cuando nos contaban. Eso es lo que puedo decir yo, nada más, no puedo inventar nada que me haya dicho la gente antigua, o sea los papás".

Fresia Aguilera
Nacida en 1928, 89 años

¿Cuáles son sus recuerdos en relación al terremoto de 1939?

"Ese día cerca de las doce de la noche fue este gran sismo que conmovió todo el centro y sur del país. Vivíamos en Rucapeken, a 25 km al sur de Chillán, en un campo, o sea, nosotros estábamos en la casa patronal del campo. Vivía con mi mamá porque hacía ocho meses que había fallecido mi papá. Así que yo tenía diez años, y íbamos con una hermana menor, una tía, su hija y dos visitas que había en ese tiempo eran niños también, o sea, que había cinco niños y dos adultos.

El campo se dividía, como era un campo grande, se dividía en pobladores. Teníamos cuatro pueblas, o sea, en cada puebla vivía una familia. La casa en la que vivíamos no cayó del todo, pero quedó inhabitable. En ese tiempo todos los techos eran de tejas, así que lo primero que empezó a caer fueron las tejas.

Me acuerdo de que con mi mamá despertamos con el tremendo movimiento y yo fui a sacar a mi hermana porque ella quedó durmiendo porque era más chica que yo. La fui a sacar y ahí no pudimos salir por la puerta que tendríamos que haber salido, salimos por una ventana, hacia un corredor grande que había que rodeaba la casa y ahí ya salimos al patio, frente a la casa.

Entonces en el terreno había una era, había una gran ramada, porque hacían ramadas de álamo, de ramas de álamo. Entonces, ahí había gente cuidando el trigo y esa fue la primera gente que fue a vernos a nosotros. Ahí mi mamá lloraba mucho, y le digo a esas personas, que en la mayoría eran hombres, que fueran a buscar, que entraran a la casa a buscar colchones para poder acostar a los niños, y entró la gente temblando, porque no dejaba de temblar, era terrible.

Otra cosa que me llamó la atención que mi mamá me dijo después "qué fenómeno tan grande habrá sido, corrían muchas estrellas en el cielo" Muchas estrellas. Dicen que hay una etapa así que pasa eso, no sé cómo se llama, que se corren las estrellas. ¿Será casualidad? No creo que haya sido que ha habido el terremoto, ha tenido que ser casualidad, pero siempre nos acordamos con mi mamá después de eso, del movimiento de las estrellas.

Al otro día ya cuando amaneció vimos toda la calamidad que había, si quedó todo inhábil las bodegas, la casa habitación, las pajeras que llamábamos donde dejábamos los animales, todo, hubo que demoler todo con el tiempo eso. Entonces un señor vino acá a Chillán... ah, y otra cosa que veía mi mamá, el resplandor de aquí de Chillán, eran los incendios, porque hubo muchos incendios aquí. Entonces al otro día pasó este señor, eran como las cuatro de la tarde. Mi mamá le dijo "¿Cómo está Chillán, señor?" "Chillán, se acabó, señora, está todo en el suelo. Hay mucha gente fallecida, está terrible, terrible".

Y así fue el primer día. Después ya mi mamá, era bien activa, ella pensó inmediatamente no vamos a poder vivir aquí más, y como la gente se las dio todas de maestro porque el que sabía pegar un clavo con un martillo se las daba de maestro. Mi mamá consiguió varias personas y comenzaron a demoler allá la casa. Toda la madera, como esas maderas antiguas eran buenas, toda la madera se ocupó. Incluso sacaron enteros los pisos de las piezas, y eso sirvió para que mi mamá hiciera otra casa de emergencia, si hasta pasamos el invierno en esa casa y ni esperanza de colegio, así que nos quedamos allá, pero mi mamá como teníamos casa aquí, mandó a buscar las cosas que quedaban porque ahí se cayó todo, todo.

Justamente ese día del terremoto, mi mamá se había venido antes con un problema a la vesícula, entonces se vino a ver médico, nos vinimos todos del campo porque no iban a dejar allá a los niños, con mi tía si, y ese día mi mamá amaneció mejor y le dijo a mi tía "ándate con todos los chiquillos y déjame a la pechi aquí nomas", y se fue po, yo me quedé aquí con mi mamá. Ese día en la mañana me dijo "vamos a ir a ver a tu papá", al cementerio porque estaba aquí sepultado. Y fuimos po, y después fuimos al centro para llevar algunas cosas para la casa, y entre esas cosas mi mamá había traído una linterna, que siempre la manejábamos en el campo con pilas, y esa ya no tenía pilas. "vamos a llevar la linterna y a comprar pilas" y esa fue la salvación para nosotros, para tener luz esa noche, porque nosotros con que nos alumbrábamos en el campo era con parafina, lámparas colgantes a parafina y lámparas de mesa también, pero todo era a parafina, y eso nos sirvió para poder alumbrarnos para ir a buscar las cosas adentro.

A los dos días, pasaron aviones y bajito, y nosotros le hacíamos señas, quizás nos verían o no, revoloteaban hartos aviones, porque a Chillán lo primero que llegó fue la fuerza aérea porque no había otra cosa. No había tren, habían caído puentes, entonces no había ferrocarril y tampoco en esos años había la movilización vial que hay ahora, había unos camiones, pero camioncitos nomás ni comparación con los que hay ahora, y eso fue lo primero que vimos, como un puente que teníamos nosotros que se llamaba Larqui se cayó, entonces trajeron un puente mecano, armaron ahí, pero tenían puros militares, tenían completamente escuadrones, regimientos de militares que vinieron del norte a favorecer a los del sur y ellos armaron ese puente, y ahí se pudo ya, con todas las otras reparaciones que se hicieron a la vía ferroviaria, se pudo haber tren. Me recuerdo que lo primero que pasó fue una máquina, pero despacito, viendo como estaba la línea y todas esas cosas. Después se formó un tren, y vinimos con mi mamá a Chillán, porque ella lo que pensaba era en mi papá, si estaría ahí o no y justamente eran los nichos más nuevos y esos quedaron de pie, esos quedaron. El cementerio estaba todo en el suelo, todo, todo, no había nada parado.

Lo más terrible, era en ese tiempo, me contaba mi mamá, no había los expendios de bebidas de gaseosas heladas, había pura agua nomás, y el agua la obtenían de aquí de la vertiente Santa Elvira, eso, con eso se mantenía aquí Chillan y la estación de ferrocarriles tenía una copa de agua donde ponían a las máquinas y eso favoreció mucho a Chillán porque las cañerías quedaron todas rotas, todo, todo".

Señora Fresia, y de esas visitas que hacía con su madre al cementerio, ¿recuerda haber visto estas fosas?

"Sí, sí. Los nichos reventados, con las urnas para fuera, un desastre. Se veía mucho, como le dijera yo, esqueletos. Otra cosa que recuerdo yo, de cuando vine, fue el liceo de hombres. Estaba el liceo comercial ahora, era una manzana. En el liceo de hombres, tenían una parte, que no sé cómo es que se llama, que tenían animales embalsamados, pájaros y todo, y yo me recuerdo haber visto esos animales, esos pájaros encima de los escombros y eso me acuerdo bien. Pero eran montones y montones de escombros, si las calles eran unos pasillitos así no más para andar de pie y a caballo.

Mi mamá, cuando pasaron unos cinco, seis días, mandó gente de allá del campo a ver la casa aquí, se llevaron algunas cosas que quedaron, sobre todo las camas porque todo lo que fue de madera, los muebles, todo eso estaba quebrado, estaba todo roto. Pero lo que pasó fue lo siguiente, que a las personas que vinieron con una sola carreta, las tuvieron no sé cuantos días llevando gente, victimas allá a la fosa común que hay aquí, porque no tenían otros medios y como le diga yo, eran caminitos chicos".

Señora Fresia, usted venía a la escuela de Chillán, ¿verdad? ¿Qué pasa después con las clases?

"Mire, después resulta que parece que fue a final del año ya, noviembre ¿sería? O a principios de 1940, llegaron las monjas alemanas aquí al instituto Santa María y esas monjitas llegaron arrancando de la guerra, de la Segunda Guerra Mundial, y hicieron aquí en Chillán unos pabellones, los pabellones de emergencia y ese fue el primer colegio que tuve, y después ya me trasladé al liceo de niñas, que estaba ahí donde estaba el liceo de hombres, donde está ahora el instituto comercial ahí hicieron unos pabellones de emergencia, los muchachos, los hombres tenían clases en la tarde y las niñas en la mañana. Yo de lo que me acuerdo, lo siguiente, que todavía teníamos pupitres terremoteados, algunos había que ponerle ladrillos en las patas y todas esas cosas, y recuerdo mucho porque los chiquillos, muchachos, nos dejaban papeles pegados en los bancos, entonces las chiquillas, la que llegaba primero sacaba todos los papeles".

¿Qué nos puede decir sobre la plaza y su reconstrucción?

"Don Pedro Aguirre Cerda, a él le tocó el terremoto, entonces el gobierno puso un plan que se llamaba algo de reconstrucción y auxilio, y mi mamá para la casa del campo postuló a ese proyecto y después se hizo una casa definitiva, o sea, que el año 1942 ya teníamos una casa grande y definitiva en el campo, y aún está, desgraciadamente ese campo se vendió y nos quedamos sin casa".

¿De las plazas, recuerda que se hayan usado como albergue?

"Bueno, de lo que contaba, lo primero que se hizo aquí fue hacer campamentos en las plazas, el regimiento puso sus carpas y todo ahí, y haciendo campamentos para heridos y para traslado porque de ahí de la plaza se hizo un empadronamiento, entonces de ahí se mandaban a las personas que estaban con mayores problemas, se mandaban a Santiago en avión y después se mandaban, cuando hubo la carretera buena y el tren, se mandaban a Concepción y ahí a Talcahuano y se mandaba la gente en barco a Valparaíso para que atendieran los hospitales porque había mucha gente enferma, mucha gente. Muchos traumas debido al tremendo movimiento que murieron familias enteras y la gente quedó lunática, se llevaron mucha gente para allá para hacerles tratamiento".

De alguna enfermedad, ¿Hubo alguna peste o algún brote de algo?

"No, no, de peste no, pero hubo una vacuna, no podía andar nadie en tren si no se presentaba su papel de vacuna. Yo me vacuné, pero era dolorosa".

¿Y contra qué era esa vacuna?

"No sé. Tiene que haber sido contra el tifus, creo yo".

Carlos Agustín Arrau Unzueta
Nacido en 1937, 80 años

¿Cuáles son sus recuerdos en relación al terremoto de 1939?

"Mi recuerdo del terremoto, yo no tengo porque era muy chico, tenía dos años. Pero sí me tocó estar cerca y sufrirlo en cierto sentido. En la casa de nosotros éramos siete hermanos hombre y la casa cayó íntegra abajo. Mi mamá acá armó una ruquita con tablas, con lo que hubiera, y ahí nació mi hermano, en la ruca. Después, como complementario con esa ruca, dormíamos en un camión, un camión que mi padre —que había sido o era alcalde en esos años de Chillán— lo pasaba para que cargaran las víctimas del terremoto. Víctimas, pero en realidad eran muertos, cosas dramáticas que después uno de más grande se enteraba. Después no pudimos dormir más en el camión porque estaba hediondo. Además, no estábamos todos los hermanos porque otros estaban en el fundo de un pariente más arriba aquí en Chillán, y desgraciadamente no podíamos transitar hacia acá porque estaba cortado el camino a Cato. No había tránsito vehicular y la comunicación en ese entonces era muy mala. Teníamos teléfono, es cierto. Bueno, y después este campo siempre ha estado en manos de la familia. La Corporación de Reformación Agraria llegamos a un buen acuerdo: me expropiaron todo, pero después me devolvieron la mitad del campo.

¿Qué otro relato tiene usted que le haya hecho llegar su papá, su mamá, más adelante con el tiempo en torno a lo que ocurrió con el terremoto? ¿Qué ocurrió esa noche, qué ocurrió después?

"No, lo único que me tiene intrigado del terremoto es una presunta desgracia que pasó en el Teatro Municipal de Chillán, que se mandó abajo, y que dicen que salía la sangre por debajo de la puerta. Pero son todas cosas del decir popular. A lo mejor existió el hecho y a lo mejor hubo muchos muertos, pero no lo puedo aseverar porque las fuentes no son confiables. Mi papá y mis tíos contaban las anécdotas que salían esos días. Es célebre la fotografía de una señora que fue a enterrar a su marido con una carretilla de mano a enterrarlo al cementerio. Lo de enterrarlo era un eufemismo porque no había entierros, se amontonaban, se tapaban y se los comían los animales, los perros. Eso recuerdo de los cuentos que me han contado del terremoto.

¿Cuál fue el rol de su papá durante el terremoto de 1939?

"El camión que usaban para acarrear víctimas que después usábamos en las noches para dormir y que después no pudimos seguir usando".

Carmen Vera Carrasco
Nacida en 1933, 84 años

Señora Carmen, ¿cuáles son los recuerdos que tiene en torno al terremoto? Directos o que le hayan llegado en este caso de su mamá o su papá.

"Ya, lo primero más cercano al terremoto: desperté al otro día en el suelo, en un patio, y no, no lo viví en el sentido de que no lo sentí, ni nada, sino que ahí. Y después, unos días después empezamos a dormir en la calle. Toda la gente en la calle y no se atrevía, aunque hubiesen estado los edificios o casa en pie, no se atrevían a entrar. Y después de eso, que no fue mucho tiempo, nos fuimos a vivir a la Plaza de Armas. Hubo varias casas de madera, ranchitas, y el Cuerpo de Bombero se instaló frente al Banco Chile, por la Plaza de Armas. Yo creo que ahí estuvimos un año. Incluso mis padres tenían la pastelería Viña del Mar, entonces creo que hicieron un hornito de lata, una cosa así, porque no se atrevían haciendo dentro de las casas, que quedaron muy endebles porque todo era de tabique, más en esa época. Y después de eso nos fuimos a vivir ahí en donde hay ahora un negocio chino, al lado de la Fuente de Alemana, ahí cayó toda la esquina, todo, todo. Quedó, que antiguamente era un casino dentro, antiguo, muy bonito, todo el techo de vidrio. Eso había quedado no más. Y empezaron a edificar ahí, entonces lo que está eso de los chinos que le digo yo, ese local grande. Y ahí estaríamos nosotros unos dos años. En eso murió mi padre en un accidente y mi madre edificó esta casa. Y empezaron los chalés, todos llamaban los chalés en esa época y se fue poblando y seguimos viviendo.

Señora Carmen, ¿usted iba a la escuela en ese momento o sus hermanas?

"No, no se podía entrar hasta los siete años. Yo entré a la Purísima. Mi madre me iba a entrar a las monjas francesas Grenoble, que estaban aquí donde están las monjitas alemanas del Instituto Santa María, pero con el terremoto estas monjitas se fueron".

¿No recuerda qué pasó con los niños en el momento que se cayeron las escuelas?

"Sí, ahí se cayó todo. La Purísima no se cayó tanto, porque yo entraba por este lado, por Sargento Aldea, no por Libertad como ese ahora, eso es nuevo, estaba la antigua todavía en pie. Y ahí creo que entré como el cuarenta y uno, por ahí debo haber entrado a las monjitas de la Purísima, que fue mi colegio."

¿Y los recuerdos sobre su vivencia en la Plaza? Si nos puede comentar si recuerda o lo que le hayan comentado sus padres cuando vivieron en la plaza, por ejemplo, el tema de los suministros básicos, como lo hacían con la electricidad, el agua…

"Yo no sé de dónde saldría. No sé. Debe haber grifos o algo que había siempre en las plazas, de ahí a lo mejor sacaban, Pero la pastelería siguió funcionando, todo. O sea, si necesitábamos agua, allá había baños, todo. Si lo que no se atrevía la gente era a dormir a todo ahí, por años, porque tembló mucho. Así que no..."

Usted me dice que fue alrededor de un año que tembló mucho y que durmieron en la plaza.

"Sí, como un año dormimos en la Plaza de Armas".

Perfecto, ¿eso lo hicieron en carpas, ustedes construyeron?

"Fue una casita de madera tiene que haber sido".

¿Usted se acuerda después del terremoto cómo era la rutina de esos días? ¿Nos podría recordar o describir cómo era desde que despertaban hasta que se acostaban? ¿Cómo vivía la gente?

"Sabe lo que pasa, que los niños de antes no eran como los de ahora. Ahora son más vivos con la tele y esas cosas. Allá no po, eran chiquitines, más chicos todavía. Así que lo único que me acuerdo es que dormíamos en la calle. Antes unos días no más, después nos fuimos a la casa. Lo otro que me acuerdo es cuando entraban en caravana de Santiago de médicos, de enfermeros, de todo que venían por calle 18 entraban. Ellos entraban para acá. Y toda la gente iba a encontrarlos.

Usted habló de los Dos Cuyanos, ¿Podría hablar un poco de las construcciones que quedaron en pie?

"Ya, del centro quedó todo lo del Banco Español, se llamaba antes el Banco Español que es el Santander ahora. Todo ese edificio quedó. Donde está La Abuelita quedó todo, todo por Constitución. Y acá por Arauco había una óptica en la esquina, estaba la farmacia la Estrella y el Banco Español. Eso quedó todo en pie. Después los Dos Cuyanos quedó, el edificio ese quedó todo completo. Y acá al frente no, ahí mi padre tenía la Philip, era representante, eso también cayó todo, donde está ahora el Gran Hotel, pero por Arauco. Ahí no quedó en pie nada. Acá cayó todo, todo. La esquina esa donde está el Banco Scotiabank, eso cayó todo. Ahí jugábamos. El Almacén Gómez, por el Roble, ese quedó en pie, que ahora lo botaron mucho tiempo. ¿Qué otra casa quedó en pie por acá? No, casi todo cayó. Todo. Aquí también todo es nuevo. Nuevo digo después del terremoto del 39. Ah, ahí también cayó la Catedral, toda. Se demoró mucho la Catedral en hacerla, porque yo me casé, y me casé en el Sagrario, ese edificio que dice ahí en la esquina, de Bulnes con la este, ahí estaba la Parroquia El Sagrario".

¿Tiene algún otro recuerdo de la reconstrucción?

"Me recuerdo de todo ese edificio del Gran Hotel, porque lo recorríamos jugando y saltando por dentro mientras lo construyeron. Después, si le habló de después porque de antes me acuerdo poco, estaba Jarur, no en la esquina, después estuvo en la esquina, y la frutería Quijada. Por acá estaba los Dos Cuyanos, después, eso era un local, ahora hicieron dos locales divididos, un café y un emporio en la esquina. No, era uno no más. Después estábamos nosotros en la pastelería. Después estaba, estuvo una zapatería de un señor. Después estaba la farmacia González, eso duró años, todo eso. Y la Librería Universo. Y después hubo Los Chorivit tuvieron ahí un local como de cueros, de zapatos, de eso. Y así siguieron construyendo Harrison estaba más allá, en ese local que ahora han estado más los chinos y la Fuente Alemana. Pero esas son cosas nuevas, la Fuente Alemana, son años, pero nuevos, pero nosotros estábamos acá. Sí".

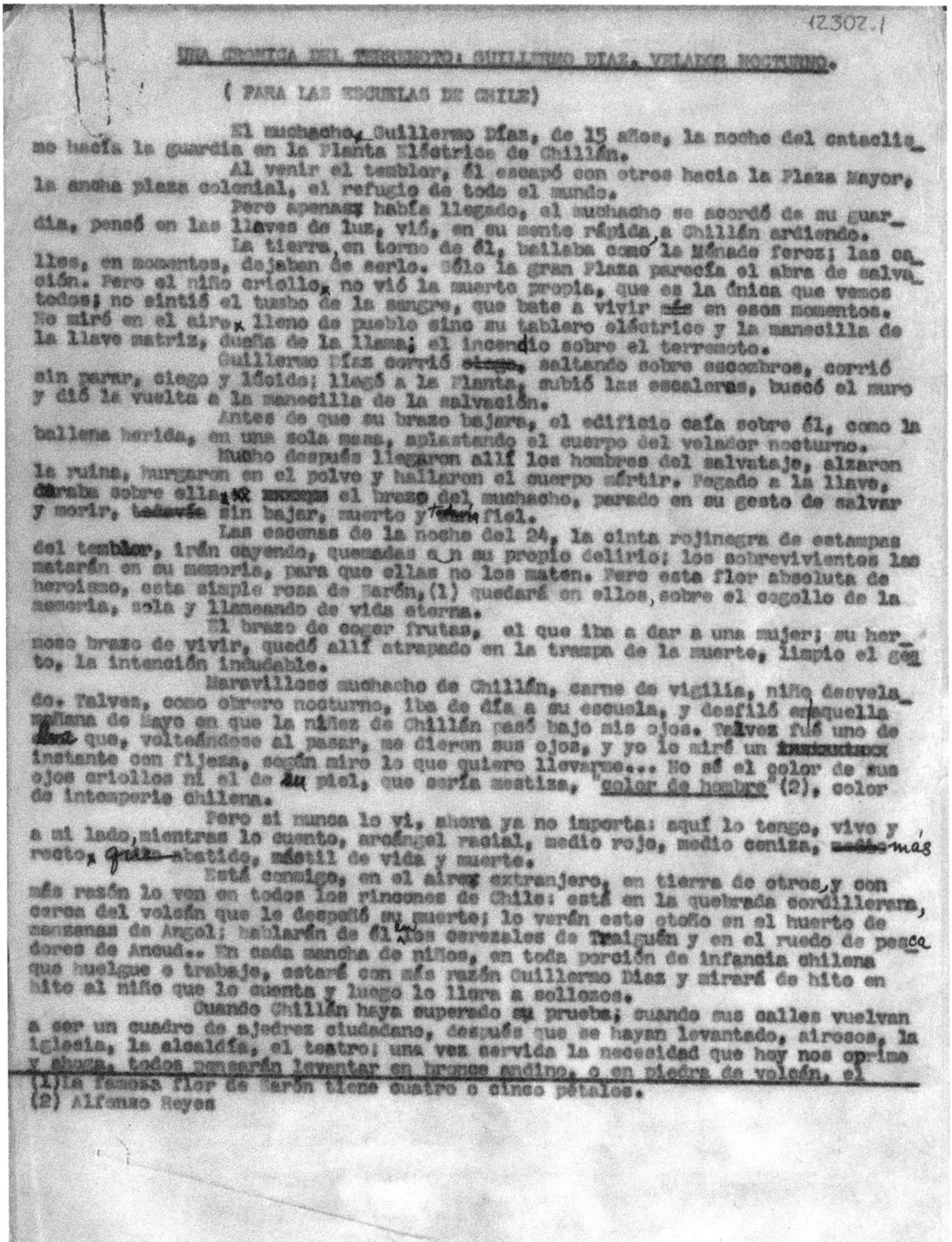

12302.1

UNA CRONICA DEL TERREMOTO: GUILLERMO DIAZ, VELADOR NOCTURNO.

(PARA LAS ESCUELAS DE CHILE)

El muchacho, Guillermo Díaz, de 15 años, la noche del cataclismo hacía la guardia en la Planta Eléctrica de Chillán.

Al venir el temblor, él escapó con otros hacia la Plaza Mayor, la ancha plaza colonial, el refugio de todo el mundo.

Pero apenas había llegado, el muchacho se acordó de su guardia, pensó en las llaves de luz, vió, en su mente rápida, a Chillán ardiendo.

La tierra, en torno de él, bailaba como la Ménade feroz; las calles, en momentos, dejaban de serlo. Sólo la gran Plaza parecía el abra de salvación. Pero el niño criollo, no vió la muerte propia, que es la única que vemos todos; no sintió el tumbo de la sangre, que bate a vivir [illegible] en esos momentos. No miró en el aire, lleno de pueblo sino su tablero eléctrico y la manecilla de la llave matriz, dueña de la llama; el incendio sobre el terremoto.

Guillermo Díaz corrió [illegible], saltando sobre escombros, corrió sin parar, ciego y lúcido; llegó a la Planta, subió las escaleras, buscó el muro y dió la vuelta a la manecilla de la salvación.

Antes de que su brazo bajara, el edificio caía sobre él, como la ballena herida, en una sola masa, aplastando el cuerpo del velador nocturno.

Mucho después llegaron allí los hombres del salvataje, alzaron la ruina, hurgaron en el polvo y hallaron el cuerpo mártir. Pegado a la llave, duraba sobre ella, [illegible] el brazo del muchacho, parado en su gesto de salvar y morir, [illegible] sin bajar, muerto y [todavía] fiel.

Las escenas de la noche del 24, la cinta rojinegra de estampas del temblor, irán cayendo, quemadas en su propio delirio; los sobrevivientes las matarán en su memoria, para que ellas no los maten. Pero esta flor absoluta de heroísmo, esta simple rosa de Narón,(1) quedará en ellos, sobre el cogollo de la memoria, sola y llameando de vida eterna.

El brazo de coger frutas, el que iba a dar a una mujer; su hermoso brazo de vivir, quedó allí atrapado en la trampa de la muerte, limpio el gesto, la intención indudable.

Maravilloso muchacho de Chillán, carne de vigilia, niño desvelado. Talvez, como obrero nocturno, iba de día a su escuela, y desfiló en aquella mañana de Mayo en que la niñez de Chillán pasó bajo mis ojos. Talvez fué uno de [illegible] que, volteándose al pasar, me dieron sus ojos, y yo le miré un [illegible] instante con fijeza, según miro lo que quiero llevarme... No sé el color de sus ojos criollos ni el de su piel, que sería mestiza, "color de hombre" (2), color de intemperie chilena.

Pero si nunca lo vi, ahora ya no importa: aquí lo tengo, vivo y a mi lado, mientras lo cuento, arcángel racial, medio rojo, medio ceniza, [illegible] más recto, [illegible] abatido, mástil de vida y muerte.

Está conmigo, en el aire extranjero, en tierra de otros, y con más razón lo ven en todos los rincones de Chile: está en la quebrada cordillerana, cerca del volcán que le despeñó su muerte; lo verán este otoño en el huerto de manzanas de Angol; hablarán de él los cerezales de Traiguén y en el ruedo de pescadores de Ancud.. En cada mancha de niños, en toda porción de infancia chilena que huelgue o trabaje, estará con más razón Guillermo Díaz y mirará de hito en hito al niño que lo cuenta y luego lo llora a sollozos.

Cuando Chillán haya superado su prueba; cuando sus calles vuelvan a ser un cuadro de ajedrez ciudadano, después que se hayan levantado, airosos, la iglesia, la alcaldía, el teatro; una vez servida la necesidad que hoy nos oprime y ahoga, todos pensarán levantar en bronce andino, o en piedra de volcán, el

(1) La famosa flor de Narón tiene cuatro o cinco pétalos.
(2) Alfonso Reyes

Figura 1. Escrito original de Gabriela Mistral (1939), página 1. Archivo Fotográfico y Audiovisual de la Biblioteca Nacional de Chile

UNA CRÓNICA DEL TERREMOTO: GUILLERMO DÍAZ, VELADOR NOCTURNO

(PARA LAS ESCUELAS DE CHILE)

Gabriela Mistral

El muchacho Guillermo Díaz, de 15 años, la noche del cataclismo hacía guardia en la planta eléctrica de Chillán.

Al venir el temblor, él escapó con otros hacia la plaza Mayor, la ancha plaza colonial, el refugio de todo el mundo.

Pero apenas había llegado, el muchacho se acordó de su guardia, pensó en las llaves de luz, vio, en su mente rápida, a Chillán ardiendo.

La tierra en torno de él, bailaba como la Ménade feroz; las calles, en momento, dejaban de serlo. Sólo la gran plaza parecía el abra de salvación. Pero el niño criollo no vio la muerte propia, que es la única que vemos todos; no sintió el tumbo de la sangre, que bate a vivir en esos momentos. No miró en el aire lleno de pueblo sino su tablero eléctrico y la manecilla de la llave matriz, dueña de la llama: el incendio sobre el terremoto.

Guillermo Díaz corrió saltando sobre escombros, corrió sin parar, ciego y lúcido; llegó a la planta, subió las escaleras, buscó el muro y dio la vuelta a la manecilla de la salvación.

Antes de que su brazo bajara, el edificio caía sobre él, como la ballena herida, en una sola masa, aplastando el cuerpo del velador nocturno.

Mucho después llegaron allí los hombres de salvataje, alzaron la ruina, hurgaron en el polvo y hallaron el cuerpo mártir. Pegado a la llave, duraba sobre ella el brazo del muchacho, parado en su gesto de salvar y morir, sin bajar, muerto y todavía fiel.

Las escenas de la noche del 24, la cinta rojinegra de estampas del temblor, los sobrevivientes las matarán en su memoria, para que ellas no los maten. Pero esta flor absoluta de heroísmo, esta simple rosa de Sarón, quedará en ellos, sobre el cogollo de la memoria, sola y llameando de vida eterna.

El brazo de coger frutas, el que iba a dar a una mujer; su hermoso brazo de vivir, quedó allí atrapado en la trampa de la muerte, limpio el gesto, la intención indudable.

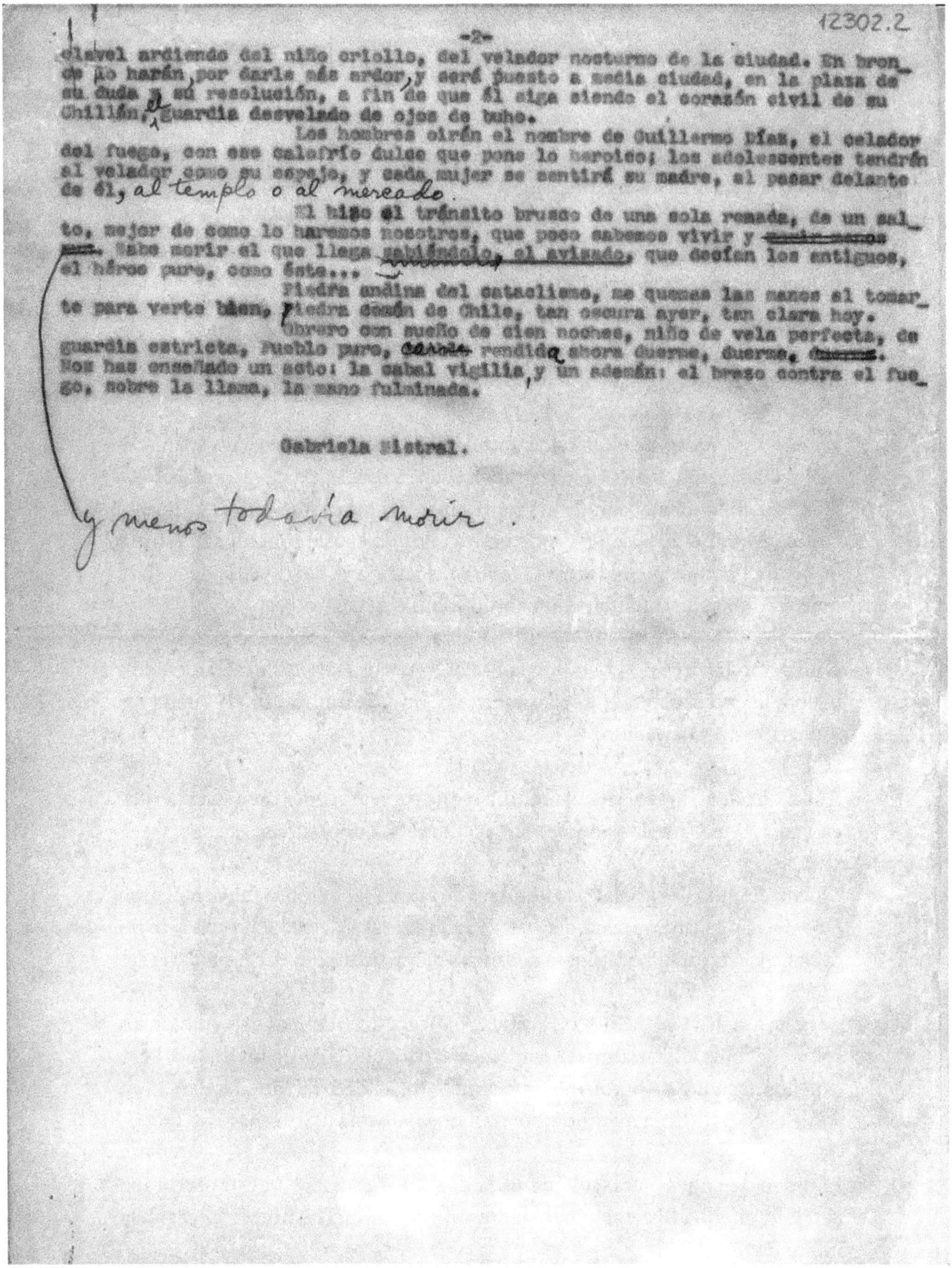

12302.2

-2-

clavel ardiendo del niño criollo, del velador nocturno de la ciudad. En bronce lo harán, por darle más ardor, y será puesto a media ciudad, en la plaza de su duda y su resolución, a fin de que él siga siendo el corazón civil de su Chillán, el guardia desvelado de ojos de buho.

Los hombres oirán el nombre de Guillermo Díaz, el celador del fuego, con ese calofrío dulce que pone lo heroico; los adolescentes tendrán al velador como su espejo, y cada mujer se sentirá su madre, al pasar delante de él, al templo o al mercado.

El hizo el tránsito brusco de una sola remada, de un salto, mejor de como lo haremos nosotros, que poco sabemos vivir y menos todavía morir. Sabe morir el que llega, el avisado, que decían los antiguos, el héroe puro, como éste...

Piedra andina del cataclismo, me quemas las manos al tomarte para verte bien, piedra común de Chile, tan oscura ayer, tan clara hoy.

Obrero con sueño de cien noches, niño de vela perfecta, de guardia estricta, Pueblo puro, rendida ahora duerme, duerme.

Nos has enseñado un acto: la cabal vigilia, y un ademán: el brazo contra el fuego, sobre la llama, la mano fulminada.

Gabriela Mistral.

Figura 2. Escrito original de Gabriela Mistral (1939), página 2. Archivo Fotográfico y Audiovisual de la Biblioteca Nacional de Chile

Maravilloso muchacho de Chillán, carne de vigilia, niño desvelado. Tal vez como obrero nocturno iba de día a su escuela, y desfiló en aquella mañana de mayo en que la niñez de Chillán pasó bajo mis ojos. Tal vez fue uno de los que, volteándose al pasar, me dieron sus ojos, y yo lo miré un instante con fijeza, según miro lo que quiero llevarme... No sé el color de sus ojos criollos ni el de su piel, que sería mestiza, color de hombre, color de intemperie chilena.

Pero su nunca lo vi, ahora ya no importa: aquí lo tengo, vivo y a mi lado, mientras lo cuento, arcángel racial, medio rojo, medio ceniza, más recto que abatido, mástil de vida y muerte.

Está conmigo, en el aire extranjero, en tierra de otros, y con más razón lo ven en todos los rincones de Chile: está en la quebrada cordillerana cerca del volcán que le despeñó su muerte: lo verán este otoño en el huerto de manzanas de Angol; hablarán de él en los cerezales de Traiguén y en el ruedo de pescadores de Ancud. En cada mancha de niños, en toda porción de infancia chilena que huelgue o trabaje, estará con más razón Guillermo Díaz y mirará de hito al niño que lo cuenta y luego lo llora a sollozos.

Cuando Chillán haya superado su prueba: Cuando sus calles vuelvan a ser un cuadro de ajedrez ciudadano, después que se hayan levantado, airosos, la iglesia, la alcaldía, el teatro; una vez servida la necesidad que hoy nos oprime y ahoga, todos pensarán levantar en bronce andino, o en piedra de volcán, el clavel ardiendo del niño criollo, del velador nocturno de la ciudad. En bronce lo harán, por darle más ardor y será puesto a media ciudad, en la plaza de su duda y su resolución, a fin de que él siga siendo el corazón civil de su Chillán, el guardia desvelado de ojos de búho.

Los hombres oirán el nombre de Guillermo Díaz, el celador del fuego, con ese calofrío dulce que pone lo heroico; los adolescentes tendrán al velador como su espejo, y cada mujer se sentirá su madre, al pasar delante de él, al templo o al mercado.

Él hizo el tránsito brusco de una sola remada, de un salto, mejor de cómo lo haremos nosotros, que poco sabemos vivir y menos todavía morir. Sabe morir el que llega sabiéndolo, el avisado, que decían los antiguos, el héroe puro, como éste...

Piedra andina del cataclismo, me quemas las manos al tomarte para verte bien, piedra común de Chile, tan oscura ayer, tan clara hoy.

Obrero con sueño de cien noches, niño de vela perfecta, de guardia estricta, pueblo puro, carne rendida ahora, duerme, duerme. Nos has enseñado un acto: la cabal vigilia, y un además: el brazo contra el fuego, sobre la llama, la mano fulminada.

BAJO LOS ESCOMBROS DE CHILLÁN

Víctor Acosta

Acosta A., Víctor M. *Bajo los escombros de Chillán* [música]: vals-canción [para canto y piano]

os de Chillán

CION

Música y letra
de VICTOR ACOSTA

I PARTE (Recitado)

Van a escuchar los sentidos versos y arpegios de este vals, como un responso sobre el sueño grave de los muertos, en la tragedia que nunca se ha de olvidar.

Madre de mi vida
me dejastes solo
y no tengo a nadie
quién vele por mí,
triste en este mundo
huérfano he quedado
llorando mi pena
y también por ti.

(Estribillo)

Corrí por las calles
como enloquecido
buscando a mi padre
sin poderlo hallar
si está muerto o vivo
bajo los escombros
bajo los escombros
del que fué Chillán.

Esa noche loca
que tembló la tierra
huérfano he quedado
sin padres ni hogar,
muchas son las madres
que lloran sus hijos
en la noche negra
que azotó a Chillán.

Siempre yo recuerdo
que en aquella noche,
con voz dolorida
escuché sollozar:
hijo de mi alma
y callaron sus labios,
bajo los escombros,
del que fue mi hogar.

Ya pasó el temblor
enlutando el suelo,
nuestro Presidente
infunde valor,
inculcando al alma
la esperanza fuerte
que traerá al futuro
dicha y esplendor.

Todas las naciones
nos tienden las manos,
viniendo en socorro
de nuestro dolor
y al ver la nobleza
de pueblos hermanos,
el alma chilena
vibra de emoción.

Archivo Fotográfico y Audiovisual de la Biblioteca Nacional de Chile

PATRIMONIALIZACIÓN

LA IDEA DE HABITAR EN LA ARQUITECTURA MODERNA DE CHILLÁN

Rodrigo Vera
Profesor asociado y director Instituto de Historia y Patrimonio
Facultad de Arquitectura y Urbanismo, Universidad de Chile

> La función de la arquitectura es "hacer visible cómo nos toca el mundo", como Maurice Merleau-Ponty escribió a propósito de la pintura de Paul Cézanne.
> Juhanni Pallasmaa

Introducción

Una de las principales —y ventajosas— características de la arquitectura, es la posibilidad de poder abordar su estudio desde múltiples perspectivas, sean estas estructurales, materiales o teóricas. Desde esta última vertiente, también se abre un abanico de abordajes que permiten afrontar un determinado caso de estudio apelando a una visión interdisciplinar que enriquece el análisis y abre la puerta a nuevas interpretaciones sobre los espacios construidos para el habitar.

Así, para valorar aspectos de la arquitectura moderna de Chillán es necesario ir más allá de pensar la arquitectura simplemente como espacios construidos. Se trata de encontrar una relación más estrecha entre el habitante y el espacio físico que permita generar una reflexión sobre las distintas formas en que este se utiliza y poder llegar a ciertas conclusiones que pongan en valor esas relaciones. Para este ejercicio y como se mencionó en el párrafo anterior, son varias las claves de entrada posibles de considerar; también muchos los conceptos que pueden entregar luces acerca de cómo se puede llegar a manifestar una reflexión que opere a nivel de un pensamiento sobre la arquitectura que se vive día a día.

Valga una cita del teórico de la arquitectura José Ricardo Morales (1999: 168) que puede ampliar el argumento sostenido: "La arquitectura es la creación fáctica del mundo, la mediación que requiere el hombre para estar en el mundo, el construir que radica en el habitar, cuya esencia consiste en personificar, es decir, lo que le permite ser para sí y estar con los demás". Dentro de los conceptos a los que alude Morales, es el de mediación el que adquiere importancia desde la perspectiva de este texto. Por un lado está el sujeto y por otro el mundo que se construye para prestar cobijo y funcionalidad a las actividades cotidianas.

¿Pero qué pasa en ese espacio intermedio? ¿Cómo se produce esa mediación? Le podemos otorgar dos condiciones a ese espacio: una física, medible, cuantificable. La distancia en alguna unidad de medida que me separa de determinada construcción. La otra, la condición de un espacio existencial que supone una relación subjetiva de esa distancia. Una forma de corporizar la existencia del sujeto en la ciudad, aterrizando un poco los conceptos.

La mayoría de las veces, la valorización del patrimonio arquitectónico de la ciudad se trabaja desde el punto de vista de la historia de esa arquitectura y la relevancia histórico-política de su aparición, como es la relación que se establece entre el gobierno de Pedro Aguirre Cerda y la reconstrucción; otras tantas, desde los arquitectos que participaron en el proceso de reconstrucción o a partir de exhaustivos estudios sobre inmuebles que conforman ese patrimonio. Sin embargo, son pocas las ocasiones en que se han desarrollado temáticas que abordan desde una perspectiva filosófica la forma de utilización de los espacios de la arquitectura moderna de Chillán por parte de sus habitantes. Valen para este último punto algunas cautelas. Lo sucesivo no se tratará de una reflexión que escale hacia un nivel de abstracción que se distancie de la problemática arquitectónica concreta de la ciudad. Se pretende encontrar un equilibrio entre el entramado conceptual que sustenta una aproximación teórica y los espacios construidos que se utilizan —y cómo se utilizan— en el cotidiano.

Por otro lado, se hace necesario declarar que la presente estrategia de relación habitante-espacio prescinde mayormente de obras y autorías para concentrarse en lugares que configuran o gatillan la reflexión. Son más bien elementos arquitectónicos que se pueden encontrar aquí o allá en la trama urbana, más que el edificio de tal o cual arquitecto. Con esto no se quiere desmerecer el trabajo de los profesionales que aportaron a la coherencia de la ciudad que se levantó luego de la catástrofe; solo se quiere dejar constancia que esta forma de aproximación, enfatiza una dimensión conceptual por sobre el valor individual de los inmuebles y quienes estuvieron detrás de su construcción.

Además de la conceptualización teórica, para llegar a situar estas ideas se hace necesario un trabajo de observación y registro en terreno que posibilite la identificación de los lugares en que esos conceptos se manifiestan. Observar qué ocurre con el habitante y la arquitectura en un día lluvioso de invierno u otro de calor estival. Determinar el cómo se gesta una relación en que muchas veces se torna naturalizada como si la arquitectura hubiese estado ahí siempre, preexistente a prácticas comunes que se desarrollan como inherentes al ser humano y que son necesarias de ir categorizando a medida que se engrosan los registros de la observación. Una determinada situación que llama la atención puede ocurrir una vez y queda como anécdota; si se hace frecuente, se convierte en costumbre. Ese cambio de estado se gesta en la capacidad de observación que va definiendo actitudes y comportamientos condicionados por los lugares, u otras veces adaptando esos lugares para fines que no estaban presupuestados en el objetivo inicial del proyecto arquitectónico.

Para este trabajo, se anticipa que se consideró la observación de los habitantes en la ciudad en distintas estaciones y sus respectivas condiciones climáticas, que fue uno de los principales factores que permitieron la aplicación de los conceptos y sus conclusiones.

Aproximaciones teóricas, perceptuales, de mediación, van configurando un panorama que avizora lo sucesivo en este trabajo. Y dentro de esas dimensiones de la arquitectura, la relación con la filosofía y su especificidad al campo del habitar es una vía reflexiva que resulta también válida para tratar la problemática patrimonial. Pero ¿por qué sería necesario proponer una reflexión que venga desde la filosofía, cuando pareciera ser que la discusión se debería dar en otras esferas más pragmáticas? Actualmente, Chillán sufre un proceso de especulación inmobiliaria que está depredando el patrimonio arquitectónico moderno. Son varias las maneras de abordar esta problemática evidente, entre ellas la necesaria reflexión que vincule la arquitectura con la filosofía a partir de la degradación del concepto de habitar. Se hace necesario generar una reflexión amplia que proponga desde el fenómeno sensible del habitar, la problemática de la destrucción de la arquitectura moderna levantada post terremoto de 1939.

La idea de habitar

Para recabar antecedentes respecto a la idea de habitar y su comprensión en la arquitectura del Chillán post terremoto, nos aproximamos al pensamiento del filósofo alemán Martin Heidegger y los argumentos que despliega en una célebre conferencia que dictó en la ciudad de Darmstadt en 1951 y que llevó por título "Construir, habitar, pensar". Si bien no se trata de un texto arquitectónico, la influencia que ha tenido en la reflexión sobre esta disciplina ha sido extensa. "Su propósito no era ofrecer una explicación, sino ayudar al hombre a volver hacia un habitar auténtico", propone el arquitecto Christian Norberg-Schulz (2008: 107)

Se trató de una reflexión generada por la falta de viviendas y la respuesta a esta problemática luego de la destrucción de la Segunda Guerra Mundial.

Si bien el argumento central de este capítulo tiene que ver con la idea de habitar que el filósofo alemán desarrolla, para comprender la relación entre filosofía y arquitectura, y en este caso particular con la arquitectura moderna de Chillán, es necesario explicar un par de conceptos.

El vínculo entre la filosofía y la arquitectura ha sido una constante en la teoría de esta última disciplina. La arquitectura no se definiría solamente en la práctica del levantar edificaciones, sino que también en el reflexionar sobre lo que se erige y cómo esto se adecua a las necesidades y funcionalidad del habitante de esos espacios construidos. Desde este punto de vista, uno de los acercamientos ha sido desde la fenomenología, que podría ser definida de la siguiente manera: "la fenomenología estudia y analiza los fenómenos relacionados a la conciencia y las experiencias —los juicios, las sensaciones y las emociones que ellas provocan en nosotros—. Es decir, que su objeto de estudio son fenómenos generalmente considerados como subjetivos" (Buzo y Fernández, 2012: 1).

Según el filósofo francés Maurice Merleau-Ponty (1993: 7), "la fenomenología es el estudio de las esencias y según ella todos los productos se resuelven en la definición de esencias: la esencia de la percepción y la esencia de la consciencia".

La fenomenología como saber propio de la filosofía, ha derivado en la fenomenología de la arquitectura, que tiene como dos de sus principales exponentes a los arquitectos Steven Holl y Juhani Pallasmaa, de quienes también se recogen algunas ideas complementarias a la del habitar heideggeriano.

Como lo explica Holl (2018: 13):

> "Según Franz Brentano, los fenómenos físicos captan nuestra "percepción exterior", mientras que los fenómenos mentales conciernen a nuestra "percepción interior". Los fenómenos mentales tienen una existencia real e intencional. Desde un punto de vista empírico, un edificio podría satisfacernos como una entidad puramente físico espacial, pero desde el punto de vista intelectual y espiritual necesitamos entender las motivaciones que encierra".

Con esto se comprende que el edificio es mucho más que su materialidad y que comporta un aspecto que genera una experiencia sensible en el usuario.

Y así como Merleau-Ponty nos habla de la búsqueda de las esencias por medio del estudio de los fenómenos sensibles, en el campo de la fenomenología de la arquitectura una de las búsquedas va dirigida a la esencia del habitar.

Es en esa búsqueda de la esencia del habitar que Heidegger desarrolla sus conceptos en la célebre conferencia de 1951. Como se había mencionado, no es un texto que trate de arquitectura, sino más bien, como dice el filósofo Jesús Adrián (2015: 56) "Se trata de la pregunta filosófica sobre la relación que el ser humano establece con su mundo y su entorno inmediatos". Ese entorno inmediato es el que la arquitectura provee para las actividades cotidianas, en una comprensión del espacio que comporta un carácter dual: arquitectura como un espacio físico-material y arquitectura como espacio existencial, que sería lo que explica Pallasmaa (2021: 61): "Para distinguir el espacio vivido del espacio físico y geométrico, podemos llamarlo "espacio existencial". El espacio existencial vivido se estructura sobre la base de los significados y los valores que se reflejan en él por el individuo o el grupo, sea de manera consciente o inconsciente; el espacio existencial es una experiencia única interpretada a través de la memoria y los contenidos empíricos del individuo".

La idea de habitar se desarrollaría entonces en esta doble dimensión del espacio. Para el caso de Chillán, las experiencias creadas que articulan sentido en relación con la arquitectura moderna de la ciudad. Y es aquí donde volvemos a Heidegger y su concepción de habitar. En su conferencia transcrita como texto, sus argumentos se estructuran a partir de dos preguntas:

1. ¿Qué es habitar?

2. ¿En qué medida el construir pertenece a habitar?

Lo más relevante en función del presente texto, son las reflexiones que Heidegger desarrolla acerca del concepto de habitar, de las que nos ocuparemos para relacionarlo con la arquitectura moderna de Chillán; sin embargo, en el desarrollo de la segunda pregunta por parte del filósofo alemán, aparecen dos conceptos muy relevantes de la fenomenología de la arquitectura: lugar y espacio.

Volviendo a la primera pregunta, luego de una serie de relaciones etimológicas sobre la palabra, Heidegger (2015: 21) propone una definición de habitar: "Habitar, haber sido llevado a la paz, quiere decir: permanecer a buen recaudo [...] El rasgo fundamental del habitar es este cuidar (custodiar, velar por)".

Luego del contexto anteriormente desplegado respecto a la relación de la filosofía con la arquitectura y la posibilidad de aplicar esto para el caso de la arquitectura moderna de Chillán, se llega a este punto medular: el habitar como un cuidar, un proteger, y la necesidad de pensar la idea del construir en función de un habitar.

Desde este punto de vista, el construir va más allá de la práctica común de levantar edificios. Si el construir tiene una vinculación con el habitar, el construir también resguarda, da cobijo, punto que instala desde ya una interrogante sobre lo que significa hoy el proceso de especulación inmobiliaria que está ocurriendo en Chillán.

Lo que podríamos entender coloquialmente como una construcción, sería lo que Heidegger acerca a la idea del producir como un "dejar aparecer", el desarrollo de una técnica que hace aparecer una cosa edificada que permite el habitar del modo como se ha explicado antes.

Esto puede clarificarse de la manera que el autor propone: "Solo si tenemos la capacidad de habitar, podemos construir" (Heidegger, 2015: 47). Resumiendo, podríamos pensar en la idea de la construcción como algo identitario o que entrega pertenencia, solo si entendemos que esas construcciones nos prestan un resguardo.

A modo de ejemplo, Heidegger propone el de una vivienda campestre en la Selva negra[1]. Además del oficio y la técnica con el que fue levantada, se

1 La Selva negra es un lugar montañoso ubicado en el estado federado de Waden-Wurtenberg, al suroeste de Alemania. En esta zona boscosa, se emplazó la cabaña campestre que servía de refugio a Martin Heidegger, en que elaboró gran parte de sus reflexiones, entre ellas las del concepto de habitar. Ver Sharr, A. (2015). *La cabaña de Heidegger, un espacio para habitar.* Gustavo Gili: Barcelona.

evidencia el construir en cuanto otorga un sentido de protección a las actividades que ahí domésticamente se desarrollan; a resguardo del frío, del viento y las inclemencias del clima en esa zona tan agreste, se construyó un lugar que articula lo que ocurre dentro de él.

Respecto a la idea de espacio y lugar, Heidegger sostiene una crítica a la concepción del primer concepto desde el punto de vista estrictamente matemático.

Para llegar de la Estación a la Catedral tengo que recorrer seis cuadras; de la Catedral al Mercado otras cuatro más, ¿pero qué ocurre desde el punto de vista vivencial de ese recorrido? Si llueve o hace frío, ¿es lo mismo recorrerlo bajo el sol estival?

Es por esto que Heidegger enfatiza que lo mensurable no es de ninguna manera el fundamento de la esencia de los espacios y lugares. El espacio al cual el filósofo alemán se refiere, es aquel que se puede percibir de un modo global, donde lo mensurable se encuentra contenido y del cual el hombre forma un todo; no existiría aquella separación convencional que definiría que son dos cosas distintas. O como señala Pallasmaa (2021: 60):

> "No vivimos en un mundo objetivo de materia y de hechos, tal como asume el realismo convencional. La forma de existencia característicamente humana tiene lugar en el mundo de las posibilidades y está moldeada por nuestra capacidad de imaginar y de fantasear. Vivimos en mundos donde lo material y lo mental, lo experimentado, lo recordado y lo imaginado se funden completamente entre sí. En consecuencia, la realidad vivida no sigue las reglas del espacio ni del tiempo tal como vienen descritas en la física. Podríamos decir que el mundo vivido es fundamentalmente "acientífico" cuando se mide con los criterios de la ciencia empírica occidental".

En esta concepción de espacio, el construir no sería solamente levantar edificios, sino que generar "lugares", pertenencia, resguardo, identificación. Como dice Pallasmaa (2021: 61): "Por otro lado, los grupos, e incluso las naciones, comparten ciertas experiencias de espacio existencial que constituye sus identidades colectivas y su sentido de comunidad".

En Chillán, el patrimonio moderno puede ser entendido de esta manera: la Catedral es un lugar en cuanto entrega sentido de pertenencia e identificación con la ciudad; lo mismo la Copelec y el edificio del Gobierno Regional, del que se hablará más adelante.

En la idea de estrechar los conceptos de habitar y lugar, Paniagua (2015: 32) propone lo siguiente:

> "Habitar alcanza su sentido pleno cuando el hombre es capaz de crear relaciones de encuentro con la realidad; lo que antes era solo un sitio se eleva a la categoría de lugar con significación. Es decir, el alimento esencial de la existencia no viene de las cosas, sino del nudo que enlaza las cosas al hombre. Por lo tanto, habitar es fundar relaciones cargadas de sentido en el entorno".

Habitar y lugar son dos conceptos que se desarrollarán en función de comprender cómo la arquitectura moderna de Chillán puede ser capaz de ofrecer un resguardo, un cuidado a la experiencia en el espacio generando un sentido de pertenencia.

El habitar en el Chillán moderno

Desplegado el concepto de habitar, se hace necesario aterrizarlo a la espacialidad concreta que supone presta las condiciones para el desarrollo de esa idea. Aquí es donde la observación del habitar cotidiano cobra importancia y los lugares se hacen patentes en su conformación física y material.

Si bien Cerda (1990) señala que la adopción del movimiento moderno para el caso de Chillán se dio mediante una arquitectura acrítica, que no consideró problemas de asoleamiento, viento, lluvia, etc. y que más que nada se trató de símbolos importados de la modernidad, esta arquitectura permitió entregar a la ciudad un sentido de coherencia que poco a poco, a través del trabajo de educación patrimonial impulsado por instituciones como la Unidad de Patrimonio de la Municipalidad de Chillán, se ha convertido en pertenencia. Como señala Paniagua (2014: 128): "El lugar colectivo es el lugar de la identidad y de la percepción de pertenencia por parte del habitante".

Uno de los principales aspectos de la coherencia arquitectónica dentro del perímetro de las cuatro avenidas, fue la decisión de haber tomado como solución la manzana block, permitiendo una unidad en la fachada que terminó de definirse al funcionalizar las plantas de los edificios: la primera para uso comercial, la segunda para uso habitacional. Esta configuración la podemos advertir en

Figura 1. Avenida Libertad esquina calle Carrera, vista desde esquina sur oriente. © Rodrigo Vera Manríquez

Figura 2. Calle Maipón entre Arauco y 5 de abril. © Rodrigo Vera Manríquez

Figura 3. Calle Maipón entre Arauco y 5 de abril, vereda sur, vista oriente-poniente. © Rodrigo Vera Manríquez

gran parte del centro de la ciudad, definiendo un sello característico de la capital de Ñuble. Se suma a esto la utilización de la esquina curva que permite perceptualmente apreciar la continuidad de las perspectivas que se abren en cada intersección en que se encuentra presente esta característica (FIG. 1).

A continuación, se presentarán algunos elementos erigidos en el proceso de reconstrucción de Chillán que permiten pensar la idea del habitar como una protección que la arquitectura presta al transeúnte; una especie de registro de lugares pensados desde un proyecto que contempló un sentido de coherencia que también puede ser pensado como resguardo.

Las marquesinas en voladizo

Continuando con la idea anterior de la unidad presente en la manzana block y la fachada continua, la perspectiva generada se enfatiza también mediante un elemento que en algunos casos recorre casi la cuadra completa: la marquesina en voladizo. Se trata de aquella estructura de hormigón que arranca perpendicular a la fachada y se extiende entre uno y dos metros por sobre la vereda. En algunos casos, se trata de la proyección de la losa hacia el exterior, desarrollo técnico de la arquitectura moderna y la construcción en hormigón, que puede verse reflejado en la ausencia de soportes estructurales (ej: cartelas) que presten apoyo a este elemento (FIG. 2).

Como se mencionó, su continuidad visual delimita hacia el exterior el primer y segundo piso, enfatizando la funcionalidad de cada uno de ellos. Su

Figura 4. Calle Maipón entre Arauco y 5 de abril, vereda norte, vista oriente-poniente. © Rodrigo Vera Manríquez

Figura 5. Calle Constitución entre Arauco y 5 de abril, vereda sur, vista poniente-oriente. © Rodrigo Vera Manríquez

principal función es la de proteger de las condiciones climáticas el acceso al inmueble, lo que gracias a la configuración de la fachada genera un cobertizo corrido que no solo protege al propietario que accede a su vivienda o al cliente que ingresa a algún comercio, si no que al peatón que se resguarda del sol en el verano o de la lluvia en el invierno.

En las imágenes (FIG. 3, 4 Y 5), se puede observar la proyección de la sombra sobre la vereda en distintos lugares de la ciudad. Esta sombra opera a modo de pasillo que protege del sol en la temporada estival, evidentemente dependiendo de la posición de este. Con temperaturas que ascienden sobre los 30° en los meses de verano, este elemento se convierte en un espacio de resguardo para el tránsito cotidiano.

Otra forma de cobijo que presta esta particularidad arquitectónica de la ciudad es que muchas de las esquinas presentan la siguiente configuración: esquina curva en la segunda planta, marquesina en voladizo que recorre ambas cuadras intersectadas y un ángulo en la intersección de las esquinas (esquina en ochavo) en la primera planta, que generalmente es la entrada a algún local comercial. El espacio sombreado generado por el ángulo de la intersección de las calles se convierte en un espacio de espera peatonal del semáforo, otorgando protección tanto en verano como en invierno.

Si bien como se mencionó es importante considerar que esta situación de recaudo que presta la configuración arquitectónica del Chillán moderno

Figura 6. Intersección calle Carrera y Libertad, vereda norte, vista oriente-poniente. © Dagoberto Rodríguez

Figura 7. Avenida Libertad entre Carrera y 18 de septiembre, vereda norte, vista oriente-poniente. © Dagoberto Rodríguez

Figura 8. Calle Arauco, c. 1950

Figura 9. Corredor Estación de Ferrocarriles hacia avenida Brasil. © Rodrigo Vera Manríquez

depende de la posición del sol, para el caso del invierno la marquesina sirve de cobijo al peatón durante todo el día si es necesario, tanto en el tránsito o aguardando que pase la lluvia, lo que permite que esta protección se convierta también en un espacio de espera o contemplación (FIG. 6 Y 7).

Desde el proceso de reconstrucción hasta la actualidad, muchas cuadras del centro de la ciudad son posibles de recorrer bajo este recaudo para el peatón, situación funcional propiciada por la arquitectura moderna de la ciudad. En algunas fotografías de archivo (FIG. 8), también es posible advertir que la marquesina sirve de soporte para la instalación de toldos retráctiles por parte de los negocios ubicados en la cuadra, aumentando la zona de sombra y resguardando del sol al local comercial y al tránsito peatonal.

Corredores

Siguiendo con la idea de encontrar lugares de la ciudad en que el habitar esté presente en la arquitectura moderna como un estar a buen recaudo, encontramos también esta condición en los corredores dispuestos en distintas zonas de la ciudad.

Figura 10. Vista avenida Libertad desde Estación de Ferrocarriles. © Rodrigo Vera Manríquez

Figura 11. Restorán Brasilia. Avenida Brasil esquina avenida Libertad. © Rodrigo Vera Manríquez

Figura 12. Corredor Mercado Municipal hacia calle Maipón. © Rodrigo Vera Manríquez

La estación de ferrocarriles, en su aspecto racionalista caracterizado por un bloque horizontal y una torre a modo de volumen regular (paralelepípedo) vertical, sigue la configuración de la mayoría de los edificios que prestan esta funcionalidad, con un corredor hacia la avenida Brasil que libera espacio en el acceso del edificio para circulación y establecimiento de locales comerciales (FIG. 9).

Quien arriba en tren a la ciudad —principal medio de transporte durante muchas décadas— se encuentra con esta estructura que permite de manera protegida la vista en perspectiva hacia la avenida Libertad, hasta el momento, uno de los sectores de la ciudad en que permanece esta coherencia arquitectónica de la fachada continua de la que ya se ha hablado (FIG. 10). El inicio de esa perspectiva está flanqueada por dos edificios de similares características enfrentados en su fachada principal, construidos por la Corporación de Vivienda (CORVI), en 1955.

Figura 13. Corredor Población Kennedy hacia avenida Vicente Méndez. © Rodrigo Vera Manríquez

Figura 14. Corredor Población Kennedy hacia calle Angamos. © Rodrigo Vera Manríquez

Figura 15. Corredor Regimiento de Chillán. © Rodrigo Vera Manríquez

Figura 16. Corredor edificio Obispado, vista sur-norte hacia Avenida Libertad. © Rodrigo Vera Manríquez

Figura 17. Corredor Edificio Gobierno Regional, vista norte-sur desde calle Bulnes. © Rodrigo Vera Manríquez

Estos edificios que se presentan a modo de pórticos urbanos de entrada a la ciudad, presentan en su primera planta sendos corredores con acceso desde la avenida Brasil y la avenida Libertad. De frente, hacia esta última arteria, se encuentran en la primera planta una serie de locales comerciales. Estos corredores presentan la posibilidad de resguardarse de las condiciones climáticas como lugar de tránsito, liberando espacio para esta función mediante la configuración de ambos edificios, lo que al mismo tiempo propicia que la vista desde la estación de ferrocarriles hacia la avenida Libertad aparezca más amplia.

Entre el comercio existente, un restorán utiliza el corredor disponiendo mesas para sus clientes; nuevamente se observa la dualidad de este espacio: tránsito y detención cobijados por las características de esta arquitectura. Un sentido de resguardo y contemplación urbana (FIG. 11).

Otro lugar de características similares es el corredor del Mercado Municipal techado hacia calle Maipón. Se configuró como espacio de tránsito y protección a los accesos al comercio establecido de esa ala del mercado, que también presenta dos accesos coincidentes con los del ala contraria, permitiendo una circulación peatonal directa desde el otro lado del edificio.

Además de la funcionalidad original, hoy el corredor sirve de resguardo a una serie de vendedores ambulantes que utilizan los pilares instalando mesas y colgando parte de su mercadería en este elemento estructural. Al mismo tiempo, la marquesina que se proyecta sobre la vereda protege de la lluvia y el sol a los transeúntes que esperan la locomoción colectiva en esa cuadra (FIG. 12).

Figura 18. Maqueta edificio Intendencia de Chillán. Revista *Urbanismo y arquitectura*, nº11, 1940, p. 23

Figura 19. Circulación peatonal por el edificio del Gobierno Regional. © Rodrigo Vera Manríquez

En un carácter más residencial, vale la pena mencionar los corredores ubicados en dos bloques de vivienda de la población Kennedy, que presentan características similares a las manzanas del centro en cuanto a funcionalidad: primer piso comercial y segundo piso vivienda. Se trata de bloques aislados al interior del perímetro de la población, en cuya primera planta además de la entrada a las viviendas del segundo piso, se ubican una serie de locales comerciales que prestan servicio a los habitantes del sector (FIG. 13 Y 14). La situación es similar a los casos anteriormente descritos: el corredor libera espacio para el tránsito peatonal y protege del sol y la lluvia los accesos al comercio. Una solución de resguardo recurrente que puede evidenciarse en diversas escalas tanto al interior de las cuatro avenidas como también fuera de ellas. En otros edificios de la ciudad también existen corredores cuya función principal es la de protección de la circulación, como ocurre en el edificio de dormitorios del Regimiento (FIG. 15), en el Obispado ubicado a un costado de la Catedral (FIG. 16) y en las alas que flanquean el patio central del edificio del Gobierno Regional (FIG. 17), del que se hablará a continuación.

Circulación peatonal a través del edificio

El edificio del Gobierno Regional de Ñuble, obra de los arquitectos Enrique Benavente y T.A. Morales, construido entre los años 1940 y 1942, es un fiel representante de la arquitectura racionalista importada desde Europa hacia la fecha de reconstrucción de la ciudad. Como se puede evidenciar en las maquetas del inmueble (FIG. 18), el proyecto original contemplaba la circulación peatonal atravesando el edificio en sentido norte-sur, conectando la gran explanada que da hacia la plaza de armas con el patio que se encuentra hacia calle Bulnes. Se trata de un edificio de gran envergadura y fuerte presencia urbana, que ocupa una manzana completa y cuya torre, al igual que la cruz de la Catedral, fueron durante mucho tiempo dos de las estructuras más altas de la ciudad. Además de contener gran parte de los servicios públicos de la ciudad, el carácter ciudadano está dado en la continuidad con el espacio de la plaza de armas y el tránsito peatonal por el espacio liberado en la primera planta que permite el tránsito peatonal fluido desde un lugar cívico a otro. Este tránsito permite atravesar la manzana acortando distancias al mismo tiempo que protegiéndose de la lluvia o el sol; simbólicamente, es un edificio que se abre a la comunidad, en una funcionalidad que acoge al ciudadano ya sea en la funcionalidad que presta o en la configuración que presta resguardo (FIG. 19).

Esta propuesta de comprensión de los espacios de la arquitectura moderna de Chillán que favorecen la idea de habitar como el estar a buen recaudo, no se limita a lo aquí descrito y puede seguir engrosándose por medio de la observación del habitante y su entorno. Como señala el arquitecto Juhani Pallasmaa (2021: 7):

> "El acto de habitar es el medio fundamental en que uno se relaciona con el mundo. Es fundamentalmente un intercambio y una extensión; por un lado, el habitante se sitúa en el espacio y el espacio se sitúa en la conciencia del habitante y, por otro, ese lugar se convierte en una exteriorización y una extensión de su ser, tanto desde el punto de vista mental como físico".

Habitar la arquitectura moderna de Chillán involucra entonces la imbricación del sujeto y su entorno; una experiencia que en su repetición cotidiana genera un sentido de pertenencia.

El desarraigo y la problemática patrimonial

Hacia el final de la conferencia, el filósofo plantea un concepto que se puede extrapolar a la realidad que está viviendo hoy la ciudad de Chillán. Es lo que

Figura 20. Intersección calle Bulnes y 18 de septiembre. © Rodrigo Vera Manríquez

propone como "la auténtica penuria del habitar"; esta penuria no la define como la falta de viviendas, que ha sido una constante más allá de las catástrofes que marcaron tanto a Europa como a la capital de Ñuble. Tampoco se verifica en lo que implica el crecimiento demográfico y el tema contingente de la migración que hoy está generando la situación anterior.

El problema viene desde la idea que "la auténtica penuria del habitar reside en el hecho de que los mortales primero tienen que volver a buscar la esencia del habitar; de que tienen que aprender a habitar" (Heidegger: 49). Según lo ya revisado, el aprender a habitar pasa necesariamente por reconocer que se está a buen recaudo, por el resguardo y cuidado que las construcciones que se erigen prestan al sujeto y la manera en que esto se convierte en parte de un cotidiano de la escenografía urbana.

Hay que reconocer que las abstracciones de los problemas que derivan de la fenomenología de la arquitectura, a veces llevan a perder un poco de vista las situaciones concretas que gatillan estas reflexiones. En este sentido, el mismo Heidegger señala que es evidente la disquisición sobre la carencia material de vivienda, pero que solo conforma una parte del problema.

Si la arquitectura moderna que se levantó luego del terremoto de 1939 se pensó en un construir que abogaba por la idea del habitar, su destrucción evidentemente implica la desarticulación de este último concepto.

Figura 21. Intersección calle Bulnes y 18 de septiembre. © Rodrigo Vera Manríquez

¿Cómo se manifiesta concretamente este último comentario?

La respuesta se encuentra en lo que actualmente ocurre respecto a la devastación del patrimonio moderno, propiciado por los procesos de especulación inmobiliaria y la construcción de edificios de altura, que vienen a romper la coherencia lograda por el construir en el sentido que se ha trabajado en este texto.

Nos encontramos ante un fenómeno que no solo destruye, sino que además no aporta a un habitar armónico.

El aspecto patrimonial y su preservación también tiene que ver con una concepción amplia del habitar, como se ha venido desarrollando en este texto; también se mueve en la dimensión de entregar un sentido de lugar en la medida que la comunidad lo va reconociendo y valorando. Y así como se pensó en un construir que aportara a la idea de habitar, la ausencia de una reflexión sobre la importancia de este concepto desde una mirada que va más allá del entregar un techo, también incide en la falta de valoración del patrimonio moderno de la ciudad.

Su destrucción nos lleva a la idea de "habitar el desarraigo", como propone el filósofo español Jesús Adrián: "el verdadero problema no sería tanto la falta de viviendas como la necesidad de pensar en la esencia de la construcción

Figura 22. Vista norte-sur desde calle Isabel Riquelme. © Rodrigo Vera Manríquez

misma y hacer frente al sentimiento de desarraigo que parece embargar a la sociedad occidental" (Adrián, 2015: 55).

Uno de los principales problemas que se pueden encontrar en el quiebre de la coherencia urbana es el tamaño sobredimensionado de los edificios que se han levantado en el último tiempo en la ciudad (FIG. 20 Y 21). Alturas desmedidas que no respetan el entorno, transgrediendo de manera notoria el proyecto original de la manzana block y la continuidad visual de la que se habló anteriormente, con todos los otros problemas asociados: alcantarillado, atochamientos, sombra excesiva, etc.

En la misma lógica del quiebre de coherencia de la arquitectura moderna de la ciudad, encontramos otra situación que se ha venido generando de un tiempo a esta parte: la introducción de nuevas materialidades (FIG. 22 Y 23). Una de las más notorias es el vidrio espejado en algunas construcciones. Además del quiebre de la coherencia de la manzana block, su continuidad visual y los materiales utilizados en el proceso de reconstrucción, el vidrio espejado produce reflejos excesivos que tienen una incidencia negativa en las construcciones aledañas al generar alzas de temperatura en la proyección del sol. También estos reflejos se manifiestan en el espacio público, generando cambios cromáticos que se evidencian tanto por el peatón como por los automovilistas; en fin, una incidencia en el sentido de habitar un espacio que fue pensado con una coherencia de escala y materialidad que se ve alterado por una falsa concepción de desarrollo urbano.

Figura 23. Vista norte-sur, calle Vegas de Saldías entre calle 18 de septiembre y calle Arauco.
© Rodrigo Vera Manríquez

Mal que mal, como lo señala Adrián (2015: 56) "construir implica una responsabilidad hacia el lugar y el espacio". La referencia no es solo el construir con el levantar edificios, sino que construir en búsqueda de un recaudo en el espacio público. Al haber desarrollado una observación de los elementos urbanos de la arquitectura moderna de Chillán y la manifestación de elementos que fueron parte de un proyecto que aspiraba a un sentido de coherencia, queda planteada la pregunta: ¿Qué aportes concretos al espacio público y al habitar pueden recogerse de los nuevos edificios que están poblando la ciudad?

Conclusiones

Desde la problemática filosófica que se aterriza al caso de la arquitectura moderna de Chillán desde el punto del habitar, hay un par de ideas con las que es conveniente concluir.

La reflexión del habitar desde Heidegger tiene mucho que ver con una espacialidad interna: la del sentido del hogar, la de la espacialidad vernácula o la de su cabaña emplazada en la Selva Negra. Lo que aquí se ha propuesto, es el desplazar la idea de habitar —el buen recaudo— hacia el espacio público, reconociendo lugares en que la apreciación del filósofo alemán pueda verse puesta a prueba. Así, en la observación e interacción del habitante y la espacialidad moderna, aparecen espacios de tránsito que se convierten en espacios de detención, al igual que edificios que siendo de uso privado también prestan una funcionalidad de cobijo al transeúnte; la configuración de esquinas, veredas, corredores, operan en un sentido de otorgar cierta protección a las actividades cotidianas, propiciando un sentido de habitar común, a modo de aporte al espacio público.

La neutralidad propia de la arquitectura racionalista y la carencia de ornamentos, diluye en su funcionalidad gran parte de las observaciones propuestas a lo largo del texto. Pareciera ser que esa arquitectura siempre estuvo ahí, que nadie se percata que bajo la curva del voladizo de la esquina se genera un ángulo que permite detenerse y estar cubierto. Este tipo de habitar cotidiano puede llegar a diluirse a medida que va desapareciendo la arquitectura que le da cabida; no solo es la pérdida de un inmueble en su condición material: es la pérdida de una forma de vivir la ciudad. Materia y experiencia a modo de unidad, como señala Paniagua (2014: 127):

> "La arquitectura no es espacial porque está en el espacio, sino porque configura lo espacial mediante la materia; un espacio que no es homogéneo, sino fenomenológico y pragmático, apreciable en sus modalidades y accidentes, un espacio vivencial y experiencial. La arquitectura hace surgir en el espacio cualidades creando así un espacio legible y comunicable en su propósito".

Recorrer la espacialidad del edificio del Gobierno Regional no solo es el desplazamiento de un punto A a un punto B; de ninguna manera ese concepto de espacio mensurable se agota en la idea de habitar. Recorrer ese espacio es reconocer un lugar de pertenencia, ya sea en invierno o en verano. Tiene más bien que ver con la idea de generar una experiencia en ese recorrido, en ese tránsito no interrumpido por el edificio, si no que posibilitado por él. Cuando esa experiencia existencial del espacio de la arquitectura moderna de Chillán comienza a evidenciarse, solo ahí estamos presentes frente a la idea de habitar.

Bibliografía

Adrián, J. (2015). "Habitar el desarraigo". En Heidegger, M. (2015) *Construir, habitar, pensar. Bahuen, Wohnen, Denken*. Madrid: La oficina. (54-75).

Buzó, R. y Fernández, L. (2012.). *Fenomenología. Peter Zumthor y Steven Holl.* Tesina. Universidad de la República (Uruguay). Facultad de Arquitectura.

Cerda, A. (1990). *El surgimiento de la arquitectura moderna en Chillán después del terremoto de 1939.* Concepción: Universidad del Bío-Bío.

Heidegger, M. (2015) *Construir, habitar, pensar. Bahuen, Wohnen, Denken.* Madrid: La oficina.

Holl, S. (2018). *Cuestiones de percepción. Fenomonología de la arquitectura.* Barcelona: Gustavo Gili.

Merleau-Ponty, M. (1993). *Fenomenología de la percepción.* Barcelona: Planeta-De Agostini.

Morales, J. (1999). *Arquitectónica. Sobre la idea y el sentido de la arquitectura.* Madrid: Biblioteca nueva.

Pallasmaa, J. (2021). *Habitar.* Barcelona: Gustavo Gili.

Paniagua, E. y Roldán, J. (2014). "Traer a la presencia y dialogar con el lugar". *Arquitetura revista,* 10(2),124-133.

Paniagua, E. y Pedragosa, P. (2015). "La esencia fenomenológica de la arquitectura". *Revista 180,* 35, 30-35.

Sharr, A. (2015). *La cabaña de Heidegger, un espacio para pensar.* Barcelona: Gustavo Gili.

Shulz, C. N. (2008). "El pensamiento de Heidegger sobre la arquitectura". *Discusiones Filosóficas*, 9(13), 93-110. Recuperado a partir de https://revistasojs.ucaldas.edu.co/index.php/discusionesfilosoficas/article/view/690

EL PATRIMONIO COMO PROCESO ABIERTO
CHILLÁN 1939-2039

Umberto Bonomo
Profesor asociado, Escuela de Arquitectura, Facultad de Arquitectura Diseño y Estudios Urbanos, Pontificia Universidad Católica de Chile y director del Centro del Patrimonio Cultural UC

Introducción

Este capítulo busca develar las dinámicas urbanas, físicas, sociales y culturales vinculadas al proceso abierto de patrimonialización presente en Chillán con el objetivo de ponerlas en valor y fomentar la reflexión actual sobre estas temáticas.

A casi cien años del terremoto de Chillán, los sucesos inherentes al proceso de reconstrucción de la ciudad explican gran parte de la riqueza patrimonial presente. Estos hechos son parte de un proceso abierto y en continua evolución.

Las discusiones sobre el patrimonio en los últimos años han transitado de una visión asociada a los monumentos, su conservación y la determinación de atributos fijos y bien determinados; a una serie de consideraciones asociadas a procesos sociales y culturales que explican por qué y cómo las historias, las manifestaciones y las memorias, son significadas por un grupo humano o comunidad a tal punto de ser consideradas como patrimonio y por lo tanto merecedoras de ser protegidas, salvaguardadas y puestas en valor. Esta consideración nos indica algo sumamente importante. El patrimonio ya no hace referencia solo a lo que heredamos del pasado, lo que es estático en nuestras ciudades y territorios como, por ejemplo, los monumentos, las estatuas, las infraestructuras de culturas antiguas, las piezas arqueológicas o paleontológicas. En este texto nos referimos al patrimonio cómo ese proceso abierto que una sociedad realiza al momento de definir qué es valioso, y qué, en cambio, es reevaluado a la luz de nuevos sucesos, de nuevos acuerdos socioculturales que establecen y qué deja de ser representativo y por lo tanto, eventualmente, olvidado.

El patrimonio es entendido en este capítulo como un proceso abierto, que algunos autores definen como *patrimonialización*[1]. Lo que nos parece significativo de destacar aquí es que, si el patrimonio es un proceso, y no solo

---

1 Para mayor información sobre la patrimonialización se recomienda revisar el libro *Hecho en Chile* de Daniela Marsal. Específicamente el capítulo de Luis Alegría, "Patrimonio, museos y museologías" en el cual el autor en la página 152 define patrimonialización como: "proceso mediante el cual un objeto o práctica cultural adquiere la significación de patrimonio. En este proceso, varios serán los mecanismos que permitirán la configuración de lo patrimonial. Sin duda, muchos de los momentos cruciales de la construcción de patrimonio se dan en el interior del museo, configurando la trascendencia de dicha institución en la transmisión y legitimidad cultural".

una serie de valores y atributos atribuidos a algo, entonces significa que el patrimonio no reside ni en el objeto, ni en el sujeto, sino en las relaciones dinámicas y vibrantes que se establecen entre el uno y el otro, generando entonces un proceso activo de construcción de valor y de evaluación de dichos valores asignados en el pasado.

En este ensayo se revisan algunos episodios, sucesos, elementos, hitos y conceptos que pertenecen a las historias, las memorias los relatos pasados y presentes de Chillán que nos parecen particularmente relevantes por la capacidad que tienen de hacer vibrar e iluminar el proceso de patrimonialización abierto y todavía en curso en la capital regional del Ñuble, en un periodo histórico de casi un siglo.

Destrucción

El primer concepto sobre el cual nos gustaría reflexionar es la destrucción.

Nos parece importante hacer énfasis en la dimensión etimológica de la palabra destrucción partiendo por su antónimo: construcción. Esta palabra deriva del latín *com-struere*, el prefijo *com* significa "junto", y el verbo *struere* significa "amasar", "acumular" u "ordenar". La construcción refiere, por lo tanto, a la operación de ordenar y disponer juntos piezas y elementos para con ellos construir un objeto, un edificio e incluso hasta una ciudad.

La palabra destrucción está compuesta por el verbo *struere* pero esta vez precedido por el prefijo de negación de. Contrariamente a lo que se puede pensar la destrucción no es solo el antónimo de la construcción. En el caso de Chillán construcción y destrucción son conceptos interrelacionados.

Destrucción y construcción conviven en Chillán con un especial significado.

Uno se justifica con el otro y a uno le corresponde dolorosamente el otro.

Este sentimiento se puede rastrear en las páginas de diario de las semanas posteriores a la tragedia, pero se rastrea también en la historia y los trazados de las múltiples fundaciones y refundaciones de la ciudad.

Este territorio es, por lo tanto, un territorio marcado por procesos de construcción y destrucción sistemática. Estas dinámicas fluctuantes y dramáticas son parte de la idiosincrasia y de la memoria colectiva de los habitantes de la ciudad. La presencia de Chillán Viejo, con sus calles arboladas, sus plazas, monumentos y su cercanía a la Chillán actual, fundada después de una de esas destrucciones, es un recordatorio tácito de todo lo que ha sucedido en el territorio. El crecimiento

Figura 1. Presidente recorriendo la zona devastada junto a autoridades civiles y militares, acompañados por la multitud local. Fuente: Vos, 2009

paulatino pero constante de Chillán, está borrando los límites físicos entre las dos ciudades, sin embargo, al transitar entre una y la otra los chillanejos saben y recuerdan las razones de la existencia de cada una y con ello transitan en la historia dolorosa de su territorio.

Los testimonios recabados y los relatos de los supervivientes al terremoto de 1939, publicados en este libro, así como las fotografías de los periódicos de la época, tienen como objetivo oponerse vigorosamente a la destrucción física y conceptual que actúa sistemáticamente y la forma en que esto se logra es construyendo capas resistentes de memoria capaces de avivar el proceso abierto de patrimonialización y con ello oponerse al olvido.

Darkheritage

Las páginas de este libro, muestran con especial claridad la cruda realidad que afectó a la ciudad de Chillán el 24 de enero de 1939.

Los relatos de los sobrevivientes, las imágenes del listado de las víctimas que llenaba páginas y páginas de diarios y las fotos de una ciudad arrasada por la violencia del sismo nos llegan matizadas por ochenta y tres años de distancia y aun así calan hondo en nuestras emociones.

Es difícil hoy imaginar el impacto que esas imágenes tuvieron en el mundo entero, nadie en 1939 pensaría que las imágenes de la destrucción de Chillán serían comparables solo a las tomas fotográficas de la destrucción de las ciudades europeas que caerían bajo los bombardeos de la Segunda Guerra Mundial.

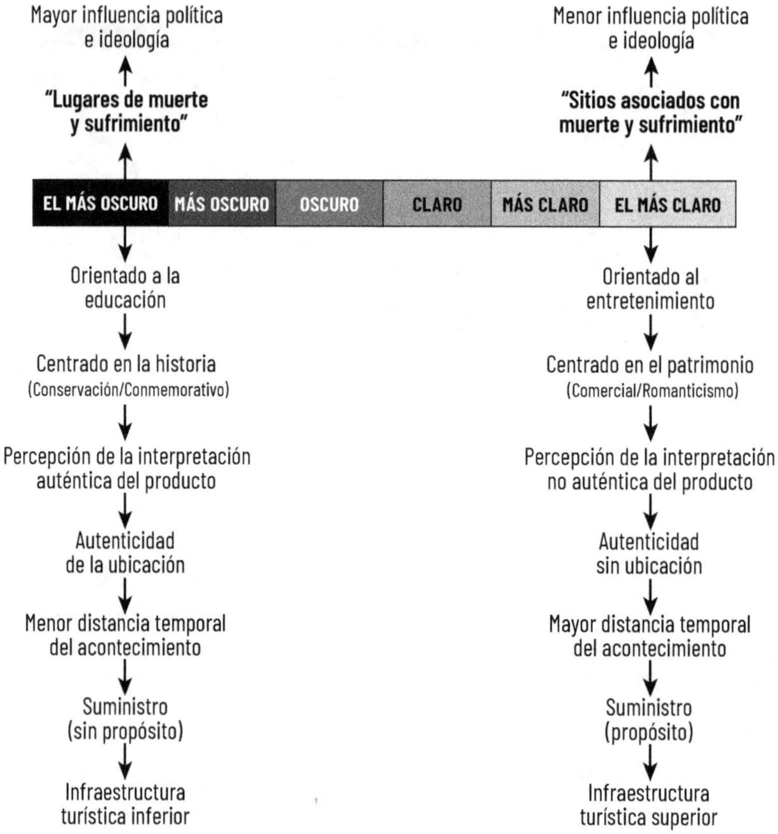

Figura 2. Espectro del turismo oscuro de Philip Stone: características percibidas del producto del turismo oscuro dentro de un marco de oferta "más oscuro-más claro". Traducción del original: Drawn after Stone 2006: 151

La destrucción y el dolor que estas imágenes producen se puede entender como un hilo argumental tormentoso que aglutina procesos culturales y sociales muy particulares. En los últimos años, la destrucción ha sido un ámbito de investigación específico relacionado con los estudios patrimoniales conocido como: *darkheritage*.

El *darkheritage* o patrimonio doloroso, patrimonio conflictivo —entre otras declinaciones del término— se relaciona generalmente con:

> "lugares de muerte, sufrimiento y catástrofe, ya sean campos de batalla, campos de concentración o lugares notorios de catástrofe como Chernóbil. En otras palabras, los investigadores del patrimonio oscuro se interesan por cómo y por qué la gente decide relacionarse con aspectos del patrimonio cultural relacionados con épocas de conflicto, muerte y sufrimiento" (Seitsonen y Koskinen-Koivisto, 2019).

Figura 3. Familia llegando a caballo a su casa moderna. Fuente: Archivo Fotográfico Ñuble de la Biblioteca Municipal de Chillán Volodia Teitelboim

Probablemente algunos de los aspectos más significativos relacionados con el patrimonio oscuro reside en su capacidad de estrechar el tiempo y el espacio para tratar de llevarnos al momento de la tragedia y de la destrucción.

El patrimonio difícil o contestado es esencialmente auténtico y por lo mismo muy significativo en términos históricos, simbólicos y experienciales.

La escala propuesta por Philip Stone es relevante al momento de analizar la pertinencia de Chillán como sitio de patrimonio oscuro o doloroso. El día 25 de enero de 1939 se iniciaron las labores de emergencia y posterior reconstrucción de la ciudad. Un proceso largo y doloroso que ha sido presentado cabalmente en el ensayo escrito por Alejandro Crispiani en este libro.

Lo que es significativo aquí, es relevar cómo la historia de los chillanejos, la destrucción, la desesperación de la muerte, junto con la esperanza de futuro, de la reconstrucción y de tener siempre nuevas oportunidades de resurgir y refundar, han sentado las bases para una identidad específica, auténtica y articulada que valora la tradición así como abraza la transformación.

La ciudad de Chillán debía ser levantada y reconstruida de forma pragmática para poder recuperar lo más pronto posible la vida y la rutina de todas aquellas personas que habían sobrevivido al desastre.

En estos términos el paisaje de la destrucción de Chillán post terremoto se sitúa claramente en la barra más oscura de la escala de medición propuesta por Stone. En línea con la secuencia abstracta y teórica de Stone lo que sucede en Chillán con el proceso de reconstrucción de la ciudad es objeto de una inmediata intervención por parte del Estado y de la ideología política de la época. El proceso de reconstrucción de la ciudad no se tiñe de simbolismo, no se celebra como un producto comercial, bajo una visión romántica o anecdótica y, lo que es más importante, no es turístico. Chillán como sitio de dolor y sufrimiento, y por lo mismo sitio de patrimonio oscuro, debía ser recuperado rápidamente. Tanto el Estado como los supervivientes y aquellos voluntarios que acudieron de todo el país se abocaron a construir desde los cimientos una ciudad nueva y moderna, con todas las dinámicas y auténticas complejidades necesarias para que se recuperara el dinamismo económico y social previo a la catástrofe.

Un contrapunto emblemático a lo que se dio en Chillán y que expone el peligro de la turistificación asociada al *darkheritage* lo constituye el caso del Muro de Berlín. En una conversación con el alcalde de la ciudad, en ocasión del proceso de reconstrucción de Postdammer Platz, Renzo Piano (2000) plantea:

> El alcalde de Berlín ha propuesto reconstruir un pedazo del muro. [...] "Es una tontera" contesté. Pero el alcalde hablaba en serio cuando decía: "a todos los alemanes, a todos los turistas que vienen a Berlín para ver el muro, ¿Qué contestamos?". [...] El deseo de inocencia de los alemanes ha hecho el desierto. Querían borrar, olvidar. [...] Pero una ciudad es como un libro de historia, no sirve quitar una página solo porque no gusta".

Esta cita sirve para profundizar la cuestión en dos aspectos: por un lado sitúa los acontecimientos de Berlín y su relación con el muro en la disyuntiva compleja de la construcción, la reconstrucción, la necesidad de memoria y recuerdo en contraposición con la necesidad de olvidar para seguir adelante dejando el pasado doloroso atrás.

Tal como se menciona en la cita, ni Berlín ni Chillán, serían capaces de borrar páginas de su historia por cuan dolorosas sean. Cada una de las páginas de la historia de la ciudad y la sociedad chillaneja tienen un significado y una valencia patrimonial muy profunda. Aquí las fachadas modernas, de los edificios, las líneas curvas y continuas de los ochavos analizados por Rodrigo Vera en este libro, la forma sinuosa de su catedral, los ejes monumentales de los espacios cívicos, así como la solidez constructiva dada por la masividad del hormigón armado, no solo son el producto de las ideas modernas y de las nuevas generaciones de arquitectos formados después de la reforma curricular de la Universidad de Chile de 1933 (Aguirre, 2004: 75) que abrazaron el urbanismo y la arquitectura moderna. Sino que esas líneas y la estética moderna tienen valor y significados simbólicos profundos; son la respuesta a la destrucción y la cara de la reconstrucción. La destrucción marca la fecha de un nuevo inicio, una oportunidad de cambio y renovación material, mas no la destrucción de la memoria y los valores inmateriales de su gente y cómo esta habita la ciudad.

El proceso de patrimonialización en curso ha sido capaz, por lo tanto, de trasladar los significados destructivos y dolorosos vinculados con el *dar-kheritage* a los desafíos y esperanzas vinculada con el futuro de la ciudad y sus habitantes.

Tabula rasa

Algunas investigaciones recientes, referidas al proceso de reconstrucción de Chillán después del terremoto de 1939, tienden a vincular la destrucción total de la ciudad con el concepto de tabula rasa y de cómo eso hubiese fomentado y posibilitado la configuración de proyectos modernos radicales.

Max Aguirre es claro cuando afirma:

> "el terremoto sin duda creó naturalmente ese estado de tabula rasa tan apetecido por algunos pioneros de la arquitectura moderna internacional, donde poder levantar la nueva arquitectura sin las dificultades que impone la ciudad histórica" (Aguirre, 2004: 90).

Pérez hace referencia al interés por parte de los arquitectos y urbanistas internacionales[2] modernos por proponer planes urbanos de reconstrucción para Chillán.

Y es aún más explícito cuando dice: "en ese contexto la situación de tabula rasa creada por el terremoto no pudo ser más oportuna para la implantación definitiva de la arquitectura moderna en Chile" (Aguirre, 2004:103).

Magdalena Gil también sostiene:

> "Esto demuestra, primero, que los arquitectos en Chile estaban ansiosos por la oportunidad de rediseñar una ciudad completamente nueva y, segundo, que los arquitectos no tenían que pensar mucho en lo que beneficiaba a Chillán, o incluso cuáles eran las aspiraciones o deseos de la gente de Chillán. A pesar de esta omisión, creían saber lo que sería mejor para la ciudad. Y prácticamente tenían una tabula rasa para diseñarlo" (Gil, 2016: 120-121).

2 Fernando, Pérez, Polarizaciones del territorio y la resiliencia sobre la planificación moderna en Chillán. En «Chillán. Paisaje moderno. Territorios en transformación by CCE Santiago - Issuu», Disponible en https://issuu.com/cce_santiago/docs/libro-chillan_digital.

Figura 4. La trama colonial en la ciudad. Archivo personal Umberto Bonomo, 2022

Sin entrar en detalle de si efectivamente los arquitectos y urbanistas de la época sentían y consideraban la posibilidad de proyectar la nueva ciudad partiendo de una tabula rasa, nos parece relevante aquí demostrar cómo la destrucción física de casi toda la ciudad no pueda considerarse una tabula rasa.

Si entendemos el patrimonio de Chillán en clave de un proceso abierto, ese proceso es articulado y complejo conformado por sucesos pendulares muy extremos, como la refundación de la ciudad en repetidas ocasiones. Si bien es un hecho que en Chillán manifestamos momentos, hitos álgidos de cambios dramáticos y radicales producto de las catástrofes telúricas, nos parece relevante remarcar que los sucesos chillanejos no presentan discontinuidades: la idea de tabula rasa usada muchas veces para describir la historia urbana de la ciudad es una amenaza para la memoria, la identidad y el patrimonio local.

Horacio Torrent en su artículo "El suelo en la disputa por la reconstrucción urbana. Chillán, 1939" es más atento y sensible al plantear el rol que juega el suelo en los sucesos posteriores al terremoto —y, dicho sea de paso, no usa la idea de tabula rasa en su análisis—. Torrent analiza la dimensión teórica del suelo, la devastación y la condición ideal del uso, demarcando claramente los procesos que se detonaron con el terremoto, aquellos que estaban todavía presentes y que adquirieron paulatinamente relevancia hasta consolidarse como el camino para los planes definitivos de reconstrucción.

Torrent expone las tensiones que se produjeron entre la voluntad de modernizar y la necesidad de recuperar el trazado y con eso, conservar la memoria y fortalecer la identidad local. Esas tensiones reflejaban las disputas entre las visiones y los intereses de los distintos actores locales. Esas distintas visiones sobre el que hacer, tienen su base en el patrimonio representado por la traza urbana y por las formas de vida que esa traza representaba para los habitantes.

La propuesta de plan regulador de Luis Muñoz Maluska, así como el plan regulador de 1943 de Guillermo Ulrichesen, bien descrito y analizado por Torrent en su artículo, parten de la base de la recuperación y modificación solo parcial de la estructura tradicional de la ciudad. Esta decisión es un hecho significativo y, de cara al proceso abierto de patrimonialización, es reflejo de la puesta en valor del trazado existente, del rol de las plazas en la vida urbana y social de ciudad, y es también reflejo de la resistencia de la historia y de las memorias de los supervivientes.

Desarrollo

En Chile el concepto de desarrollo se instala sistemáticamente como opuesto a la necesidad de conservación del patrimonio. Esta postura muy difundida en la cultura chilena contemporánea tiene sus raíces por un lado en la difícil tarea de administrar el patrimonio, gestionarlo y conservarlo para las generaciones futuras, pero se sitúa también en relación con un marco institucional, el chileno, incipiente, frágil y sin las herramientas y los recursos para hacer frente a la tarea que le corresponde. Este diagnóstico claramente trasciende la dimensión patrimonial de la ciudad de Chillán, sin embargo esta realidad afecta hoy los procesos de transformación y desarrollo pujantes de la nueva capital del Ñuble así como del patrimonio situado sobre el territorio nacional.

La creación de la región del Ñuble y la definición de Chillán como capital regional reconocen el valor y protagonismo de la "perla del Ñuble" y su rol en la definición y reconocimiento de la cultura campesina, que ha tenido siempre una fuerte impronta productiva vinculada con la agroindustria, a la cual se suma hoy el desafío de incluir en su matriz productiva, los servicios, las sedes del nuevo gobierno regional, con todo lo que eso implica en términos de cantidad habitantes, atracción de capital humano avanzado y el impulso renovado de la migración campo ciudad. Estos procesos están coincidiendo además con un proceso de despoblamiento, del centro histórico producto del envejecimiento de la población y la venta de terrenos urbanos centrales, de grandes dimensiones y muy bien ubicados en la ciudad.

Estos son solo algunos de los impulsos de transformación y desarrollo que se han activado en Chillán hoy. Estos procesos son inevitables y el congelamiento no es una solución viable, ni para los administradores locales, ni para el mercado y ni siquiera para sus habitantes. Las preguntas que surgen entonces de este diagnóstico tiene que ver entonces con: ¿Cuál es el rol que cumplen la identidad, la memoria y el patrimonio en promover procesos de cambio

Figura 5. Imágen de Plaza san Pedro y la spina di Borgo antes de su demolición. Fuente: Dominio público, Wikimedia Commons

con sentido e identidad? ¿Cómo el proceso abierto de patrimonialización puede ayudar a encauzar los impulsos de transformación para generar nuevos valores compartidos y no polarizar las posiciones con el objetivo de frenar el mismo cambio?

Estas preguntas iluminaron otro caso internacional que vale la pena ser presentado aquí, ya que hizo reflexionar a la sociedad internacional del patrimonio.

El caso del cual estamos hablando tiene relación con la creación de la nueva Via de la Conciliazione en Roma que es obra de los arquitectos Piacentini e Spaccarelli. Esta obra se inició durante la época fascista y fue terminada en 1950.

En la década de 1930 Roma, como muchas ciudades europeas, se estaba transformando de manera sustancial. El régimen fascista dio un impulso notable a este proceso, justificando el cambio como parte de la refundación cultural y política del régimen y situando el proceso en clave simbólica. La cultura italiana de comienzos de siglo tenía la voluntad de transformar Roma de ex capital del Estado Pontificio a nueva capital del Estado italiano. La Spina dei Borghi, los edificios comprendidos entre Borgo Vecchio y Borgo Novo se salvó solo hasta 1936 cuando una variación al plan maestro decidió la demolición de la misma.

El Duce, a las nueve de la mañana del 28 de octubre de 1936, dio inicio a la destrucción de uno de los barrios medievales y renacentistas más importantes de Roma. Un año después, el 8 de octubre de 1937, había terminado la destrucción de seiscientos mil metros cúbicos construidos. Para lograr

Figura 6. Proceso de transformación urbana actual en Chillán. Archivo personal Umberto Bonomo, 2022

este nuevo eje visual que conecta la iglesia de San Pedro con el palacio de Castel Sant'Angelo se destruyeron palacio Convertendi (proyectado por el Bramante), el palacio de Los Rusticucci, la casa de Giacomo da Brescia, la iglesia de San Giacomo, la de San Michele Arcangelo y se cortaron los edificios de borde.

El régimen fascista estaba demostrando a los italianos de lo que era capaz. La nueva Via della Conciliazione de 1937 y el nuevo barrio del EUR para la exposición universal de Roma de 1942 son algunos de los símbolos del régimen y de la innovación que el fascismo estaba aportando en clave cultural, estética, constructiva y urbana a la nación que estaba tratando de crear.

Desarrollo y progreso un binomio poderoso que a lo largo de los siglos ha justificado transformaciones y destrucciones urbanas muy importantes, París, Berlín, Viena, Buenos Aires, Roma, Santiago y por supuesto Chillán la capital del Ñuble son ejemplo de esto.

El caso de Via della Conciliazione se volvió a abrir cincuenta años después, cuando Leonardo Benevolo, histórico de la arquitectura y urbanista de fama internacional, en su libro *San Pietro e la città di Roma,* propuso reconstruir, por lo menos en parte, el antiguo Borgo Novo proyectado por Bernini y demolido durante el fascismo. En una entrevista que dio en ocasión de la presentación del libro explicó sus ideas:

> "Aunque sea consciente de la dificultades que el plan maestro podría encontrar, no hablaría de utopía. [...]me pareció justo presentar un proyecto de recuperación del antiguo Borgo Novo con un plan maestro que toma en consideración las actuales situaciones existentes alrededor de Via della Conciliazione. Es una propuesta factible, que podrá devolver, por lo

> menos en parte, la obra del originario implante urbano concebido por Bernini y hacer justicia, a la destrucción de los años Treinta, una historia olvidada demasiado de prisa" (Benevolo, 2004).

Proponemos la provocación de Benevolo, no por su postura reaccionaria o patrimonialista, sino por el mensaje que entrega. Es un poderoso llamado de atención, una exhortación a la responsabilidad y al impacto que implica intrínsecamente cada proceso de desarrollo y transformación sobre la destrucción sobre el patrimonio.

Conclusiones

> "La mayor parte de la superficie de la tierra es un inmenso depósito de signos dejados por quien nos ha precedido [...] Los territorios y las ciudades que observamos son el resultado de un largo proceso de selección cumulativa todavía activo. Cada día seleccionamos algo, una casa, un tramo de carretera, un puente o un bosque, destinándolo a la destrucción; algo lo utilizamos de otra manera que en el pasado, algo lo modificamos y trasformamos, y algo más decidimos conservarlo como era y donde estaba" (Secchi, 2000: 3-4).

Bernardo Secchi, nos exhorta a asumir el proceso de selección, conservación y transformación con conciencia y responsabilidad. La conciencia y responsabilidad del valor del patrimonio, la difusión y el conocimiento que nos provee la historia, la identidad local y las comunidades son una prerrogativa para que estas dinámicas sean enfrentadas de forma inclusiva y democrática y esto, creemos, es una garantía de éxito para una buena administración del territorio.

Chillán, así como muchas otras ciudades en el mundo, se enfrenta hoy al desafío de instalar dinámicas confluyentes y dialécticas entre la puesta en valor del patrimonio, la conservación del valor, de la identidad y la necesidad de actualización, transformación y desarrollo de sus dinámicas económicas, urbanas sociales y culturales.

Entender el patrimonio de Chillán como un proceso abierto todavía en acto, puede contribuir positivamente a encauzar los intereses de forma positiva generando espacios de encuentro y diálogo entre aquellos que quieren conversar y aquellos que impulsan la transformación de cara al desarrollo.

Bibliografía

Aguirre, Max (2004). *La arquitectura moderna en Chile. El cambio de la arquitectura en la primera mitad del siglo XX. El rol de la organización gremial de los arquitectos (1907-1942) y el papel de las revistas de arquitectura (1913-1941).* Madrid: Universidad Politécnica de Madrid, p. 75.

Benevolo Leonardo (2003). *San Pietro e la città di Roma.* Roma: Editori Laterza.

Gil Ureta Magdalena Sofía (2016). *Catastrophe and State Building: Lessons from Chile's Seismic History.* Columbia University. Disponible en https://doi.org/10.7916/D8H995DN. p. 120-121.

Marsal Cornejo, Daniela (compiladora) (2012). *Hecho en Chile: reflexiones en torno al patrimonio cultural,* vol. 2, 2 vols. Santiago, Chile: Mis Raíces.

Piano R. (2000). "Il peso della memoria", *La responsabilità dell'architetto, conversazione con Renzo Cassigoli.* Firenze-Antella, Passigli Editori, pp. 61-62.

Pérez, Fernando (2004). "Polarizaciones del territorio y la resiliencia sobre la planificación moderna en Chillán", *Chillán. Paisaje moderno. Territorios en transformación* by CCE Santiago - Issuu, Disponible en https://issuu.com/cce_santiago/docs/libro-chillan_digital.

Secchi B (2000). "Urbanistica", *Prima lezione di Urbanistica,* Bari, Editori Laterza, pp. 3-4.

Seitsonen, O. y Eerika Koskinen-Koivisto (2019). «Dark Heritage (2019)», *Encyclopedia of Global Archaeology,* Disponibel en https://www.academia.edu/40170226/_Dark_Heritage_2019_.

PATRIMONIALIZACIÓN

ACCIONES DE CONMEMORACIÓN CIUDADANA EN TORNO AL TERREMOTO DE 1939

Karin Cárdenas, Anabella Benavides
Unidad de Patrimonio, Municipalidad de Chillán (UPA)

Memoria y ciudadanía

La memoria es uno de los conceptos fundamentales de la existencia de la humanidad, el acto de recordar no tan solo tiene que ver con el hecho de traer algo de nuevo a la mente, sino además de asignarle un valor a las imágenes e ideas recordadas. La memoria nos agrupa como seres sociales, compartiendo recuerdos entre grupos de personas, donde las memorias individuales se interrelacionan con la memoria colectiva. Así, este conjunto de recuerdos comunes forman manifestaciones culturales asociada a tradiciones, por lo que la memoria colectiva está directamente relacionada al patrimonio como concepto identitario en tiempo presente a través de las prácticas de puesta en valor, conservación y registro. Tanto en la actualidad, con el uso de redes sociales y aparatos electrónicos de registro instantáneo, como en el pasado con métodos análogos, la historia se ha forjado con la idea primordial de conservar a lo largo del tiempo una muestra representativa (y otras veces no tanto) de lo que somos y hemos sido como sociedad, para uso y goce de las generaciones venideras. Es así como los registros materiales, como fotografías de archivos, documentos, registros audiovisuales, textos, libros, periódicos, etc., se transforman en evidencias materiales de hechos e ideas de nuestro pasado que aspiran a la inmortalidad llegando incluso a la patrimonialización de estos. En la carta de Cracovia del año 2000 de Icomos, donde se tratan los principios para la conservación y restauración del patrimonio construido se menciona que "cada comunidad, teniendo en cuenta su memoria colectiva y consciente de su pasado, es responsable de la identificación, así como de la gestión de su patrimonio". La conservación de las memorias comunes son aplicadas a los procesos de patrimonialización, donde se concibe como patrimonio un bien común, ya sea material o inmaterial. Es en esta categoría cuando la memoria cobra un valor esencial para dar sustento a la identidad de las sociedades en territorios específicos. Cuando nuestro patrimonio construido se encuentra deprimido o en algunos casos ya no existe, la memoria colectiva es el punto de referencia de la construcción de la historia a través del traspaso oral, así los relatos que consideramos como bien común en el presente y testimonio del pasado, desde esta perspectiva, constituyen un acto de conservación de la memoria y de proyección de esta a futuras generaciones. Es importante, entonces, poner en valor la memoria colectiva en pos de la identidad de los pueblos, como herramienta en las prácticas patrimoniales y de puesta en valor.

"Nuestro presente es el punto de encuentro entre el pasado como memoria y el futuro como proyecto: nuestras acciones y nuestras obras se originan en el pasado pero tienden hacia el futuro"(Alfonso Muñóz Cosme / patrimonio cultural de España, ISSN 1889-3104 Nº.1,2099, págs. 83-102).

En el caso particular de Chillán, un pueblo resiliente, se conmemora todos los 24 de enero el terremoto de 1939, que marcó el punto de inflexión de la imagen arquitectónica y urbana que conocemos de la ciudad actualmente, los vestigios materiales son más bien evidencias de la resiliencia del pueblo chillanejo y de la perseverancia de una ciudad destruida en varias ocasiones anterior a la década de 1940. Su arquitectura es la demostración de la capacidad de adaptación que ha tenido la ciudad, porque esta imagen, asociada a la arquitectura racionalista[1], es la evidencia de un proceso de reconstrucción y modernización de la ciudad devastada que dejó el terremoto de 1939.

La fragilidad de la materia en territorios telúricos como el nuestro, genera la pérdida de patrimonios construidos, arquitecturas, viviendas y edificios, tal como pasó en el terremoto más mortífero del país[2], dejando a Chillán con el 90% de la ciudad en ruinas, "en ese contexto, la situación de tabula rasa creada por el terremoto de 1939 no pudo ser más que oportuna para la implantación definitiva de la arquitectura moderna en Chile. Varias ciudades literalmente en el suelo y la urgencia de reconstruirlas, ofrecieron condiciones insuperables para acoger la iniciativa de los jóvenes arquitectos "modernos", ansiosos por probar la validez de los principios de la nueva arquitectura" (Aguirre, 2004:103). Este nuevo paradigma que llegó con la arquitectura moderna, gatillado por el terremoto de Chillán, avalada y promulgada por el plan de reconstrucción estatal, a través de la Corporación de Reconstrucción y Auxilio[3] es la muestra de la capacidad de adaptación ante este tipo de catástrofe que hoy recordamos y relevamos como parte de nuestro patrimonio local. Cuando se decide reconstruir la ciudad, bajo el modelo modernizador de la arquitectura racionalista, tomando la decisión de no volver a trasladarse, como había sucedido hace un siglo, se considera conservar el trazado de la ciudad republicana diseñada

---

1 Vanguardia europea que llega a Chile durante la segunda mitad del siglo XIX en el periodo de extracción del salitre en el norte del país. Mientras que al sur de Chile, llega gatillada por el terremoto de 1939, coincide con el egreso de la primera generación de arquitectos titulados bajo la reforma de 1844, de la enseñanza de la arquitectura. (Aguirre, 2004)

2 El terremoto de Chillán de 1939 es la tragedia que más víctimas fatales ha cobrado en Chile. La cifra oficial de víctimas fue de 24.000, pero algunos calculan que los fallecidos llegaron a los 30.000, aunque solo 5.685 fueron identificados (Centro Sismológico Nacional, Universidad de Chile).

3 Se promulga la creación de la Corporación de Reconstrucción y Auxilio (CRA) y de Fomento a la Producción (CORFO) el 29 de abril de 1939 bajo la Ley 6.334. Siendo los entes estatales los encargados del plan general de reconstrucción de las zonas afectadas por el terremoto de 1939.

por Charles-Francois Ambroise Lozer, por lo que la imagen de ciudad que hasta la fecha conocemos, es una cohesión entre lo preexistente, a pesar de la devastación, con la nueva proyección de ciudad, ligada a la arquitectura moderna. Si bien la celebración del terremoto de 1939, se ha hecho desde una perspectiva positiva, donde se recuerda el acto de reconstruir, la arquitectura no ha sido el único foco de este día, más allá de ver el terremoto como un punto de inflexión que recordar, más allá de la reconstrucción de la ciudad y la importancia que esto conlleva en la actual imagen de Chillán y fuera de todo lo que podemos distinguir como patrimonio inmueble, cada 24 de enero se conmemora uno de los valores intrínsecos de una catástrofe de tal magnitud como el terremoto de 1939, en una dimensión inmaterial, y es que, aun con sobrevivientes del terremoto, a ya ochenta y cuatro años, queda tanto en el recuerdo de estas personas, como en el recuerdo de sus descendientes, las víctimas de esta catástrofe, que por motivos de la emergencia no tuvieron una sepultura particular. El fatal acontecimiento dejó un sin número de muertos bajo los escombros, muchos de ellos fueron llevados a la fosa común del cementerio municipal de Chillán, incluso algunos sin ser reconocidos. Esa pérdida de vidas humanas, de familiares, de padres, madres, abuelos, hermanos y hermanas, amigas y amigos, es una carga que hasta el día de hoy se conmemora de la forma más solemne a modo de evocación de nuestros seres queridos, porque todos quienes habitamos el territorio de Ñuble, recordamos, o creemos recordar producto de la tradición oral, a alguna víctima de este evento telúrico. Así también somos conscientes de esa carga emocional, especialmente cuando aún existen sobrevivientes que relatan los hechos como si fuera ayer.

Entonces, ¿qué conmemoramos cada 24 de enero? pues mantenemos vivo el recuerdo de quienes partieron, la resiliencia de un pueblo que ha sido azotado por desastres socio-naturales, conmemoramos la imagen distintiva de ciudad que tenemos hoy, ícono de la arquitectura moderna del sur de Chile y por ende celebramos la calidad de vida de una ciudad intermedia, en definitiva conmemoramos el legado más allá del dolor, celebramos el acto de reparación reflejado en la reconstrucción de una ciudad segura y de calidad, retomando la confianza en el habitar. Básicamente celebramos quienes somos, la memoria colectiva de las y los habitantes de la ciudad de Chillán, nuestro patrimonio.

¿Cómo conmemoramos?

24/01[4]

Desde el año 2014 la Unidad de Patrimonio ha ido desarrollando progresivamente distintas dinámicas de conmemoración para recordar a los fallecidos del terremoto de 1939, pero también para resignificar en el presente el legado del proceso de reconstrucción. La colaboración entre distintos

4 Nombre de la conmemoración con la fecha del terremoto del 24 de enero de 1939.

actores locales y del país, ha ayudado a afianzar, año tras año, la participación ciudadana reuniendo a cientos de personas en las actividades de cada 24 de enero, instaurando una verdadera tradición conmemorativa.

Esta nueva tradición nos llevó a generar una metodología de trabajo para definir año a año un tema central a relevar en el marco de las actividades de conmemoración. Esta metodología parte con la identificación de actores claves, la recopilación de diversas fuentes de información tanto de archivos bibliográficos, fotográficos y periodísticos, como de entrevistas realizadas a personas quienes han contribuido con valiosos testimonios. Uno de los operativos de entrevistas masivos se realizó en diciembre del año 2016 y enero del 2017 donde se convocó, por distintos medios, a sobrevivientes y familiares para dar su testimonio, hablar sobre sus experiencias y recuerdos. Estos datos nos ayudaron a iniciar la "reconstrucción" de la memoria del terremoto de 1939. Junto con la recopilación de testimonios, se inició la búsqueda de archivos fotográficos y periodísticos, primero con el diario local *La Discusión*[5], y luego profundizado con la búsqueda de diarios de todo el país que fueron contemporáneos a los hechos: *La Mañana de Talca, El Ilustrado, El Mercurio, La Nación,* entre otros.

Esta etapa de levantamiento de información nos ha permitido poner el acento en distintos temas vinculados al terremoto de 1939 y el proceso de reconstrucción que experimentó la ciudad, que van desde el desastre humano y material, la asistencia pública a los sobrevivientes, el rol de los medios comunicación en la cobertura de los hechos a nivel nacional e internacional, el plan de emergencia que implementó, en un período impresionantemente breve, el gobierno de Pedro Aguirre Cerda promoviendo construcciones prefabricadas en madera de alto estándar para uso habitacional y público y que muchas perduran hasta el día de hoy, entre otros temas que han permitido dar cuenta de los alcances de la catástrofe más allá del hecho en sí y que hoy es patrimonio vivo de la ciudad de Chillán y sus habitantes.

Instaurando la tradición de conmemorar el terremoto de 1939

En colaboración con la Fundación Proyecta Memoria, se realizó el año 2015 una de las primeras acciones de conmemoración, denominadas "alerta de memoria" que consiste en una intervención sonora con la participación de las campanas de las iglesias ubicadas en las cinco plazas fundacionales de la ciudad, y la activación de la sirena del Cuerpo de Bomberos de Chillán, quienes de manera coordinada hacen sonar el "toque de difuntos" a la hora exacta del terremoto, 23:32 horas, para luego hacer un minuto de silencio en el marco de las actividades que se desarrollan a los pies de la catedral.

---

5 Es el segundo periódico en circulación más antiguo de Chile, luego de *El Mercurio de Valparaíso*, y el tercero a nivel sudamericano tras *El Peruano*.

Otras de las acciones más distintivas de las actividades de conmemoración del terremoto de 1939, ha sido la tradicional cicletada ciudadana, instaurada a partir del año 2016, que se ha realizado en cada conmemoración un recorrido distinto que une hitos urbanos vinculados a la memoria del terremoto. Debido a la gran cantidad de participantes, llegando a reunir a más de mil ciclistas de todas las edades, la actividad ha requerido de una gran logística que ha sido posible gracias a la colaboración de las agrupaciones ciudadanas de ciclistas; Bicipaseos Patrimoniales y Muévete Bike Club, e instituciones civiles y administrativas de la comuna que han prestado el apoyo necesario.

Estas rutas cambian cada año, integrando nuevos puntos de detención que aportan relevancia al relato que se ha ido gestando respecto al terremoto, según la temática que se esté abordando. Algunos de los hitos en las rutas han sido: las viviendas de emergencia construidas inmediatamente en los meses posteriores a la catástrofe, la fosa común del cementerio municipal, las plazas de Chillán que fueron refugio para cientos de familias sin hogar, las escasas construcciones pre terremoto del 39 que quedaron en pie, entre otros.

Tradicionalmente esta cicletada ha sido una actividad nocturna, realizada la noche del 24 de enero, finalizando en la Plaza de Armas a las 23:00 hrs., para esperar colectivamente el toque de campanas de la Catedral de Chillán, como "alerta de memoria" . Este verdadero ritual urbano se realizó de manera ininterrumpida, hasta el inicio del periodo de pandemia mundial por las medidas sanitarias que se establecieron.

Finalmente, otro de los hitos conmemorativos, el "hipocentro de memoria"[6], consistente en la instalación de ondas concéntricas plasmadas en el pavimento, con el objetivo de visibilizar un espacio o lugar relacionado al desastre. La fundación Proyecta Memoria desarrolló esta intervención urbana en el marco de la conmemoración del terremoto realizada el año 2015, generando gran participación ciudadana de amplio rango etario, quienes de forma espontánea se sumaron a la dinámica, generando un gran espacio de recogimiento dejando sobre el trazado velas encendidas en memoria de las víctimas. Este ejercicio de memoria ha sido replicado, no solo en otras instancias de conmemoración del terremoto de Chillán, sino también en otros eventos telúricos a lo largo del país.

Si bien estos hitos conmemorativos han permanecido fijos en cada conmemoración del 24 de enero, existen otras aristas que se han ido abordando a

6 "Un hipocentro" significa foco, entonces "es colocar el foco en el lugar y ahí generar un activación de la memoria. Estas ondas concéntricas, que son imágenes que tenemos los chilenos en el consciente colectivo, nosotros lo tangibilizamos a través de 2D en el piso, en la vereda o en la calle, enfrentando ese lugar", comenta Patricio Mora, director ejecutivo de Fundación Proyecta Memoria.

Figuras 1 a 7. Actividades de conmemoración realizadas cada noche del 24 de enero. Cicletada Familiar y Alerta de Memoria en la Catedral de Chillán. Archivo Unidad de Patrimonio Municipal de Chillán lo largo de los años, para generar un relato que abarque distintas disciplinas y acontecimientos en torno al terremoto, y que van variando año a año a modo de reconstrucción de memoria, historia y educación respecto al patrimonio material e inmaterial que legó el terremoto de 1939.

Cada año se aborda una temática distinta:

Instalación urbana/ El terremoto de 1939 en tres tiempos

El año 2017 el tema central de las actividades de conmemoración se centró en exponer fotografías de hitos de la ciudad reconocidos por los habitantes en una comparación visual de tres diferentes periodos; la destrucción, permanencia y reconstrucción del barrio cívico de la ciudad en torno a la Plaza de Armas.

Mediante una instalación fotográfica a gran escala, ubicada en puntos que se pusieron en valor, ubicados en las esquinas de la Plaza de Armas, la ciudadanía logró apreciar las transformaciones en tres tiempos; previo al

Figuras 8 a 10. Actividades de conmemoración realizadas la noche del 24 de enero del año 2017. Instalación fotográfica en el espacio público. Archivo Unidad de Patrimonio Municipal de Chillán

terremoto, en el momento del terremoto y en la actualidad. Visualizar estos cambios en la arquitectura de Chillán, no solo demuestra la modificación del principal centro político-administrativo-religioso en términos urbanos y arquitectónicos de la ciudad, sino que también la imagen de la ciudad en su totalidad.

A ochenta años del terremoto de 1939

En el aniversario número ochenta del terremoto de 1939, en el año 2019, la idea de conmemoración se basó en la descentralización del terremoto como hecho histórico, ya que si bien el terremoto de 1939 es conocido como "el terremoto de Chillán", según el Centro Sismológico Nacional de la Universidad de Chile, su epicentro se localizó a 82 kilómetros al noroeste de Concepción y 72 kilómetros al oeste de Chillán, es decir en las cercanías de Quirihue. Así como en el 1939 el rol de Estado fue trascendental para poner de pie nuevamente al centro del país, ochenta años después y en el marco del nacimiento de la nueva región de Ñuble, la reflexión tuvo un alcance mayor incorporando a más comunas del territorio gracias a la colaboración de la seremi de las Culturas, Artes y Patrimonio, la seremi de Transporte y ONEMI Ñuble. Se desarrolló un programa con gran sentido territorial, visibilizando los alcances más allá de los límites de Chillán, por lo que se trazó junto a la comunidad de Quirihue el *hipocentro de memoria* a las afueras del Teatro Municipal, acción desarrollada por la fundación proyecta Memoria, en el marco de las "alertas de memoria", realizadas esta vez por la agrupación Campaneros de Santiago, se hicieron sentir con más fuerza incorporando otras iglesias de la región y ONEMI, haciendo uso de una herramienta tecnológica, envío mediante SAE[7] un alerta con un mensaje especial de conmemoración por las víctimas.

Las actividades de la noche del 24 de enero se concentraron esta vez en la Plaza de Armas, mediante una intervención lumínica, acción a cargo del artista iluminador Julio Escobar. Esta intervención concretamente transformó el espacio inundado de luminosidad, provocando que la plaza cambiara de color, proyectando sombras, cambiando su percepción de espacio y forma, provocando un viaje a un pasado onírico. La intervención lumínica fue musicalizada por la Orquesta Sinfónica de la Universidad de Concepción, quienes interpretaron "Bajo los escombros de Chillán" versionada por el compositor nacional Tomás Brantmayer.

En el marco del programa especial de los ochenta años del terremoto, el material fotográfico recopilado, fue parte de la exposición "Auxilio, la

---

7 El Sistema de Alerta de Emergencia (SAE) para celulares, permitirá enviar información a los teléfonos que cuenten con el sello de compatibilidad. Este mensaje se emitirá en caso de riesgos de tsunami, sismos de mayor intensidad, erupciones volcánicas e incendios forestales con amenaza a viviendas.

asistencia pública[8] en el terremoto de 1939". Cada una de estas capturas constituyó una ventana al pasado que permitió ser espectadores de lo humano en la tragedia, del auxilio en medio del caos. En el marco de la inauguración de la exposición realizada en el Centro de Extensión de la Universidad del Bío Bío, se realizó un conversatorio entre donante y receptor: Manuel Tello y Soledad Abrca, encargada del Archivo Fotográfico de la Biblioteca Nacional,conversaron junto a la UPA sobre la relevancia de los archivos fotográficos familiares y el rol que cumple la institucionalidad pública como custodios de ese patrimonio.

Esta exposición aborda la obra de Manuel Tello Constanzo, médico de profesión, que una vez llegado al territorio lo hizo con su cámara fotográfica y esta le permitió retratar un instante histórico para el país no solo por el dolor que en ese momento atravesaba transversalmente a la sociedad, sino también porque su registro hoy da cuenta del rápido actuar de los equipos de rescate y ayuda, evidenciando un país unido tras el azar de la naturaleza. Esta colección fotográfica fue redescubierta en el año 2016 por Enrique Fernández Tello, nieto de Manuel Tello, quien junto a su esposa, Victoria Pimentel, decidieron donar las imágenes al Archivo Fotográfico de la Biblioteca Nacional.

Reporte en movimiento: el rol de los medios de comunicación

En el año 2020, fue justo incluir en la memoria el trabajo de los medios de comunicación, quienes en un momento de desgracia hicieron gala de sus herramientas y de su compromiso con la sociedad. La destacable labor realizada por medios como *El Ilustrado, El Mercurio, La Mañana de Talca, Revista ZigZag*, entre otros, permitió por una parte mantener en contacto a los damnificados del Sur con sus seres queridos. Como ejemplo de ello *La Nación* titulaba el 26 de enero "Cartas y comunicaciones traídas por el avión que fue a Chillán", artículo que publicaba las notas en las que contrastaba mensajes de sobrevivientes y anuncios fúnebres. Por otra parte, el registro fotográfico y la exclusiva cobertura de la catástrofe por los medios naciones rápidamente sensibilizó a los lectores.

Gracias a la recopilación de prensa de la época realizada exhaustivamente en diversos archivos de prensa del país, y también audiovisual, fue posible contar con una vasta mirada respecto a la cobertura de la tragedia. En ejercicio de revisión de titulares, fotografías, carta al diario, incluso anuncios publicitarios, fue posible ir armando este "rompecabezas" inconcluso por décadas y ahora completo gracias al ensamble entre las "piezas memoria",

8 La Asistencia Pública —luego denominada Posta Central y hoy bautizada como Hospital de Urgencia Asistencia Pública— se hizo presente en los sectores afectados con una importante dotación de personal de la salud, quienes finalmente entregaron socorro a 1.248 heridos y enfermos.

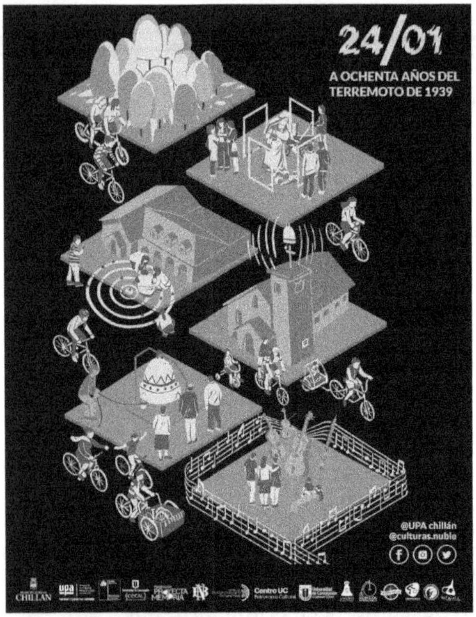

Figura 11. Afiche de conmemoración de los 80 años del terremoto de 1939. Archivo Unidad de Patrimonio Municipal de Chillán

Figura 12. Intervención lumínica en la Plaza de Armas, en el marco de la conmemoración de los 80 años del terremoto de 1939. Archivo Unidad de Patrimonio Municipal de Chillán

Figura 13. Afiche exposición en Cecal U. de C.

representadas en los testimonios recogidos por los sobrevivientes y las "piezas históricas", contrastadas por la diversidad de fuentes periodísticas.

Del universo de fuentes, se hizo una selección de los hechos más representativos para ser parte de una exposición "Reporte en movimiento: los medios de comunicación en la cobertura del terremoto de 1939". La muestra se desplegó de forma simultánea en el espacio público, la sala de exposición del diario *La Discusión* y la Sala Menor del conjunto Franciscano de Chillán. A modo de actividad complementaria se realizó un conversatorio con Samuel Salgado director de CENFOTO de la UDP, (archivo que custodia *La Nación*) y Eduardo Bravo, director del Centro de Documentación Patrimonial de la UTAL, archivo que resguarda *La Mañana de Talca*.

Figura 14 y 15. Exposición de Auxilio en Cecal U. de C. Archivo Unidad de Patrimonio Municipal de Chillán

Figura 16. Exposición Auxilio, Cecal U. de C. Chillán

Figura 17. Intervención sonora y lumínica en el marco de los 80 años del terremoto de 1939. Archivo Unidad de Patrimonio Municipal de Chillán

Figura 18 y 19. Intervención en el espacio público con archivos de prensa del terremoto de 1939. Archivo Unidad de Patrimonio Municipal de Chillán

Figura 20 y 21. Exposición Reporte en Movimiento, Sala Menor Iglesia San Francisco. Archivo Unidad de Patrimonio Municipal de Chillán

Conmemorar en un contexto de emergencia mundial: Emergencia sanitaria, la otra catástrofe de 1939

Otra arista que se abordó en las actividades de conmemoración fue la emergencia sanitaria desatada post terremoto y las repercusiones en la población local, hecho que también se produjo por la pandemia por Covid-19 que azotó al mundo entero, por lo que la contingencia sanitaria en el año 2021, sustentó el desarrollo de esta temática. Así el tema principal fue visibilizar el hecho de que las víctimas de la catástrofe no se limitaron solo a los fallecidos de la noche del 24 de enero producto de los mortales escombros, sino también por enfermedades que proliferaron a causa de la escasez de agua, alimentos, insumos médicos y servicios higiénicos durante los primeros días, junto con las altas temperaturas que aumentaron los casos de tifus, cólera, pediculosis, entre otras enfermedades que habían logrado ser controladas por la medicina de la época hasta ese entonces. Desde esta perspectiva, la forma de visibilizar este acontecimiento, fue ubicar y reconocer espacios e infraestructura asociada a la emergencia sanitaria a través de una ruta virtual alojada en la página web[9] de la Unidad de Patrimonio, donde estaba la información necesaria respecto los hitos sanitarios que se abordaron. La idea de la virtualidad, producto de las medidas sanitarias de la pandemia, permitió tener el mismo alcance que la cicletada tradicional de cada conmemoración.

Los puntos claves para este recorrido virtual fueron la Fosa Común del Cementerio Municipal de Chillán, donde se realizaron entierros masivos para mitigar infecciones por los cuerpos y que hoy se resguarda como un espacio de recogimiento del cementerio, en donde mucho de las víctimas nunca fueron identificadas, por lo que familiares de las víctimas acuden a este sitio en su memoria.

Otro punto que se abordó, fue el Lazareto de la ciudad de Chillán, ubicado en la calle con el mismo nombre, lugar destinado a recibir a personas infectadas o sospechosas de enfermedades altamente contagiosas y mortales, como el cólera, la viruela, la tuberculosis, la pulmonía y el tifus, Tras el terremoto de 1939 hubo un alarmante aumento de contagios y brotes de enfermedades, esto debido a la destrucción de los recintos de la ciudad que se habían preocupado de tratar de manera directa y por separado a los infectados. Gracias a la rápida acción de las autoridades de la época, y la gran campaña de donación de insumos sanitarios provenientes de todo el mundo, fue posible evitar un potencial estado de epidemia.

Adicionalmente, la Cruz Roja que fue el organismo internacional clave en la articulación de ayuda para los damnificados del terremoto de 1939, prestó atención inmediata a heridos y enfermos posterior al sismo, hecho en el cual la mujer jugó un rol muy importante. Y finalmente el hospital clínico

9 Disponible en https://www.upachillan.cl/2401.

Herminda Martín, que lleva el nombre de su benefactora y quien en un principio testó un valioso legado destinado a construir un hospital de maternidad para las mujeres campesinas antes del colapso originado por el terremoto de 1939. Tras el sismo, e iniciado el proceso de reconstrucción de la ciudad, estos fondos fueron redireccionados para la construcción de un nuevo y moderno hospital para Chillán, debido a que el San Juan de Dios había sucumbido. El recinto contó con 380 camas y diez mil metros cuadrados, organizados en cuatro servicios básicos (Medicina, Pediatría, Obstetricia y Cirugía), además de pabellones quirúrgicos y salas de atención de emergencia.

Así, el recorrido permite evidenciar la importancia de la actividad sanitaria durante la catástrofe y cómo los servicios médicos jugaron un rol trascendental en la inmediatez del desastre.

Regreso a la presencialidad / Año cero: Las construcciones de emergencia

La conmemoración más reciente se abordó a través de un juego de "sabías qué", este sistema de información rápida, permitió sortear el regreso a la

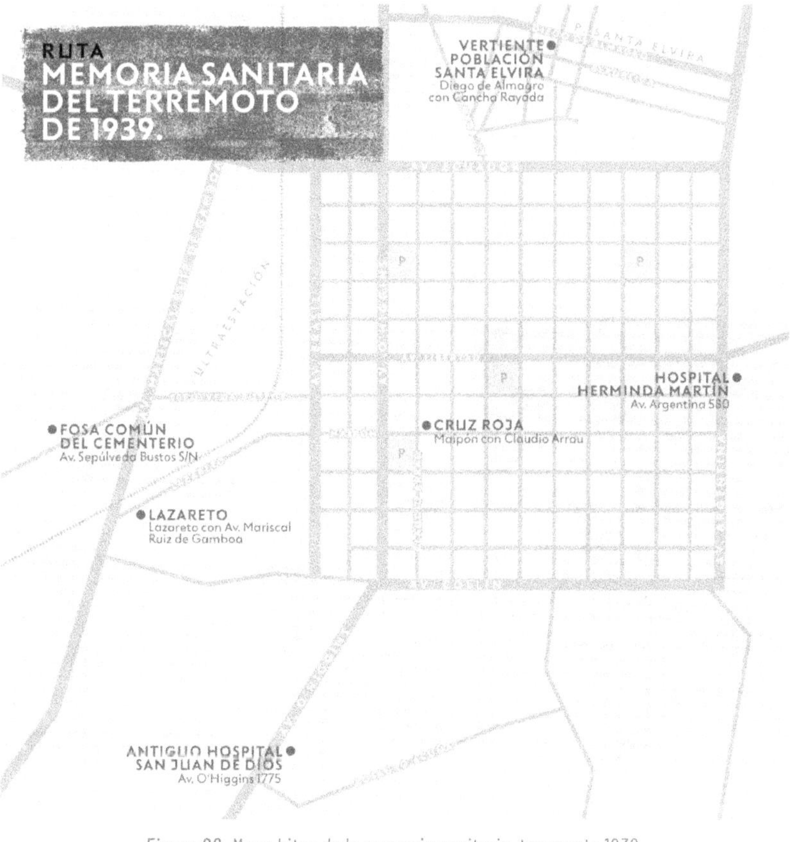

Figura 22. Mapa hitos de la memoria sanitaria, terremoto 1939. Archivo Unidad de Patrimonio Municipal de Chillán

Figura 23. Manuel Tello, Archivo Fotográfico y Audiovisual de la Biblioteca Nacional de Chile

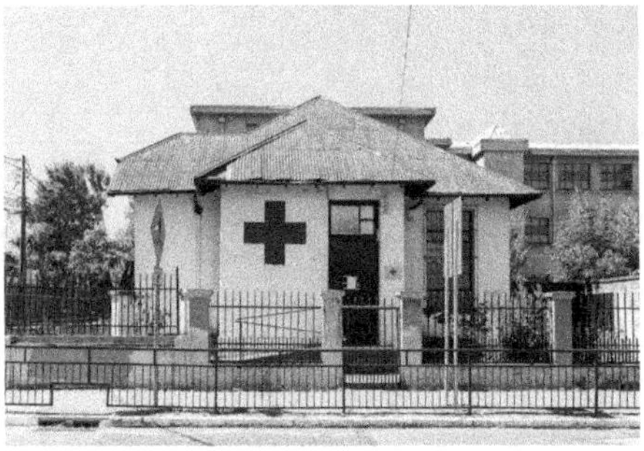

Figura 24. Archivo Unidad de Patrimonio Municipal de Chillán

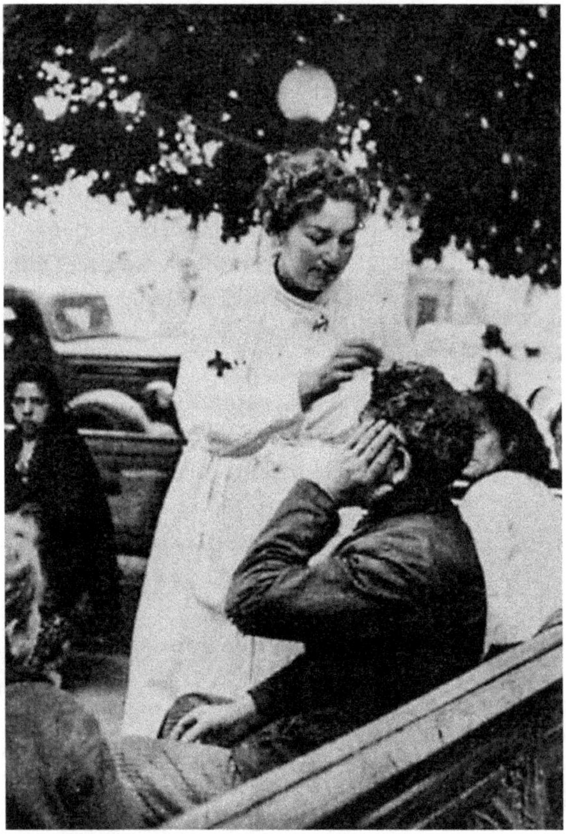

Figura 25. "Curando heridos al aire libre". Revista *Zig Zag* Edición 1769, Archivo Fotográfico y Audiovisual de la Biblioteca Nacional de Chile

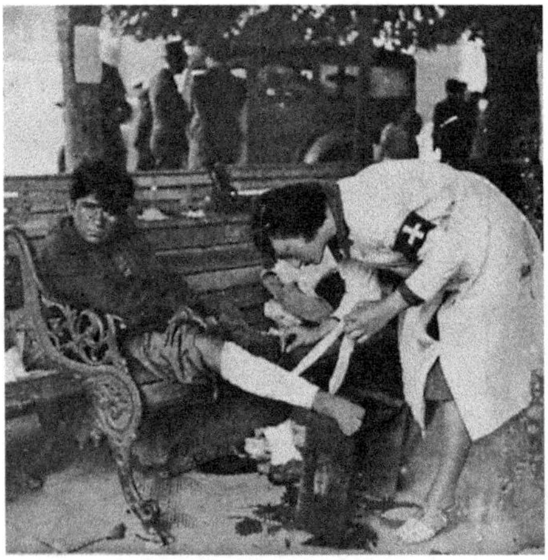

Figura 26. "Damas de la Cruz Roja atendiendo a los heridos". Revista *Zig Zag* Edición 1769, Archivo Fotográfico y Audiovisual de la Biblioteca Nacional de Chile

Figura 27. Enfermeras Hospital Herminda Martín, Archivo Fotográfico Hospital Clínico Herminda Martín

"LA DISCUSION" CHILLAN, (CHILE) DOMINGO 20 DE AGOSTO DE 1939.

$ 10.000.000 se invertirán en la construcción del moderno Hospital

Las obras se están llevando a cabo dentro de un plan perfecto

Se necesita ahora más que nunca disponer de medios adecuados y eficaces para atender en sus solicitaciones de mejoría corporal a los habitantes

Las obras del nuevo y moderno Hospital de Chillán ya comenzadas en el sitio ubicado al oriente de la Avenida Argentina, esquina con calle Libertad, se están llevando a cabo en condiciones que aseguran la ejecución del trabajo en el plazo estipulado en el contrato respectivo y que ha tomado sobre su responsabilidad la empresa constructora de don Alfredo Boni Faucelli.

En verdad que la contrucción de este edificio hospitalario era una necesidad imperiosa para la región, que ahora se ha hecho más honda con motivo del terremoto del 24 de Enero.

Se necesita ahora más que nunca disponer de medios adecuados y eficaces para atender en sus solicitaciones de mejoría corporal a los habitantes de una vasta zona, ya que los establecimientos de que ahora se dispone son de emergencia y adolecen de muchos vacíos.

EL NUEVO HOSPITAL

La construcción del nuevo y moderno Hospital es una obra de vasto aliento y de incalculables proyecciones para el futuro.

La Dirección General de Beneficencia ha entregado su ejecución, como decimos, a la firma constructora de don Alfredo Boni Faucelli, que ofrece ventajas de seriedad y competencia que garantizan en todo sentido el cumplimiento de los plazos y demás estipulaciones de la planificación correspondiente.

DESTRIBUCION DEL EDIFICIO

El plano consulta un edificio de tres pisos y un subterráneo, todo de concreto armado y con materiales de la más alta calidad. Este edificio estará dividido en varios pabellones que tendrán la capacidad necesaria a su objeto.

Así el primer pabellón, que será el más importante, consulta:

Primer piso, gabinetes de Medicina Interna.

Segundo piso, gabinete de cirujía.

Tercer piso, gabinetes de Maternidad.

En el subterráneo se distribuirán las siguientes secciones: Anatomía Patógica, dependencias para doctores, depósito de cadáveres, sala de autopsias, capilla para funerales, servicios de toilette, sala de calderas, bodega para carbón, etc.

Los pisos 2.o y 3.o contarán también con amplias salas de operaciones.

Habrá otro pabellón para personal masculino y femenino, separados; otro para cocina y lavandería y un cuarto pabellón para los servicios administrativos del Hospital.

MOVILIZACION Y CALEFACCION

El conjunto de todas estas construcciones dispondrá, como dejamos dicho, de todos los adelantos modernos en materia de ventilación, movilización y calefacción.

Contará con un completo sistema de ascensores, monta cargas y porta platos destinados a hacer más rápida y eficiente la atención de las diversas secciones.

La calefacción central estará servida por una red de radiadores diseminados en todos los departamentos, cuya regulación permitirá mantener en todas las salas especialmente en las de operatoria, una temperatura adecuada para el trabajo de los cirujanos.

Fuera de las instalaciones de agua potable se dispondrá de agua caliente y vapor en todo momento.

Los estanques de agua para el aprovisionamiento de todo el Hospital tendrán una capacidad de 100.000 litros.

172 CAMAS

La capacidad total de camas para enfermos alcanzará a 172 distribuidas en la siguiente forma:

Primer piso, 8 salas con 8 camas cada una y 2 salas con 12 camas cada una.

Segundo piso, 8 salas con 8 camas cada una y 2 salas con 12 camas cada una.

$ 10.000.0000 COSTO TOTAL

. El costo total de la obra alcanza a diez millones de pesos, suma superior en el doble a la que se había presupuestado anteriormente.

El presupuesto para dotar de todos los elementos al establecimiento asciende a dos millones de pesos.

El plazo de entrega para el pabellón principal que está actualmente en construcción es de 420 días.

INSPECCION DE LA OBRA

Como delegado de la Junta Central de Beneficencia en la construcción actúa el señor Juan de D. Bobadilla, joven y talentoso funcionario que vigila celosamente todos los detalles de los trabajos, como otras numerosas obras que la Beneficencia está llevando a caño en toda la provincia.

OFICINAS DE LA FIRMA

EL EMPRESARIO SEÑOR BONI Y UN REPRESENTANTE DE NUESTRO DIARIO EN EL TERRENO DE LA FAENA

Fué laboriosa la gestión que precedió a la iniciación de los trabajos

El proyecto primitivo consultaba sólo $ 2.500.000 y el legado de la distinguida benefactora doña Herminda Martin Mieres lo hizo subir a $ 5.000.000

Es interesante conocer los detalles de las largas gestiones realizadas para obtener la construcción del moderno Hospital que ahora ha sido entregado a la competencia de la firma constructora de don Alfredo Boni Faucelle.

Continuados y persistentes fueron los tragines que se hicieron por las autoridades y vecinos caracterizados de la ciudad para obtener la realización de esta obra de tan vastas proyecciones regionales.

EL PROYECTO PRIMITIVO

Hace cinco o seis años que se puso empeño serio y eficaz enderezado a la consecución de este sentido anhelo de los habitantes de Ñuble.

El viejo y vetusto Hospital se hacía insuficiente para contener a la crecida población hospitalaria. Las modificaciones y reparaciones que periódicamente se hacían al edificio no conseguían subsanar las deficiencias que con el correr del tiempo se agrandaban con grave perjuicio para la atención de los enfermos.

Nació el primer proyecto, el de construir contiguo al actual un moderno edificio de tres pisos. En esa época el presupuesto de la construcción fué de $ 2.500.000 que consultó en el plan general de construcciones hospitalarias la Junta Central de Beneficencia.

DESPUES, $ 5.000.000.

Pasó el tiempo sin que se pudieran iniciar los trabajos, ya porque los planos primitivos fueron modificados y exigían mayor inversión de dinero o porque las autoridades centrales de la Beneficencia postergaban las necesidades de Chillán para dar satisfacción a otras ciudades que pesaban más en su consideración.

El hecho es que los dos millones quinientos mil pesos quedaron "cortos". Los materiales de construcción duplicaron sus precios y con el dinero presupuestado sólo se podría construir el esqueleto del edificio.

Se habló de que con menos de cinco millones de pesos no podía pensarse en dotar a Chillán de un nuevo establecimiento hospitalario.

EL LEGADO DE LA SEÑORA HERMINDA MARTIN

No había posibilidad de obtener mayor suma de dinero cuando vino a solucionar el problema que se presentaba el legado dejado a la Beneficencia de Chillán por la acaudalada dama doña Herminda Martín Mieres.

En su testamento esta distinguida benefactora destinó dos millones y medio de pesos para que se construyera una sala especial en el antiguo Hospital que se destinaría a Maternidad, aparte de la liquidación de otros bienes que en total sumaban más de cinco millones de pesos.

El Intendente de esa época don Felidoro Tapia Mendoza, que murió trágicamente en el terremoto del 24 de Enero, consiguió con los albaceas de la legataria que se modificara esa cláusula de su testamento en el sentido de agregar esos fondos a los presupuestados por la Beneficencia para la construcción del nuevo Hospital y así se pudo reunir la suma de 5 millones de pesos para la ejecución de los trabajos.

AHORA SON DIEZ MILLONES

Tampoco pudo acelerarse el trámite de las propuestas que debían solicitarse para dar comienzo a la obra.

Asumió la Presidencia de la República el Excmo. señor Aguirre Cerda y sobrevino el cambio de Intendente, sin que el señor Tapia Mendoza alcanzara a cumplir su propósito de dar a Chillán un Hospital moderno.

Pero su sucesor don Pedro Poblete Vera puso todo su entusiasmo y diligencia al servicio de esta necesidad tan sentida y a pesar de las graves contingencias del terremoto obtuvo que las obras se iniciaran. Lo secundó eficazmente en esta tarea el Jefe de la Primera Zona de los Servicios de Salubridad de Emergencia Dr. D. José Binimelis S.

Y gracias a esta preocupación de nuestras autoridades se está construyendo el nuevo Hospital Regional en Avenida Argentina esquina con calle Libertad.

El costo total de la obra ya comenzada será de diez millones de pesos, aparte de los dos millones que se necesitarán para dotarlo de todos los elementos necesarios para su eficáz funcionamiento.

UN ASPECTO DE LOS TRABAJOS

La firma Boni dispone de técnicos con larga experiencia y capacidad

HA EJECUTADO NUMEROSAS E IMPORTANTES OBRAS DE CONCRETO ARMADO EN TODO EL PAIS.

Debemos destacar en esta reseña, en forma especial, el tino que ha tenido la Dirección General de Beneficencia al confiar la ejecución de los trabajos a una firma de tanto prestigio y seriedad como la empresa constructora de don Alfredo Boni Faucelle, que tiene su domicilio en Santiago, Bandera 172, Casilla 4.004 y Teléfono 86.801.

ESPECIALISTA EN CONSTRUCCIONES DE CEMENTO ARMADO

La firma Boni está instalada en la capital desde hace muchos años, en el transcurso de los cuales se ha conquistado una situación de sólido prestigio por la honradez de sus procedimientos y la seriedad con que cumple sus compromisos.

Esta firma se ha especializado en las construcciones de cemento armado, para lo cual dispone de técnicos con larga práctica.

El señor Boni es un laborioso constructor de enorme experiencia en el ramo, lo que constituye una garantía en la edificación del nuevo Hospital.

OBRAS QUE HA EJECUTADO LA FIRMA BONI

El mejor antecedente que puede exhibirse en abono al prestigio de la firma Boni es el número considerable de construcciones de cemento armado que ha ejecutado en todo el país.

Podemos mencionar, entre muchas, las siguientes: una Escuela en Pucón, una Población Obrera en Tucapel, una Cárcel en Victoria, la Estación del Puerto en Valparaíso, ampliación del Hotel en Tejas Verdes, un pabellón en el Hospital Van Buren en Valparaíso, edificio de los Tribunales de Justicia en Valparaíso, edificio de la Caja de Crédito Popular N.o 3 en Temuco, edificio de la Caja de Empleados Particulares en Santiago, edificio de la Beneficencia en Santiago, construcción del canal Talhuen derivado del tranque Recoleta, terminación del Sanatorio de Putaendo, etc.

TECNICOS DE LARGA EXPERIENCIA Y CAPACIDAD

Secundan al señor Boni en sus múltiples actividades, Arquitectos, Ingenieros y Directores de obras de larga experiencia y capacidad. Son todos ellos especialistas en su ramo.

En las obras del nuevo Hospital trabajan actualmente 200 obreros con jornales bastantes remunerativos.

El elemento trabajador se encuentra grato al servicio de esta firma, porque vé en el señor Boni y en sus colaboradores a hombres comprensivos de su situación y ampliamente generosos en sus responsabilidades de patrones.

Figura 28. Archivo diario *La Discusión*, 20 de agosto de 1939 semi presencialidad, tanto a través de las redes sociales como la instalación de tótems informativos en la Plaza de Armas, exponiendo el tema de las construcciones de emergencia proporcionadas por el Estado durante los meses siguientes a la catástrofe, poniendo en valor la acción rápida y eficiente del Estado ante la catástrofe y cómo de este modo la población damnificada recibió una solución rápida e inmediata a las problemáticas de salud, vivienda y educación. Así, con el estimado del 90% de las construcciones inhabilitadas, en el marco del programa de reconstrucción, se levantaron obras en madera que en una primera instancia tenían la condición de ser temporales, pero que gracias a su buena calidad constructiva finalmente perduraron hasta el día de hoy, ejemplo de ello son los Pabellones Normales, la escuela Artística Claudio Arrau y el ex hospital San Juan de Dios (demolido en 2016). Estos inmuebles fueron relevados en esta conmemoración, ya que se encuentran en pie en la actualidad, mientras que otros ejemplares de construcciones de emergencia, fueron relevadas a través de información recopilada en noticias de la época, donde explicitan que para restablecer las actividades en la ciudad y cubrir las necesidades básicas respecto a la infraestructura se contemplaba la construcción de hospitales, comisarías, liceos y escuelas para la devastada ciudad de Chillán. Uno de sus principales objetivos fueron las construcciones de emergencia, tanto para servicios públicos como para viviendas.

La obra total incluyó: setenta pabellones para habitación, diez escuelas, una Norma, un liceo, un hospital, reparaciones, pinturas, instalaciones de alcantarillado y la rehabilitación de instalaciones eléctricas. Esta información fue la tónica de la conmemoración más reciente, donde se aborda cómo se vivió los días posteriores al desastre y cómo el Estado se hizo cargo y partícipe entregando soluciones de emergencia pero, que por su calidad constructiva, han perdurado hasta hoy.

Junto con esto, como es habitual, se activó la "alerta de memoria" en la noche del 24 de enero del 2022, donde además se hizo énfasis en la conmemoración de las víctimas fatales. En el evento nocturno se leyeron los nombres de las víctimas mientras la catedral fue iluminada con *mapping* realizado con material de archivo (fotografías y prensa) y se realizó una velatón solemne por los familiares caídos. El acto culminó con la participación de la orquesta Ultraestación y activación de las campanadas de las iglesias y la sirena de bomberos como es habitual, así, restaurando los hitos de memoria y las tradición presencial de la conmemoración del terremoto seguimos trabajando en urdir un relato que cada vez suma más antecedentes.

Conclusiones

A ochenta y un años del terremoto, Chillán fue la primera ciudad en firmar el Pacto de Buena Memoria, iniciativa impulsada por la Fundación Proyecta Memoria. La capital de Ñuble junto a otras veinticuatro ciudades, mediante este pacto, busca alcanzar el propósito de seguir fomentando una cultura de conciencia ante la emergencia y desastres a las nuevas generaciones, convirtiéndose en una ciudad pionera en esta materia por las acciones antes descritas.

La firma se enmarcó en el proyecto de ley que proponía establecer el "Día nacional de la memoria y educación sobre desastres socio-naturales", la cual finalmente fue promulgada como ley en el presente 2022[10]. Esta significativa acción se entrecruza, dialoga y potencia con el camino recorrido por el trabajo ciudadano promovido desde la Unidad de Patrimonio a lo largo de estos últimos nueve años con acciones de memoria sistematizadas por primera vez en el presente libro que describe las actividades y metodologías desarrolladas por nuestro equipo, compuesto siempre por una base de profesionales de distintas áreas; comunicaciones, arquitectura, historia, educación, sociología, antropología y diseño, quienes en cada conmemoración, desde sus capacidades, han aportado siempre una lectura y reflexión diversa del fenómeno del terremoto de Chillán. Este texto también es un reconocimiento a su labor a lo largo de los años.

Sin duda que ser parte de un compromiso de Estado nos presenta un desafío, que se apunta al ya asumido desde el 2014 generando año a año nuevas reflexiones de un mismo hecho, pero que a la luz del presente, nos presenta sus múltiples alcances cada 24 de enero. Esperamos seguir trabajando por mantener viva la memoria de nuestros antepasados, por quienes vivieron para contarlo, y por quienes hoy son mártires. Seguir resignificando la reconstrucción como un legado o herencia que nos brinda aún una ciudad que prioriza el bienestar humano por sobre cualquier otro indicador de progreso.

---

10 Con fecha 14 de junio de 2022 se publicó en el Diario Oficial la Ley 21.454 que "Establece el 22 de mayo de cada año como el Día Nacional de la Memoria y Educación sobre Desastres Socio-Naturales".

Plaza y Catedral de Chillán, Archivo Fotográfico Ñuble de la Biblioteca Municipal de Chillán Volodia Teitelboim

BIOGRAFÍAS AUTORES

Umberto Bonomo
Arquitecto de la Universidad IUAV (2004). Es doctor en Arquitectura y Estudios Urbanos por la Pontificia Universidad Católica de Chile (2009). Trabaja temas de Social Housing y patrimonio buscando puntos de contacto entre la teoría y la práctica. Entre sus publicaciones se encuentra *Patrimonio en construcción. Reflexiones para la Educación Media*, con M. Ibarra y C. Ramírez (Ediciones UC, 2017) y *Lo Contador. Guía de Arquitectura Arte e Historia* con Macarena Cortés (Ediciones UC y ARQ, 2019). Es profesor asociado de la Escuela de Arquitectura, Facultad de Arquitectura Diseño y Estudios Urbanos de la Pontificia Universidad Católica de Chile, director del Centro del Patrimonio Cultural UC y miembro del board de Our World Heritage una fundación internacional sin fines de lucro dedicada a la conservación del patrimonio mundial www.ourworldheritage.org.

Alejandro Gabriel Crispiani Enríquez
Arquitecto de la Universidad Nacional de La Plata, 1984. Doctor en Ciencias Humanas y Sociales por la Universidad Nacional de Quilmes (2009). Es profesor titular de la Escuela de Arquitectura de la Pontificia Universidad Católica de Chile, donde se desempeña como docente en pre y posgrado en el área Teoría e Historia de la arquitectura.

Ivette Quezada V.
Licenciada en Historia de la Universidad de Chile (2009), candidata a Magíster en Arte, Cultura y Pensamiento Latinoamericano de la Universidad de Santiago (2022) y diplomada en Patrimonio Cultural: una aproximación interdisciplinaria al Patrimonio Vivo de la Pontificia Universidad Católica de Chile (2014). Sus intereses de investigación se centran en los estudios culturales, la memoria y los procesos de patrimonialización desde epistemologías feministas y descolonizadoras. Es parte de Fundación Aldea y del Colectivo Monumentos Incómodos.

Soledad Díaz de la Fuente L.
Trabajadora social de la Pontificia Universidad Católica de Chile (2006). Posee un postítulo en Restauración y Conservación Arquitectónica (2011) y actualmente es candidata a magíster en Intervención del Patrimonio Arquitectónico, ambos en Universidad de Chile. Cursos de perfeccionamiento en curatoría y diseño de experiencias en University of the Arts London, (2014) y Gestión de Museos, en Tate Modern. Londres (2015). Es directora ejecutiva de Fundación Aldea desde 2017, donde se desarrollan proyectos asociados a la arquitectura, el patrimonio, las ciudades y territorios a través de metodologías participativas y asociativas, procesos pedagógicos y constructivos.

Francisca Molinos Moyano
Licenciatura en Artes y Humanidades con un major de Planificación Urbana mención Estudios Patrimoniales y Conservación por la Pontificia Universidad Católica de Chile (2021). Cursa un magíster en Desarrollo Urbano en la misma universidad. Sus áreas de interés son el género, la memoria y el patrimonio. Durante el año 2021 realiza la práctica profesional en Fundación Aldea.

Rodrigo Vera Manríquez
Licenciado en Artes con mención en Teoría e Historia del Arte por la Universidad de Chile (2007). Magíster en Artes con mención en Teoría del Arte, Universidad de Chile (2012). Doctor en Historia de Chile por la misma casa de estudios (2016). Profesor asociado y director instituto de Historia y Patrimonio de la Facultad de Arquitectura y Urbanismo de la Universidad de Chile, donde ejerce docencia en el área de la teoría e historia de la arquitectura moderna y el diseño.

Anabella Benavides Vega
Arquitecta (2015) de la Universidad del Bío-Bio, egresada de magíster en Patrimonio Arquitectónico y Urbano de la misma casa de estudio (2021). Investigadora en proyectos en torno al patrimonio, "Valorización del patrimonio arquitectónico de principio del siglo XX: Casa Los Gobelinos"(2022), financiado por el Ministerio de las Culturas, las Artes y el Patrimonio. Ayudante de investigación del Dr. Arqto Gonzalo Cerda Brintrup de la Universidad del Bío-Bío. Actualmente cursa el Magíster en Patrimonio Cultural de la Pontificia Universidad Católica de Chile y forma parte del equipo de la Unidad de Patrimonio de la Municipalidad de Chillán.

Karin Cárdenas Leal
Licenciada en Educación (2016), mención Historia y Geografía (2017) de la Universidad del Bío-Bío. Ayudante de la cátedra de Historia de Chile y América del siglo XIX y XX. Desde el año 2016 es parte del equipo de la Unidad de Patrimonio de la Municipalidad de Chillán (UPA) a cargo de realizar metodologías de participación ciudadana para la valoración del patrimonio en comunidades y metodologías para la educación patrimonial , creando el programa de Educación Patrimonial Escolar (EPE) para escuelas públicas. Encargada de la Unidad de Patrimonio (2019). De forma paralela ha profundizado sus estudios en el ámbito del patrimonio egresando como diplomada en Patrimonio Cultural (2020) y cursa actualmente el Magíster en Patrimonio Cultural (2022), ambos en la Pontificia Universidad Católica de Chile.